Leitfäden der angewandten Informatik

K. Bauknecht / C. A. Zehnder
Grundzüge der Datenverarbeitung
Methoden und Konzepte für die Anwendungen

H. Kästner
Architektur und Organisation
digitaler Rechenanlagen
224 Seiten. Kart. DM 22,80

V. Schmidt et al.
Digitalschaltungen mit Mikroprozessoren
205 Seiten. Kart. DM 22,80

F. Wingert
Medizinische Informatik
272 Seiten. Kart. DM 19,80

In Vorbereitung:

H. J. Schneider
Problemorientierte Sprachen

H. Hultzsch
Prozeßdatenverarbeitung

Die Reihe Leitfäden der angewandten Informatik wird durch weitere Bände fortgesetzt.

Preisänderungen vorbehalten

Leitfäden der angewandten Informatik

F. Wingert
Medizinische Informatik

Leitfäden der angewandten Informatik

Herausgegeben von

Prof. Dr. L. Richter, Dortmund
Prof. Dr. W. Stucky, Karlsruhe

Die Bände dieser Reihe sind allen Methoden und Ergebnissen der Informatik gewidmet, die für die praktische Anwendung von Bedeutung sind. Besonderer Wert wird dabei auf die Darstellung dieser Methoden und Ergebnisse in einer allgemein verständlichen, dennoch exakten und präzisen Form gelegt. Die Reihe soll einerseits dem Fachmann eines anderen Gebietes, der sich mit Problemen der Datenverarbeitung beschäftigen muß, selbst aber keine Fachinformatik-Ausbildung besitzt, das für seine Praxis relevante Informatikwissen vermitteln; andererseits soll dem Informatiker, der auf einem dieser Anwendungsgebiete tätig werden will, ein Überblick über die Anwendungen der Informatikmethoden in diesem Gebiet gegeben werden. Für Praktiker, wie Programmierer, Systemanalytiker, Organisatoren und andere, stellen die Bände Hilfsmittel zur Lösung von Problemen der täglichen Praxis bereit; darüber hinaus sind die Veröffentlichungen zur Weiterbildung gedacht.

Medizinische Informatik

Von Dr. med. Friedrich Wingert
o. Professor an der Universität Münster

Mit 68 Abbildungen und 18 Tabellen

Springer Fachmedien
Wiesbaden GmbH 1979

Prof. Dr. med. Friedrich Wingert

Geboren 1939 in Darmstadt. Von 1959 bis 1969 Studium der Mathematik und Medizin an der Universität Frankfurt/Main und der Technischen Hochschule Darmstadt, 1969 Promotion und von 1969 bis 1970 wiss. Mitarbeiter im Deutschen Rechenzentrum, Darmstadt. 1971 wiss. Angestellter in der Abteilung Medizinische Informatik der Medizinischen Hochschule Hannover und Habilitation für Biomathematik und Medizinische Informatik an der Medizinischen Hochschule Hannover. Von 1971 bis 1973 Oberassistent in der Abteilung Medizinische Informatik der Medizinischen Hochschule Hannover, 1973 Visiting Associate, Division of Computer Research and Technology, National Institutes of Health, Bethesda, Md. Seit September 1973 o. Professor für „Medizinische Informatik und Dokumentation" an der Westfälischen Wilhelms-Universität in Münster, Direktor des Instituts für Medizinische Informatik und Biomathematik der Westfälischen Wilhelms-Universtät, Münster.

CIP-Kurztitelaufnahme der Deutschen Bibliothek

Wingert, Friedrich:
Medizinische Informatik / von Friedrich Wingert. –
Stuttgart : Teubner, 1979.
(Leitfäden der angewandten Informatik)
ISBN 978-3-519-02453-8 ISBN 978-3-322-94664-5 (eBook)
DOI 10.1007/978-3-322-94664-5

Ursprünglich erschienen bei B. G. Teubner, Stuttgart 1979

Umschlaggestaltung: W. Koch, Sindelfingen

Vorwort

Dieses Buch ist ein Versuch zur systematischen Darstellung von Problemen und Methoden in einem Fach, das im wesentlichen noch dadurch definiert ist, daß es sich mit der Entwicklung und dem Einsatz von EDV-unterstützten Lösungen medizinischer Probleme beschäftigt. Der Medizinischen Informatik fehlt bisher eine Voraussetzung der klassischen Definition eines wissenschaftlichen Faches, nämlich die Abgrenzbarkeit einer eigenständigen Methodik. Dies ist bedingt durch die Tatsache, daß sich medizinische Phänomene nicht erschöpfend mit den Mitteln eines einzigen naturwissenschaftlichen Faches erklären lassen. Es ist geradezu typisch für biologische Probleme, daß zu ihrer Lösung verschiedene Fächer beitragen und integriert werden müssen.

Diese Situation hat bei dem großen und breit gefächerten Bedarf an Unterstützung bei der Lösung medizinischer Probleme zu einem sehr inhomogenen Bild des Faches geführt, das dem interessierten Anfänger einen Überblick erschwert.

Der dringende Bedarf an einer systematischen Darstellung ergibt sich vor allem aus zwei Aspekten:

- Mit der zweiten Verordnung zur Änderung der Approbationsordnung für Ärzte (ÄAppO) vom 24.2.1978 wird eine Intensivierung der Ausbildung in "Biomathematik"/"Medizinische Statistik"/ "Dokumentation" gefordert, die mit der ÄAppO vom 28.10.1970 in das Studium der Medizin eingeführt worden war. Die notwendige Integration der Medizinischen Informatik in die Medizin wird aber erst dann befriedigend gelingen, wenn ein systematischer Überblick während des Studiums den künftigen Arzt befähigt, die Möglichkeiten dieses Faches zu nutzen oder gar zu ihrer Weiterentwicklung beizutragen.

- In der Ausbildung im Studiengang "Informatik" setzt sich die Erkenntnis durch, daß die Studierenden frühzeitig über die Möglichkeiten ihrer späteren Tätigkeit, die überwiegend in der Anwendung liegen, informiert werden sollten. Ein systematischer Überblick wird wohl ein größeres Interesse von Studierenden der Informatik an einer späteren Tätigkeit in der Medizinischen Informatik wecken können und ihnen den Zugang zur Medizin erleichtern; denn deren Denk- und Schlußweise unterliegt Prinzipien, die sich von den Prinzipien der Informatik teilweise sehr stark unterscheiden.

Die Erfahrung zeigt, daß die Zusammenarbeit von Ärzten und Informatikern häufig durch schwerwiegende Verständigungsprobleme belastet wird. Es fehlt oft nicht nur das Verständnis für die Möglichkeiten und die Bedürfnisse des "komplementären" Faches. Beide Partner sprechen auch noch eine unterschiedliche Sprache, wobei die den Fächern eigenen Fachausdrücke das kleinere Problem darstellen, wenn man es etwa mit den Folgen vergleicht, die die Benutzung der gleichen Worte mit unterschiedlicher Bedeutung haben kann.

Die Zusammenarbeit von Ärzten und Informatikern ist nicht "nur" aus wissenschaftlichen sondern auch aus finanziellen Gründen wünschenswert. Der Anteil etwa des Etats einer medizinischen Fakultät am Etat einer Universität liegt in der Größenordnung von 50%. Der Anteil der Kosten für die Anschaffung und den Betrieb von EDV-Geräten steigt dabei seit Jahren ständig. Dies betrifft nicht nur die vom Wissenschaftsrat wiederholt geforderte zentrale medizinische Datenverarbeitung, sondern viele kleine und mittelgroße Computer in fast allen medizinischen Abteilungen.

Die Auswahl der in diesem Buch dargestellten Methoden ist subjektiv und spiegelt den Standpunkt des Verfassers bezüglich des Inhalts der Medizinischen Informatik wider. Es ist zu erwarten, daß mit der wachsenden Konsolidierung des Faches in den nächsten Jahren auch die Bemühungen um Abgrenzung und Systematisierung der Inhalte zunehmen werden. Hierzu soll dieses Buch einen Beitrag leisten.

Die stärker mathematisch orientierten Teile können übergangen werden wenn es nur auf das Verständnis der wichtigsten Prinzipien ankommt. Um dem Leser das Verständnis zu erleichtern, ist in Kapitel 10 ein Glossar aufgenommen worden. Darin werden die wichtigsten Begriffe erläutert, die im Text verwendet werden und nicht definiert wurden.

Vielen Kollegen und Mitarbeitern bin ich für ihre Hilfe dankbar. Dies gilt besonders für die Herren Dr. E. Glowatzki, Prof. Dr. H.-J. Kretschmann, Dipl.-Math. E. Hultsch, Frau Dipl.-Phys. N. Osada und Herrn Prof. Dr. St. Braun, die mich durch Lesen der Korrekturen und durch wertvolle Ratschläge unterstützt haben. Herr M. van Os hat die Zeichnungen hergestellt. Für die Herstellung des Manuskripts danke ich ganz besonders Herrn H.-D. Siepmann.

4400 Münster, Juli 1979 F. Wingert

Inhalt

1. Informationsverarbeitung in der Medizin

1.1 Einführung

Informationsverarbeitung, nämlich die Gewinnung von Daten, deren Kontrolle auf Fehler, ihre Interpretation und die Folgerung daraus, ist Wesen der Medizin und damit so alt wie die Medizin selbst. Die Entwicklung eines besonderen Fachgebiets für die Informationsverarbeitung in der Medizin ist daher zunächst unverständlich. Sie ist durch sehr tiefgreifende Veränderungen innerhalb und außerhalb der Medizin eingeleitet worden.

Die Entwicklung der Technologie führte **innerhalb** der Medizin zur Gewinnung neuer Daten (etwa in der nuklearmedizinischen Funktionsdiagnostik oder in der pränatalen Diagnostik) oder beschleunigte durch Automation die Datengewinnung und führte damit indirekt wieder zu neuen Daten, die vorher mangels personeller Ressourcen nicht gewonnen werden konnten (etwa Mehrkanal-Analyseautomaten im klinisch-chemischen Labor). Die Zunahme der Anzahl und der Differenzierung der Untersuchungs- und Behandlungstechniken bedingt ihrerseits eine zunehmende Bildung medizinischer Spezialgebiete. Diese Ursachen haben eine starke Vermehrung der Anzahl und der Art bekannter Störungen der Gesundheit bewirkt, die in einem gegebenen Fall erkannt und behandelt werden müssen. Die Entwicklung der **Vorsorge** hat zwar dazu geführt, daß lebensbedrohliche Erkrankungen früherer Zeiten, wie etwa die Tuberkulose, heute praktisch kein Problem mehr darstellen. Stattdessen führt die größere Lebenserwartung zum Auftreten geriatrischer Krankheiten, die früher kaum oder gar nicht bekannt waren.

Daneben gibt es **außerhalb** der Medizin ablaufende Entwicklungen, die das Spektrum und die Bedeutung von Erkrankungen beeinflussen. Die größere Mobilität der Bevölkerung erschwert die Abgrenzbarkeit vor allem bei übertragbaren Krankheiten. So sind Tropenkrankheiten in Mitteleuropa keine Seltenheit mehr.

Folgen für die Medizin haben auch Verschiebungen des Verlangens nach und des Bedarfs an medizinischen Leistungen in der Bevölkerung (siehe Tab. 1.1).

Die Menschen, die nach medizinischen Leistungen verlangen, müssen durch geeignete Untersuchungsprogramme entweder der Gruppe zugeordnet werden, die einen Bedarf an medizinischen Leistungen hat und in den Bereich der Krankenversorgung gehört, oder der Gruppe, die

Bedarf / Verlangen	Ja (krank)	Nein (gesund)
Ja	Kranken-versorgung	Vorsorge
Nein	Screening	

Tab. 1.1: Einteilung der Bevölkerung nach Verlangen und nach Bedarf an medizinischen Leistungen

dafür keinen Bedarf hat und nur der Aufklärung oder der Erziehung bedarf. Im Rahmen der Gesundheitsversorgung der Bevölkerung ist unter denjenigen, die an sich kein Verlangen nach medizinischen Leistungen haben, die Gruppe derer herauszufinden, die infolge von behandlungsbedürftigen Störungen der Gesundheit doch medizinische Leistungen in Anspruch nehmen sollte.

Die Medizin hat sich über Jahrhunderte vorwiegend im Bereich der **Krankenversorgung** entwickelt. Dieser hochspezialisierte Bereich von Diagnose und Therapie verfügt über die teuersten medizinischen Leistungen. Die modernen Versicherungssysteme haben das Prinzip der eigenen Zahlung für beanspruchte Leistungen praktisch aufgehoben, das früher das Verlangen nach medizinischen Leistungen regulierte. Zusammen mit dem gleichzeitig wachsenden Gesundheitsbewußtsein führt dies zu einer Verschiebung zwischen den Bevölkerungsgruppen, indem der Anteil der Menschen mit Verlangen nach medizinischen Leistungen ständig steigt. An diesen Prozeß ist die gewachsene Struktur der Medizin nicht angepaßt. Konkret bedeutet dies etwa, daß der Arzt einen großen Teil seiner Zeit falsch einsetzen muß. Statt sich auf die Diagnostik und Therapie von Kranken zu konzentrieren, ist er damit beschäftigt, die Kranken von den Gesunden zu trennen.

Das Gesundheitswesen wird den sich ständig weiter ändernden Anforderungen nur gerecht werden können, wenn Einrichtungen geschaffen werden, die den Bedürfnissen der verschiedenen Bevölkerungsgruppen Rechnung tragen. In diesen Einrichtungen werden unterschiedliche Ressourcen zur Verfügung stehen müssen, wenn die begrenzten Mittel optimal eingesetzt werden sollen. So werden Aufgaben in den nicht der eigentlichen Krankenversorgung dienenden Einrichtungen von

Ärzten auf paramedizinisches Personal übertragen werden müssen, und es wird zu prüfen sein, ob und inwieweit Tätigkeiten automatisiert werden können. Da ein ständiger Fluß zwischen den vier Bevölkerungsgruppen (siehe Tab. 1.1) stattfindet, muß die Kommunikation zwischen den einzelnen Einrichtungen geschaffen und unterhalten werden.

In der Medizin steht die Aktion im Vordergrund, und die Beurteilung von Befunden und die Aktionen stehen in einer dauernden Wechselwirkung. Daten sind daher nur dann interessant, wenn sie die Aktionen beeinflussen. Die Erkennung der Beziehungen zwischen Daten sowie ihre Einordnung und Interpretation hat aber mit der Zunahme des Datenumfangs in vielen Bereichen nicht Schritt halten können, so daß der Arzt bei zunehmendem Datenumfang oft einem abnehmenden Informationsumfang gegenübersteht.

In der **Gesundheitspolitik** ist ein ähnliches Phänomen zu beobachten. Krankenhäuser werden auf der Grundlage von Indices wie etwa Anzahl von Betten einer Fachrichtung auf 1000 Einwohner geplant. Es ist aber weitgehend unklar, wie solche Indices festgelegt werden sollen.

Beim Neubau von Kliniken werden zunehmend von Instituten für Krankenhausplanung lineare Modelle zur Berechnung etwa der notwendigen Anzahl von Betten anhand von Parametern - wie notwendige Anzahl von Patienten pro Student und Prozentsatz von Patienten, die für den Unterricht herangezogen werden können - eingesetzt. Diese Planungen führen bei vordergründiger Betrachtung zu gut fundierten Ergebnissen. Sie verlieren aber schnell an Wert, wenn die Parameter so lange manipuliert werden, bis das gewünschte Ergebnis erzielt ist.

Eine wichtige Aufgabe besteht also darin, das Ungleichgewicht zwischen der Exaktheit der Methoden und der Manipulierbarkeit der Parameter durch die Definition von Zielen und durch die Aufdeckung der Einflußgrößen auf die Erreichbarkeit der Ziele zu beseitigen. In der jetzigen Situation besteht oft die Gefahr, daß die Ergebnisse der Anwendung naturwissenschaftlicher Methoden deswegen als zuverlässig angesehen werden, weil die Methode exakt ist. Die Probleme der Auswahl einer der Fragestellung angemessenen Methode und der Festlegung der Parameter treten oft in den Hintergrund. Solange operationale Definitionen in der Medizin fehlen, ist ihr Ersatz durch Definitionen zu erwarten, die sich an nicht-medizinischen Zielen orientieren.

Eine wichtige Hilfe bei der Bewältigung dieser Aufgaben kann die Anwendung der modernen Methoden der Informationstheorie sein, die vorwiegend auf die Arbeiten von WIENER und SHANNON während und nach dem 2. Weltkrieg zurückgehen. Sie haben die **Information** als eine Grundeigenschaft, wie etwa die Energie, entdeckt und einer mathematischen Behandlung zugänglich gemacht. Dadurch wurden die Voraussetzungen für die Entwicklung von Computern geschaffen.

Für die Nutzung der technologischen und der wissenschaftlichen Entwicklung im notwendigen Umfang müssen methodische Grundlagen geschaffen werden, in denen die Entwicklungen der Informatik mit den Möglichkeiten und Notwendigkeiten medizinischer Anwendungen im Einklang stehen. Dazu werden Arbeiten in der Informatik, aber weit mehr in der Medizin, notwendig sein, und Informatiker und Ärzte werden intensiv zusammenarbeiten müssen. Keines der bisherigen Spezialfächer der Medizin ist dazu geeignet, diese Aufgabe zu übernehmen. Dies hat zu der Entwicklung des neuen Fachs der Medizinischen Informatik geführt.

1.2 Überschneidung mit anderen Fächern

"Informationsverarbeitung in der Medizin" bezeichnet keinen scharf abgegrenzten Bereich. Der Bedarf an Methoden zur Verarbeitung von Daten ist so groß und die Probleme sind so komplex, daß "Ausleihen" bei vielen anderen Fächern notwendig sind. Die wichtigsten dieser Fächer sind:

- Mathematik
    - Reine Mathematik
        - Analysis
        - Logik
        - Wahrscheinlichkeitsrechnung
    - Angewandte Mathematik
    - Numerische Mathematik
    - Statistik
- Informatik
- Operations Research
- Information und Dokumentation
    - Bibliographie
- Linguistik
- Ingenieurwissenschaften.

Es ist daher verständlich, daß es je nach Herkunft der einzelnen Wissenschaftler verschiedene Schwerpunkte ihrer Tätigkeit gibt.

Eine systematische Einteilung der Medizinischen Informatik gibt es bisher weder bei den Aufgaben noch bei den Methoden, und je nach Anspruch auf Urheberschaft an der Informationsverarbeitung in der Medizin sind auch die Bezeichnungen: Biomathematik, Medizinische Statistik, Medizinische Informatik, Medizinische Informationsverarbeitung, Medizinische Dokumentation, ...

Die Stärke der mathematisch orientierten Wissenschaften, zu denen die Informatik gehört, ist die Abstraktion eines konkreten Problems auf ein Niveau, auf dem man, von Axiomen ausgehend, durch Anwendung expliziter logischer Folgerungen in einem widerspruchsfreien System zu möglichst allgemeingültigen Lösungen kommt. Die Wirksamkeit dieses Vorgehens ist unbestritten. Gibt es für ein konkretes Problem eine allgemeingültige Lösung, dann sind nur Anpassungen an die spezielle Situation notwendig, und der große Aufwand zum Auffinden einer Lösung kann eingespart werden. Die Abstraktion kann oder muß in manchen Fällen jedoch so weit gehen, daß die Lösung für die konkrete Situation keine Hilfe mehr ist. Viele Probleme in der Medizin liegen aber gerade in den Besonderheiten einer Situation, und eine - wenn auch noch so elegante - Lösung des "verallgemeinerten" Problems leistet wenig Hilfe.

Dies ist etwa bei der Entscheidung über die Therapie der Fall, wenn ein Patient eine von zwei möglichen Krankheiten hat und die Therapie der einen Krankheit den Verlauf der anderen Krankheit sehr ungünstig beeinflußt. Dann ist auch die beste computerunterstützte Diagnose keine Hilfe, da sie immer nur Aussagen über Kollektive, nie aber über den einzelnen Fall machen kann (auch die Wahrscheinlichkeit einer Diagnose für einen Patienten ist eine Aussage über ein Kollektiv).

Es gibt in der modernen Informatik Strömungen hin zu immer stärkerer Abstraktion und Theoretisierung, die den Eindruck erwecken, daß nach der Loslösung dieses der Anwendung verpflichteten Faches aus der Umklammerung der Mathematik nachträglich der Beweis erbracht werden soll, doch zu den "exakten" Wissenschaften zu gehören. In vielen Gebieten außerhalb der Informatik - und sicher gehört dazu die Medizin - ist der Anwendungsdruck aber so stark, daß Lösungen gefunden werden müssen, bevor die Probleme im Sinn der Informatik genügend gut definiert und theoretisch untermauert sind.

Die Ansicht hat sich weitgehend durchgesetzt, daß es ein Fach in der Medizin geben muß, das in besonderem Maß für die Informationsverarbeitung verantwortlich ist. Seine Bezeichnung ist von zweitrangiger Bedeutung. Einige Schwerpunkte und Differenzierungen scheinen sich jedoch herauszubilden:

- **Biomathematik** als die Vereinigung aller wesentlichen mathematischen Verfahren in der Biologie, speziell in der Medizin.
- **Medizinische Informationsverarbeitung** als Oberbegriff für alle Methoden der Gewinnung, Kontrolle, Verarbeitung und Interpretation von Informationen. In diesem Sinn ist die ärztliche Diagnostik etwa Teil der medizinischen Informationsverarbeitung.
- **Medizinische Informatik** als die Vereinigung aller wesentlichen Verfahren der Informatik in der Medizin und der Aufbereitung medizinischer Daten für den Einsatz solcher Verfahren.

Im öffentlichen Gesundheitswesen spielen besonders Epidemiologie und Bedarfsplanung eine Rolle. Die dabei eingesetzten Methoden werden von manchen Autoren zur Medizinischen Informatik gezählt, gehören aber mehr zu Statistik, Numerischer Mathematik oder Operations Research [12]. Dies gilt zwar zum Teil auch für viele Anwendungen im Rahmen der Krankenversorgung in der freien Praxis oder im stationären oder ambulanten Klinikbereich, doch ist hier der Einfluß der speziellen medizinischen Problematik viel stärker als im öffentliche Gesundheitswesen.

2. Informatik

2.1 Struktur

Unter den in Abschnitt 1.2 genannten Fächern, die sich mit der Medizinischen Informatik überschneiden, kommt der Informatik eine besondere Rolle zu. Es ist daher notwendig, eine kurze Einführung in Struktur und Inhalt zu geben.

Die **theoretische Informatik** ist der Teil der Informatik, der der angewandten Mathematik am nächsten verwandt ist. Sie beschäftigt sich mit den Strukturen und Beschreibungsmöglichkeiten von Informationen und Prozessen der Informationsverarbeitung und gliedert sich auf in Spezialgebiete wie etwa:

- Automatentheorie,
- Formale Sprachen,
- Theorie der Programmierung.

Die **praktische Informatik** beschäftigt sich mit allgemeinen Methoden der Programmierung von Computern und gliedert sich auf in Spezialgebiete wie etwa:

- Betriebssysteme,
- Programmiersprachen,
- Compiler,
- Informationssysteme,
- Datenbanksysteme.

Die **technische Informatik** ist der Nachrichtentechnik verwandt. Sie beschäftigt sich mit der Konstruktion von Computern.

Den drei genannten Hauptgebieten der **Kerninformatik** entsprechen eine Vielzahl von Anwendungen in Wissenschaft und täglichem Leben. Sie werden unter **angewandter Informatik** zusammengefaßt und unterteilt nach den Fächern, in die sie eingebettet sind:

- Medizinische Informatik,
- Wirtschafts-Informatik,
- Rechts-Informatik,
- ...

2.2 Grundbegriffe

Um nicht ständig den nicht in der Informatik ausgebildeten Leser auf die Fachliteratur verweisen zu müssen, werden in diesem Abschnitt die wichtigsten Grundlagen erläutert.

2.2.1 Nachricht und Information

Eine **Nachricht** ist eine konkrete Mitteilung, die Träger einer abstrakten **Information** ist [14]. Die Information erhält man durch Anwendung von Interpretationsvorschriften.

Aus der Nachricht "120" erhält man die Information "Konzentration von 120 mg/100 ml" durch die Interpretation "Zahlenangabe in der Maßeinheit mg/100 ml". Ist auch das Merkmal "Hexosen im Serum" bekannt, dann erhält man aus der Nachricht "Konzentration von 120 mg/100 ml" die Information "Konzentration von Hexosen im Serum von 120 mg/100 ml".

Die Begriffe "Nachricht" und "Information" sind also nicht eindeutig definiert. Je nach Umfang der Kenntnisse kann die gleiche Mitteilung nur Nachricht sein oder auch Information tragen. Verschiedene Nachrichten können Träger der gleichen Information sein (Bluthochdruck--Hypertonie), und die gleiche Nachricht kann je nach Interpretation Träger verschiedener Informationen sein (Hippocampus: Gattungsname oder Hirnteil).

Der Begriff "Information" ist so fest in unserer Sprache verankert, daß praktisch jeder eine Vorstellung von seiner Bedeutung besitzt. Diese pragmatische Vorstellung kann allerdings kaum präzisiert werden, wie die Beurteilung des gleichen Vortrags durch einen Hörer als "informativ" und durch einen anderen Hörer als "nicht informativ" zeigt. In der Umgangssprache bedeutet "Information" Erfahrung von Neuem oder Erwerb von Wissen. Die Aussage "Pneumonie ist eine Entzündung der Lunge" enthält in diesem Sinn für einen Arzt also keine Information.

Der umgangssprachliche Begriff "Information" hat eine enge Beziehung zum umgangssprachlichen Begriff "Wahrscheinlichkeit". Hat ein Versuch mehrere mögliche Ergebnisse, über deren Wahrscheinlichkeit der Versuchsleiter nichts weiß, dann liefert ihm das eintretende Ergebnis mehr Information, als wenn er dieses Ergebnis aufgrund seines Wissens "erwartet" hätte. Die Aussage "Hyperglykämie" bei einem Patienten enthält weniger Information, wenn der Arzt bereits weiß, daß eine Glykosurie vorliegt.

Bei einem **Kommunikationssystem** (siehe Abb. 2.1 und Abschnitt 6.3.1) wählt eine **Nachrichtenquelle** eine Nachricht aus einer Menge möglicher Nachrichten aus, um sie einer **Nachrichtensenke** zu übermitteln. Da die Nachrichtenübermittlung ein physikalischer Vorgang ist, der in der Zeit erfolgt, muß die Nachricht durch einen **Sender** in die zeitliche Veränderung einer physikalischen Größe (**Signalparameter**) umgeformt werden (**Signal**). Das Signal gelangt durch den (Übertragungs-) **Kanal** zum **Empfänger**, der daraus die Nachricht rekonstruiert.

Bei der Kommunikation zwischen einem menschlichen Sprecher (Nachrichtenquelle) und einem menschlichen Hörer (Nachrichtensenke) wird die Nachricht durch den Sprachapparat (Sender) in akustische Wellen (Signal) umgeformt. Diese werden durch die Luft (Kanal) übertragen und vom Gehör (Empfänger) rekonstruiert.

In praktischen Anwendungen besteht ein Kommunikationssystem häufig aus einer Kette, in deren einzelnen Gliedern die Nachricht durch **Vermittler** mit verschiedenen Signalen "weitergereicht" wird, bis sie bei der eigentlichen Nachrichtensenke ankommt.

So werden die akustischen Wellen in mechanische Schwingungen des Trommelfells und über weitere Stationen zu elektrischen Impulsen entlang von Nervenfasern umgeformt, bis die Nachricht schließlich im Gehirn verarbeitet wird.

Die von der Nachrichtenquelle ausgehende Nachricht und die bei der Nachrichtensenke ankommende Nachricht müssen nicht unbedingt gleich sein, da an jeder Stelle des Kommunikationssystems **Störungen** auftreten können (siehe Abb. 2.1).

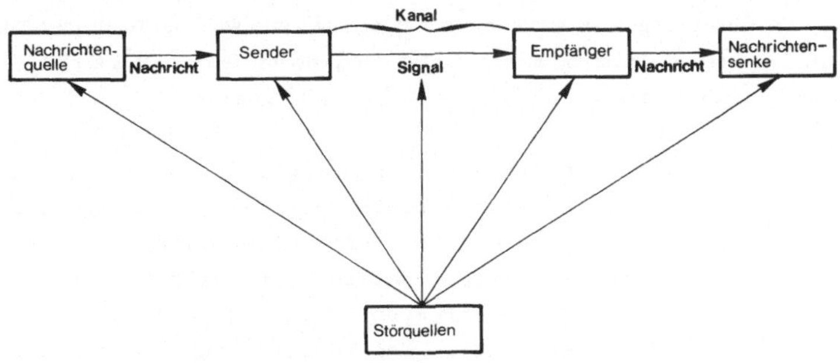

Abb. 2.1: Schema eines Kommunikationssystems

Bei der Auskultation eines Herzgeräuschs etwa können dem Geräusch andere akustische Phänomene überlagert sein, deren Ursprung das Herz ist. Es können aber auch Störungen im Kanal durch die Überlagerung von Atemgeräuschen, Darmgeräuschen oder Raumgeräuschen entstehen. Störungen des Empfängers können bei Schädigung des Gehörs entstehen. Schließlich kann die Umsetzung des empfangenen Signals in die Nachricht deswegen gestört sein, weil der Auskultierende nicht genau weiß, worauf er zu achten hat, so daß er ein Herzgeräusch "überhört".

Der geschilderten **technischen** oder **syntaktischen** Ebene der Übermittlung von **Nachrichten** entspricht die **semantische** Ebene der Übermittlung von **Informationen**. Die Nachrichtenquelle unterlegt einer Nachricht eine Bedeutung. Bei störungsfreiem Austausch von Nachrichten ist eine fehlerfreie Information daher nur möglich, wenn die Nachrichtensenke einer Nachricht die gleiche Bedeutung unterlegt.

Zwischen Nachrichtenquelle und Nachrichtensenke muß es also Vereinbarungen über die Interpretation von Nachrichten geben.

So kann man durch Übung Herzgeräusche bei der Auskultation erkennen. Damit ist noch nicht gewährleistet, daß man diese Geräusche auch richtig interpretieren kann (etwa die Interpretation "Aortenklappenfehler"). Das Studium der Medizin dient zu einem großen Teil dazu, diese Vereinbarungen zu erlernen.

Syntaktische und semantische Ebene werden durch eine **pragmatische** Ebene ergänzt. Die Übermittlung einer Nachricht soll eine bestimmte Reaktion der Nachrichtensenke bewirken. Ob dieses Ziel auch erreicht wird, hängt von Einflüssen ab, die über die richtige Interpretation einer Nachricht weit hinausgehen können.

Bei stationärer Einweisung eines Patienten zur Appendektomie wird die Nachricht "akute Appendicitis" von einem Chirurgen sicher richtig interpretiert werden. Ob sie aber eine Appendektomie auslöst, hängt noch von vielen anderen Einflüssen ab.

Eine exakte Definition der Information berücksichtigt wie jedes mathematische Modell nicht alle Aspekte der realen Situation. Die in den folgenden Abschnitten gegebene Definition lehnt sich jedoch so weit an den "bekannten" Begriff an, daß ihr Abstraktionsgrad auch einen Mediziner nicht abschrecken sollte, dessen Tätigkeit im Erwerb von Informationen und in den darauf beruhenden Entscheidungen besteht.

2.2.1.1 Ereignisse, Wahrscheinlichkeit

In der Umgangssprache ist Wahrscheinlichkeit ein Maß für das Eintreten von Ereignissen. So ist das Ereignis "Blutdrucksenkung" bei einem Patienten mit Hypertonie "wahrscheinlich", wenn ihm Diuretika gegeben werden. Diese intuitiv erfaßten Wahrscheinlichkeiten ergeben sich aus der Erfahrung, sind also erfahrbare relative Häufigkeiten, mit denen in der Vergangenheit beim gleichen Versuch das jeweilige Ereignis eingetreten ist.

Ein Versuch habe die möglichen Ergebnisse $e_1, e_2, \ldots$ Ihre Gesamtheit bildet die **Menge S der möglichen Ergebnisse.** Eine Zusammenfassung möglicher Ergebnisse ist ein **Ereignis.**

Der Versuch "Blutkörperchensenkungsgeschwindigkeit" habe die möglichen Ergebnisse $e_1 = 0, e_2 = 1, e_3 = 2, \ldots$ Ein Ereignis ist etwa die Zusammenfassung von e_8 bis e_{12} (Ereignis "BKS normal").

Liegt das Ergebnis eines Versuchs in einem Ereignis A, dann sagt man, das Ereignis A ist "eingetreten".

Die **Wahrscheinlichkeit** eines Ereignisses A ist eine diesem Ereignis zugeordnete reelle Zahl und wird mit P(A) bezeichnet (P von probability). Wahrscheinlichkeiten müssen den folgenden drei Axiomen von KOLMOGOROFF genügen, die Eigenschaften relativer Häufigkeiten entsprechen:

(1) $P(A) \geq 0$

(2) $P(S) = 1$

(3) $P(A \cup B) = P(A) + P(B)$ für $A \cap B = \emptyset$.

Diese Axiome lassen sich gut am Modell einer Massenverteilung erläutern (siehe Abb. 2.2). Dabei entsprechen den möglichen Ergebnissen Massenpunkte und den Wahrscheinlichkeiten Massen. Axiom 1 besagt, daß Massen nicht-negative reelle Zahlen sind. Axiom 2 ist eine Normierungsbedingung derart, daß die Gesamtmasse 1 ist. Axiom 3 besagt, daß die Gesamtmasse in nichtüberlappenden Teilen gleich der Summe der Massen der einzelnen Teile ist.

Die Definitionen gelten für beliebige Wahrscheinlichkeitsverteilungen. Hier ist jedoch vor allem der Fall interessant, daß es nur endlich viele mögliche Ergebnisse gibt. Ein Spezialfall davon liegt dann vor, wenn allen möglichen Ergebnissen die gleiche Wahrschein-

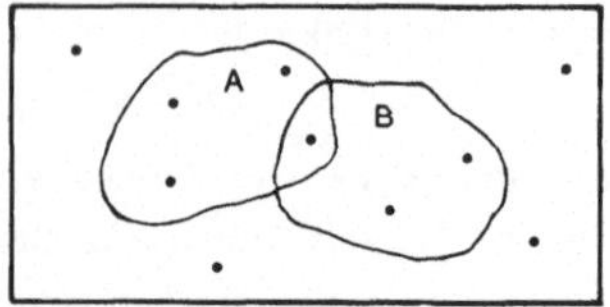

Abb. 2.2: Modell mit 10 möglichen Ergebnissen und den Ereignissen A und B. Ist jedes mögliche Ergebnis gleichwahrscheinlich, dann ist P(A) = 0.4 und P(B) = 0.3

lichkeit zugeordnet ist. Diese LAPLACEsche Wahrscheinlichkeitstheorie ist besonders anschaulich zu erklären und soll daher für die Einführung der wichtigsten Begriffe verwendet werden. Bezüglich der vorausgesetzten mengentheoretischen Begriffe wird auf [80] und Kapitel 10 verwiesen.

Da ein mögliches Ergebnis selbst ein Ereignis (**Elementarereignis**) ist, erhält man bei einem Modell mit gleichwahrscheinlichen Elementarereignissen die Wahrscheinlichkeit eines Ereignisses durch einfaches Abzählen. Wegen der Axiome 2 und 3 folgt nämlich für diesen Spezialfall:

$$1 = P(S) = P\left(\bigcup_{i=1}^{n} e_i\right) = \sum_{i=1}^{n} P(e_i) = n \cdot P(e_i), \quad i=1,2,\ldots,n \;.$$

Daraus folgt

$$P(e_1) = P(e_2) = \ldots = P(e_n) = \frac{1}{n} \;.$$

Enthält ein Ereignis A also k Ergebnisse, dann ist nach Axiom 3 $P(A) = \frac{k}{n}$ (Anzahl der "günstigen" Ergebnisse dividiert durch Anzahl der möglichen Ergebnisse).

Der Zusammenhang zwischen den abstrakt definierten Wahrscheinlichkeiten und den real erfahrbaren relativen Häufigkeiten wird durch das **Gesetz der großen Zahlen** hergestellt. Es besagt, daß unter bestimmten Bedingungen die relative Häufigkeit des Eintretens eines Ereignisses bei zunehmender Anzahl der Wiederholungen eines Versuchs gegen die Wahrscheinlichkeit dieses Ereignisses konvergiert. Das Gesetz der großen Zahlen liefert daher auch die Berechtigung, durch

Versuche feststellbare relative Häufigkeiten als Schätzwerte für die im allgemeinen unbekannten Wahrscheinlichkeiten zu gebrauchen.

Von besonderer Bedeutung für das Verständnis von Informationsverarbeitungsprozessen ist der Begriff der bedingten Wahrscheinlichkeit.

Sei B ein Ereignis mit $P(B) > 0$. Dann ist die **bedingte Wahrscheinlichkeit** des Ereignisses A unter der Bedingung B der Quotient aus der Wahrscheinlichkeit, mit der A und B eintreten, und der Wahrscheinlichkeit, mit der B eintritt:

$$(2.1) \qquad P(A|B) = \frac{P(A \cap B)}{P(B)} .$$

Die bedingte Wahrscheinlichkeit ist eine Aussage über das Eintreten des Ereignisses A, wenn man bereits weiß, daß B eingetreten ist.

Zur Erläuterung der bedingten Wahrscheinlichkeit kann wieder das Modell mit gleichwahrscheinlichen Elementarereignissen dienen. Haben alle möglichen Ergebnisse in Abb. 2.2 die gleiche Wahrscheinlichkeit, und ist das Ereignis B eingetreten, dann gibt es nur noch 3 mögliche Ergebnisse. Von diesen ist 1 Ergebnis "günstig". Es ist also

$$P(A|B) = \frac{P(A \cap B)}{P(B)} = \frac{1/10}{3/10} = \frac{1}{3} .$$

Man nennt zwei Ereignisse A und B **unabhängig**, wenn $P(A|B) = P(A)$ ist, wenn also das Wissen über das Ereignis B das Wissen über das Ereignis A nicht verändert. Für unabhängige Ereignisse gilt nach (2.1)

$$(2.2) \qquad P(A|B) = P(A) \text{ bzw. } P(A \cap B) = P(A) \cdot P(B) .$$

Bedingte Wahrscheinlichkeiten spielen in der Medizin eine große Rolle. So sind etwa "Risikofaktoren" oder "Nebenwirkungen" nur über bedingte Wahrscheinlichkeiten verständlich.

Ist R = "Rauchen" ein Risikofaktor für eine Krankheit K = "Lungencarcinom", dann ist

$$P(\text{Lungencarcinom} \mid \text{Rauchen}) > P(\text{Lungencarcinom}) \text{ bzw. } P(K|R) > P(K) .$$

Ist dagegen $P(K|R) = P(K)$, dann sind R und K unabhängig, und R ist nicht Risikofaktor für K.

2.2.1.2 SHANNONsche Informationstheorie

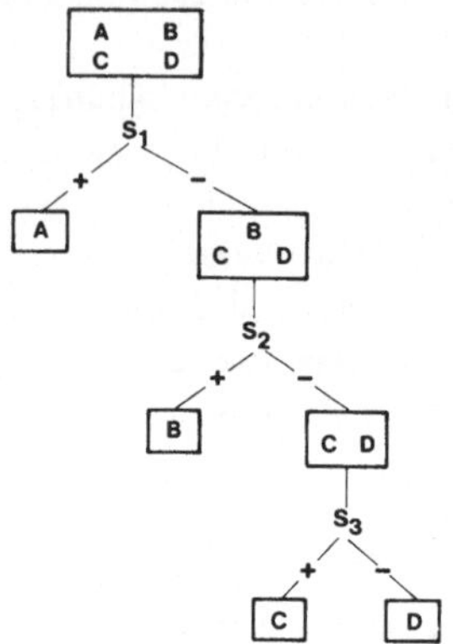

Abb. 2.3: Entscheidungsstrategie zur Diagnostik der Krankheiten A bis D anhand der Symptome S_1 bis S_3 (+ : Symptom liegt vor, - : Symptom liegt nicht vor)

In Abschnitt 2.2.1 wurde erläutert, daß Information auf einer Entscheidung, nämlich der Auswahl einer Nachricht aus einer Menge möglicher Nachrichten beruht. In der SHANNONschen Informationstheorie [137] wird die Entscheidung als Versuch und die Übermittlung einer speziellen Nachricht als Ereignis interpretiert. Dadurch rückt der **statistische** Charakter von Kommunikationsprozessen in den Vordergrund.

Ein Patient habe eine Krankheit A mit Wahrscheinlichkeit 1/2, eine Krankheit B mit Wahrscheinlichkeit 1/4 oder die Krankheiten C oder D jeweils mit Wahrscheinlichkeit 1/8. Die vier Krankheiten sollen sich gegenseitig ausschließen. Zur Diagnostik gebe es drei Symptome S_1,S_2,S_3 mit jeweils zwei Ausprägungen (Symptom liegt vor oder Symptom liegt nicht vor). Die Konstellation sei derart, daß bei Vorliegen von Symptom S_1 Krankheit A vorliegt und bei Fehlen von S_1 die Krankheiten B, C oder D vorliegen. Bei Vorliegen von Symptom S_2 liege Krankheit A oder B, sonst Krankheit C oder D vor, und bei Vorliegen von S_3 liege Krankheit C, sonst Krankheit D vor. Dann führt die Strategie in Abb. 2.3 stets zur richtigen Diagnose. Sie erscheint deswegen sinnvoll, weil man bei Vorliegen der wahrscheinlicheren Erkrankung weniger Entscheidungen zu treffen hat als bei Vorliegen einer weniger wahrscheinlichen, "selteneren" Erkrankung.

Der **Entscheidungsgehalt** einer Erkrankung wird an der Anzahl der notwendigen Alternativentscheidungen in Bit gemessen. Sind die

Wahrscheinlichkeiten derart, daß jede Alternativentscheidung die noch zu entscheidende Menge in zwei gleichwahrscheinliche Untermengen aufteilt, dann ist nach (2.2) die Wahrscheinlichkeit P(A) eines Ereignisses A, das nach k Entscheidungen erreicht ist,

$$P(A) = \left(\frac{1}{2}\right)^k = 2^{-k},$$

und die Anzahl der Alternativentscheidungen ist $k = -\mathrm{ld}\ P(A)$. Allgemein wird der Entscheidungsgehalt (**Information**) I eines Ereignisses A, das mit Wahrscheinlichkeit P(A) eintritt, definiert als

$$(2.3) \qquad I = -\mathrm{ld}\ P(A) \qquad (\text{wegen } 0 \leq P(A) \leq 1 \text{ ist } I \text{ nicht negativ!}).$$

Sei nun $\{A_1, A_2, \ldots, A_n\}$ ein vollständiges System von Ereignissen, dann ist der Erwartungswert der Information (**Entropie**) gleich der mit den jeweiligen Wahrscheinlichkeiten gewichteten Summe der Informationen

$$(2.4) \qquad H = -\sum_{i=1}^{n} P(A_i) \cdot \mathrm{ld}\ P(A_i)\ .$$

Die Entropie einer Nachrichtenquelle ist dann maximal, wenn alle n Ereignisse A_i gleichwahrscheinlich sind. Sei $p_i = P(A_i)$ die Wahrscheinlichkeit des Ereignisses A_i.

Zur Bestimmung der Lage des Maximums von H muß die Funktion

$$H^* = -\sum_{i=1}^{n} p_i \cdot \mathrm{ld}\ p_i + \lambda \cdot (1 - \sum_{i=1}^{n} p_i)$$

partiell nach den p_i differenziert werden (Methode der LAGRANGE-Multiplikatoren). Dies führt zu dem folgenden Gleichungssystem, dessen Lösung die gleiche Lage des Maximums für alle p_i ergibt (e = Basis der natürlichen Logarithmen):

$$\frac{\delta H^*}{\delta p_i} = -\ \mathrm{ld}\ p_i - \mathrm{ld}\ e - \lambda = 0\ , \qquad i = 1,2,\ldots,n\ .$$

Sind die Wahrscheinlichkeiten p_i alle gleich $\frac{1}{n}$, dann ist die Entropie gleich

$$(2.5) \quad \tilde{H} = -\sum_{i=1}^{n} \frac{1}{n} \cdot \text{ld}\,\frac{1}{n} = n \cdot \left(-\frac{1}{n} \cdot \text{ld}\,\frac{1}{n}\right) = \text{ld}\,n\,.$$

Die Definition (2.3) der Information erhält man, wenn man fordert:

(1) Die Information I_i über das Eintreten eines Ereignisses A_i soll nur von der Wahrscheinlichkeit $p_i = P(A_i)$ abhängen:

$$I_i = f(p_i).$$

(2) Sind zwei Ereignisse A_i und A_j unabhängig, dann soll die Information I_{ij} über das Eintreten von A_i und A_j gleich der Summe der Informationen über das Eintreten von A_i und über das Eintreten von A_j sein. Daraus folgt nach (2.2):

$$I_{ij} = f(p_i \cdot p_j) = f(p_i) + f(p_j).$$

Die Funktionalgleichung in (2) hat die Lösung $f(p) = \log p$. Die Wahl der Basis 2 für den Logarithmus legt einen konstanten Faktor fest.

Mit den angegebenen Wahrscheinlichkeiten ergibt sich für das Beispiel in Abb. 2.3 die Entropie

$$H = \frac{1}{2}\cdot 1 + \frac{1}{4}\cdot 2 + \frac{1}{8}\cdot 3 + \frac{1}{8}\cdot 3 = 1.75\,.$$

Hätte man statt der Strategie in Abb. 2.3 die Strategie in Abb. 2.4 gewählt, dann wäre der Entscheidungsgehalt (Erwartungswert der Anzahl der Alternativentscheidungen):

$$L = \frac{1}{2}\cdot 2 + \frac{1}{4}\cdot 2 + \frac{1}{8}\cdot 2 + \frac{1}{8}\cdot 2 = 2\,.$$

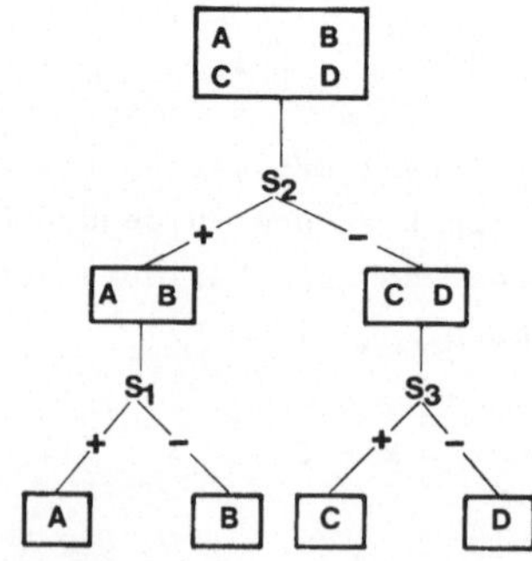

Abb. 2.4: Alternative Strategie zu der Strategie in Abb. 2.3

Es kann gezeigt werden, daß für den Entscheidungsgehalt L irgendeiner Strategie stets $L \geq H$ gilt (siehe Abschnitt 3.5.1). Die Entropie ist also der Erwartungswert der optimalen Strategie. Die Differenz L-H ist die **Redundanz**.

Die Redundanz kommt in dem Beispiel dadurch zustande, daß bei der Strategie in Abb. 2.4 eine "fast nutzlose" Entscheidung getroffen werden muß, um zu dem häufigen Ereignis A zu gelangen, ein Aufwand, der durch das Einsparen einer Entscheidung für die seltenen Ereignisse C und D nicht wettgemacht wird.

Nach diesen Definitionen ist die Entropie ein Maß für die Entscheidungsfreiheit bzw. für die Unsicherheit über das nächste eintretende Ereignis. Sie ist um so größer, je weniger die Entscheidung durch Ungleichverteilung der Wahrscheinlichkeiten festgelegt ist und je größer die Anzahl der möglichen Entscheidungen ist (siehe (2.5)).

Zur Darstellung wird in der SHANNONschen Informationstheorie meist eine Nachrichtenquelle gewählt, die eine Folge von Zeichen aus einer Zeichenmenge erzeugt. Das Ereignis A_i ist die Erzeugung des i-ten Zeichens. Die Information eines Zeichens ist um so größer, je kleiner die Wahrscheinlichkeit der Erzeugung des Zeichens ist. Seine Information ist gleich 0, wenn es stets erzeugt wird (sicheres Ereignis). Die Kenntnis der Wahrscheinlichkeiten (oder guter Schätzungen) der Ereignisse kann zur Verringerung des Entscheidungaufwands herangezogen werden.

Gegeben sei eine Nachrichtenquelle, die Zeichen des 26 Buchstaben enthaltenden Alphabets erzeugt. Die erzeugte Folge sei abcdabcdabcdabcd . . .

Verhält man sich so, als werde jedes Zeichen mit der gleichen Wahrscheinlichkeit 1/26 erzeugt, dann ist der Entscheidungsgehalt L nach (2.5)

$$L = \text{ld } 26 \simeq 4.7 .$$

Erkennt man jedoch, daß nur die 4 Zeichen a bis d mit gleicher Wahrscheinlichkeit auftreten, dann kann man eine Strategie entwickeln mit dem Entscheidungsgehalt

$$L = \text{ld } 4 = 2 .$$

Nutzt man auch noch die Regularität der Zeichenfolge aus, dann kann der Aufwand weiter gesenkt werden. Faßt man z.B. die Gruppe der Zeichen abcd zu einem Ereignis A zusammen, dann erzeugt die Nachrichtenquelle stets das sichere Ereignis A.

Dies liegt daran, daß die möglichen Ergebnisse a, b, c, d abhängig sind. Kennt man bei der obigen Folge ein Zeichen, dann weiß man nämlich, welches Zeichen folgen kann und welche Zeichen nicht folgen können. Ist das zuletzt erzeugte Zeichen etwa das Zeichen a, dann gilt für das nächste Zeichen nach (2.1)

$$P(a|a) = P(c|a) = P(d|a) = 0 \text{ und } P(b|a) = 1 .$$

Redundanz einer Entscheidungsstrategie kommt also durch Abhängigkeit zwischen Ereignissen zustande. Je stärker die Abhängigkeit ist, um so deutlicher ist ein **Muster** oder eine **Ordnung** ausgeprägt. Der Extremfall liegt dann vor, wenn sich ein Ereignis finden läßt, dessen bedingte Wahrscheinlichkeit gleich 1 ist.

In Abb. 2.5 sind zwei Verteilungen von jeweils 16 Punkten enthalten. Die linke Verteilung wird wegen ihrer Regularität leichter erkannt und erinnert, da die Verteilung schnell einer Klasse (Quadrate) zugeordnet wird und die Lage eines jeden Punktes festgelegt ist, wenn ein Punkt, eine Richtung und die Anzahl der Punkte in einer Richtung festliegen.

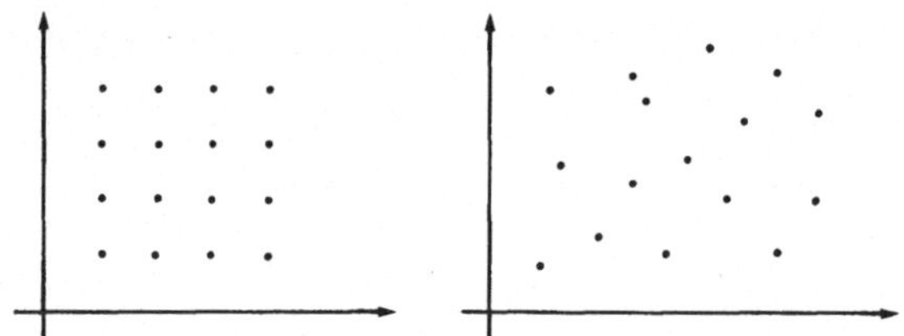

Abb. 2.5: Reguläre (links) und irreguläre (rechts) Verteilung von Punkten

Daß die Erkennung und Ausnutzung der Redundanz Arbeit spart, ist eine Alltagserfahrung, die sich schon Kinder zunutze machen, wenn sie möglichst ökonomisch lernen wollen. Die Berücksichtigung der Redundanz ist aber auch geeignet, das Verständnis für viele wissenschaftliche Prinzipien zu erleichtern.

Der Wunsch nach Systematisierung und Klassifikation von Sachverhalten läßt sich direkt aus dieser Tatsache ableiten. Klassifikation schafft Muster und läßt daher Redundanz erkennen und ausnutzen. Gelingt es, verschiedene Ereignisse der gleichen Klasse zuzuordnen, dann genügt nämlich die Speicherung der Klassenzugehörigkeit. Bei einer hierarchischen Klassifikation nutzt man aus, daß es bei komplizierten Merkmalssystemen oft ökonomischer ist, sich die Unterschiede zwischen den Klassen zu merken, anstatt die jeweilige Detaildefinition der Klassen zu benutzen. Hierher gehören so unterschiedliche Phänomene wie die medizinische Diagnostik (siehe Abschnitt 3.5), die Entwicklung der "höheren" Programmiersprachen (siehe Abschnitt 2.2.6.1), die Systemanalyse eines Objektbereichs oder die Führung des Krankenblatts (siehe Abschnitt 5.1.3.1).

Die Führung des Krankenblatts zeigt im besonderen Maß die mit dieser Ökonomie verbundenen Probleme. Wollte man im Krankenblatt einen Patienten vollständig beschreiben, dann wäre die Anzahl der Merkmale praktisch unendlich groß. Stattdessen beschränkt man sich auf die Aufzählung der Unterschiede dieses Patienten von anderen Menschen. Daß er einen Kopf, Stamm und Extremitäten hat, weiß jeder und muß nicht besonders erwähnt werden. Die Erwähnung enthielte keine Information. Hier kommt jedoch der Gesichtspunkt der Pragmatik sehr stark zum Tragen. Der das Krankenblatt führende Arzt hat eine subjektive Vorstellung von dem, was selbstverständlich ist. Diese Vorstellung muß durchaus nicht identisch sein mit der Vorstellung eines Kollegen oder auch mit seiner eigenen Vorstellung zu verschiedenen Zeiten. Mit anderen Worten, die zur Zeit der Niederschrift in das Krankenblatt erhaltene Information ist nicht gleich der Information für jemanden, der die Niederschrift liest.

Ein weiterer Gesichtspunkt hat bei Planung, Ausführung und oft auch Scheitern computerunterstützter Problemlösungen eine besondere Bedeutung. Die Erkennung und Ausnutzung von Redundanz ist eine geistige Leistung, die umfangreiches Wissen voraussetzen kann und über die es nur unklare Vorstellungen gibt. Ein vom Ergebnis her befriedigender Ersatz menschlicher Leistungen auf diesem Gebiet setzt daher die explizite Speicherung von Wissen voraus, wozu geeignete Methoden noch weitgehend fehlen, oder erfordert eine erhebliche Erweiterung der zu erfassenden Daten, woran solche Projekte oft scheitern (siehe Abschnitt 5.1.2.3).

Redundanz kann auch zur Erkennung und zur Korrektur von Fehlern ausgenutzt werden (siehe Abschnitt 5.2.2).

Die deutsche Sprache hat eine erhebliche Redundanz. Sie ermöglicht das "Vrständnsi verstümmlter Texte und dei Fhlerkoregtur".

2.2.2 Sprachen

Für den Nachrichtenaustausch zwischen Menschen bedient man sich meist einer **Sprache**. Eine Sprache besteht aus Elementen (Grapheme bei geschriebener Sprache, Phoneme bei gesprochener Sprache), die nach festgelegten Gesetzmäßigkeiten zu größeren Einheiten wie etwa Silben, Wörtern, Phrasen oder Sätzen kombiniert werden. Die Elemente einer Sprache nennt man **Zeichen**. Die Menge der zum Aufbau der Sprache verwendeten Zeichen ist der **Zeichenvorrat**. Ein Zeichenvorrat ist ein **Alphabet**, wenn eine Ordnung definiert ist.

In den meisten geschriebenen Sprachen ist ein Zeichen ein Buchstabe (siehe aber z.B. die chinesische Sinnbildschrift). Ein anderer Zeichenvorrat als in der geschriebenen Sprache ist im genetischen Code realisiert. Er besteht aus den Zeichen "Adenin", "Cytosin", "Guanin" und "Thymin". Dieser Zeichenvorrat ist kein Alphabet, da keine Ordnung der Zeichen definiert ist.

Von besonderer Bedeutung in der Informatik sind Zeichenvorräte aus genau zwei Zeichen ("binärer" Zeichenvorrat). Ein Zeichen aus einem binären Zeichenvorrat ist ein **Binärzeichen** (binary digit = **Bit**). Binäre Zeichenvorräte sind etwa die Paare "ja" - "nein", "wahr" - "falsch" oder "0" - "1".

Die **Morphologie** im linguistischen Sinn umfaßt die Regeln zum Aufbau von Wörtern aus Zeichen. Die **Syntax** umfaßt die Regeln zum Aufbau größerer sprachlicher Einheiten, etwa Sätzen, aus kleineren Einheiten (Wörter, Phrasen). Die **Semantik** beschäftigt sich mit den mittels Elementen der Sprache bezeichneten Inhalten. Während diese drei Dimensionen von den an einer sprachlichen Kommunikation Beteiligten unabhängig sind, bezieht die **Pragmatik** Sprecher und Hörenden ein, indem sie den individuellen und den gemeinsamen Wissensstand berücksichtigt.

Ein **Symbol** ist ein Zeichen zusammen mit seiner Bedeutung. Bei entsprechender Vereinbarung stehen die Symbole A, C, G und T für die 4 Nucleotid-Basen des genetischen Zeichenvorrats.

Ein **Wort** ist eine Folge von Zeichen, die in einem bestimmten Zusammenhang als eine Einheit betrachtet wird (DIN 44300), oder der "kleinste selbständige Bedeutungsträger" [46]. Nach dieser Definition kann man auf einer höheren Stufe wieder jedes Wort als Zeichen interpretieren. Der Zeichenvorrat besteht dann aus dem gesamten Wortvorrat der Sprache.

Eine Vorschrift zur Abbildung von Nachrichten über einem Zeichenvorrat in Nachrichten über einem anderen Zeichenvorrat nennt man **Codierung**.

Eine Codierung für das Merkmal "Geschlecht" mit den beiden Ausprägungen "männlich" und "weiblich" ist die Abbildungsvorschrift

"männlich" → ♂, "weiblich" → ♀ .

Praktische Gründe für die Codierung von Nachrichten können sein:

- Geheimhaltung, also Einschränkung des Personenkreises, der eine Nachricht richtig interpretieren kann,
- Verkürzung von Nachrichten, also Verringerung der Redundanz (dritter bis fünfter Lendenwirbel → L3-5),
- Abbildung semantischer Relationen in einfach verarbeitbare und formal darstellbare Relationen (siehe Abschnitt 3.4.4).

2.2.3 Diskretisierung

Neben **digitalen**, aus einzelnen Zeichen aufgebauten Nachrichten gibt es nicht-digitale (**analoge**) Nachrichten. Dazu gehören etwa nicht-sprachliche Nachrichten wie Kurven und Bilder. Zur Verarbeitung müssen solche Nachrichten oft in digitale Nachrichten abgebildet werden (**Analog-Digital-Wandlung**). Dazu dienen Rasterung und Quantelung.

Die Kombination von Rasterung und nachfolgender Quantelung führt zu der Darstellung einer nicht-digitalen Nachricht als Folge von Zeichen und damit zu einer digitalen Nachricht (**Digitalisierung**).

Eine wesentliche Eigenschaft der Diskretisierungsverfahren ist ihre formale Beschreibbarkeit. Sie bewirkt, daß eine Vereinbarung über die Wahl der Parameter (Intervallbreite bei eindimensionaler Rasterung, Quantenschritt bei Quantelung) sicherstellt, daß die resultierende digitale Nachricht unabhängig von demjenigen ist, der diese Verfahren anwendet.

In der Medizin ist oft eine Diskretisierung notwendig, ohne daß es dazu operationale Verfahren gibt. Viele qualitative Befunde sind von dieser Art, wie etwa die Einteilung einer tastbaren Lebervergrößerung in gering-, mittel- und hochgradig oder auch Stadieneinteilungen bei malignen Tumoren.

2.2.3.1 Rasterung

Eine reellwertige stetige Funktion einer Variablen ist ein einfacher Fall einer nicht-digitalen Nachricht (siehe Abb. 2.6). Die Funktion wird gerastert, indem das Definitionsintervall in Teilintervalle zerlegt und der Funktionsverlauf innerhalb eines Teilintervalls durch eine Konstante ersetzt wird. Dadurch entsteht eine Treppenfunktion. Die Wahl der Konstante kann problemabhängig sein (Funktionswert in der Intervallmitte oder an einem der beiden Ränder oder arithmetischer Mittelwert der Funktionswerte im Intervall). Je feiner die Rasterung ist, desto besser bleiben die Charakteristika der Funktion erhalten. Durch Rasterung wird also ein kontinuierlicher Funktionsverlauf in eine Folge von Konstanten abgebildet (siehe auch Klassierung von Daten eines stetigen Merkmals [80]).

Bilder sind 2-dimensionale nicht-digitale Nachrichten. So kann man Schwarz-Weiß-Bilder als reellwertige Funktionen (Helligkeit) zweier Variablen (der Koordinaten in der Bildebene) interpretieren. Eine solche Funktion kann z.B. rechteckig gerastert werden (siehe Abb. 2.7 (siehe auch Kontingenztafel für die Daten zweier klassierter stetiger Merkmale [80]).

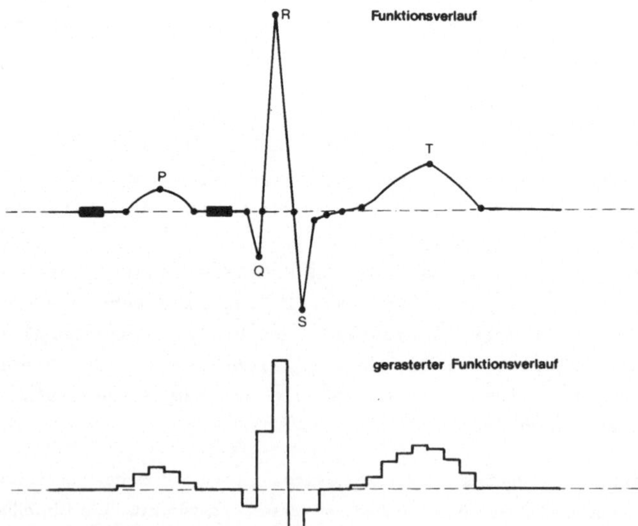

Abb. 2.6: EKG-Rasterung

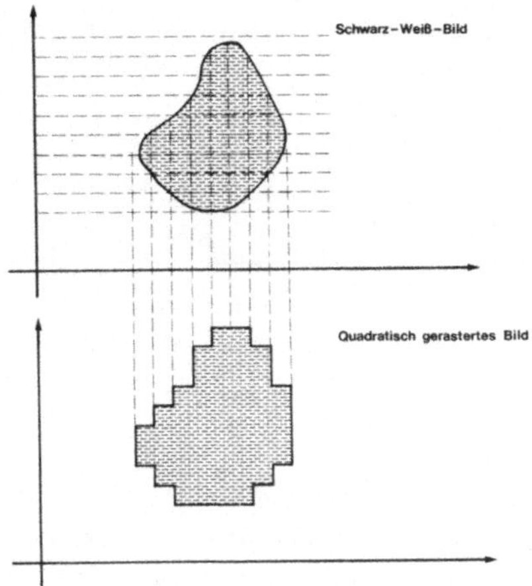

Abb. 2.7: Quadratische Rasterung

2.2.3.2 Quantelung

Bei der Quantelung unterteilt man die Menge der reellen Zahlen in gleichlange Intervalle der Länge t (**Quantenschritt**) und ersetzt jede reelle Zahl r durch dasjenige Vielfache von t, das im gleichen Intervall wie r liegt.

Quantelung liegt etwa bei der Messung von Enzymaktivitäten in internationalen Einheiten vor. Eine internationale Einheit entspricht dabei einem Quantenschritt.

2.2.4 Nachrichtenverarbeitung und Informationsverarbeitung

Die folgenden Überlegungen werden auf digitale Nachrichten beschränkt. Da jede digitale Nachricht als Zeichen interpretiert werden kann, kann man eine Vorschrift ν zur Abbildung einer Nachricht N_i aus einer Nachrichtenmenge $\mathbf{N}$ auf eine Nachricht N_i' aus einer Nachrichtenmenge $\mathbf{N}'$ als Codierung interpretieren.

Es gebe Interpretationsvorschriften α bzw. α', mittels derer die Nachrichtenmenge $\mathbf{N}$ in die Informationsmenge $\mathbf{I}$ bzw. die Nachrichtenmenge $\mathbf{N}'$ in die Informationsmenge $\mathbf{I}'$ abgebildet wird. Aufgrund dieser Abbildungen entspricht jeder Nachricht $N_i \varepsilon \mathbf{N}$ sowohl eine Information $I_i = \alpha(N_i) \varepsilon \mathbf{I}$ als auch eine Information $I_i' = \alpha'(\nu(N_i)) \varepsilon \mathbf{I}'$:

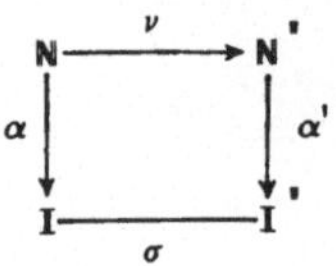

Ist die Abbildung α nicht umkehrbar, dann gibt es Nachrichten $N_i \neq N_j$ mit $\alpha(N_i) = \alpha(N_j)$. Ist $\alpha'(\nu(N_i)) = I_i' \neq I_j' = \alpha'(\nu(N_j))$, dann ist die Zuordnung σ zwischen $\mathbf{I}$ und $\mathbf{I}'$ keine Abbildung.

Ist σ eine Abbildung, dann nennt man die Vorschrift ν **informationstreu** und σ eine Vorschrift zur **Informationsverarbeitung**. Man unterscheidet eine **Umschlüsselung**, wenn σ umkehrbar ist, von einer **Selektion**, wenn σ nicht umkehrbar ist. Eine Umschlüsselung ist eine **Kompression**, wenn der Umfang von $\mathbf{N}'$ kleiner als der Umfang von $\mathbf{N}$ ist (siehe Tab. 2.1).

Codierung	$\mathbf{N} \xrightarrow{\nu} \mathbf{N}'$
Umschlüsselung	Nierenbecken ⟶ Pelvis renalis Pelvis renalis ⟶ Nierenbecken
Selektion	Nierenmark ⟶ Niere Nierenrinde ⟶ Niere
Kompression	Nierenrinde ⟶ Cortex renalis Cortex renalis ⟶ Cortex renalis

Tab. 2.1: Beispiele für verschiedene Codierungen

2.2.5 Algorithmen

Zur Verarbeitung von Nachrichten $\mathbf{N} \xrightarrow{\nu} \mathbf{N}'$ muß die Vorschrift ν so spezifiziert werden, daß der Übergang von einer Nachricht N_i auf eine Nachricht N_i' in endlich vielen Schritten erfolgt. Für jeden Schritt muß festgelegt sein, welcher Schritt als nächster ausgeführt werden muß (Schrittfolge, Ablaufplan).

Ein **Algorithmus** ist eine Beschreibung, unter welchen Bedingungen und in welcher Reihenfolge eine Nachricht N_i in endlich vielen Schritten in eine Nachricht N_i' überführt wird.

Der einfachste Fall eines Algorithmus, der bei endlichem Umfang von **N** theoretisch immer durchführbar ist, ist die Auflistung aller Zuordnungen $N_i \xrightarrow{\nu} N_i'$ (i = 1,2,...,n). Der Algorithmus besteht dann aus einem einzigen Schritt, nämlich der Ersetzung von N_i durch N_i'. In der Praxis ist allerdings meist der Umfang von **N** so groß, daß dieses Verfahren nicht praktikabel ist.

Da ein Algorithmus ein Prozeß ist, der Zeit benötigt, können auch Überlegungen mit dem Ziel angestellt werden, für eine Vorschrift ν einen Algorithmus zu finden, der möglichst wenig Zeit beansprucht. Solche Überlegungen führen zum Begriff der **Effizienz** eines Algorithmus, der bei einer rein mathematischen Betrachtung von Abbildungen keine Rolle spielt.

2.2.6 Formale Sprachen

Die Theorie der formalen Sprachen [127] ist ein wesentlicher Teil der Informatik und hat viele Überschneidungen mit der Linguistik. Hier sollen nur die wichtigsten Begriffe und Zusammenhänge dargestellt werden, da sie die Formulierung von Problemen und Lösungen in der Medizinischen Linguistik (siehe Kapitel 4) entscheidend erleichtern.

Eine **formale Sprache** besteht aus einer Menge V_T sprachlicher Zeichen (**terminale Zeichen**), einer Menge V_N **syntaktischer Variablen** (**nichtterminale Zeichen**), einem **Axiom** $Z \in V_N$ und einer transitiven Relation $\Longrightarrow$. Die Vereinigung von V_T und V_N ist das **Vokabular** V. V^* sei die Menge der Wörter aus Zeichen von V einschließlich des leeren Wortes ϵ. Die transitive Relation $\Longrightarrow$ ist eine Abbildung von V^* in sich derart, daß aus

$$a \Longrightarrow b,\ b \Longrightarrow c \text{ folgt } a \Longrightarrow c,\quad a,b,c \in V^*.$$

Man sagt, "b ist eine **Ableitung** von a", wenn $a \Longrightarrow b$.

Die Menge der mittels $\Longrightarrow$ aus Z ableitbaren Wörter bildet den **Kern** der formalen Sprache. Die Menge der Ableitungen $a \Longrightarrow b$ bildet die **Syntax** (Ableitungsstruktur).

Wird die Relation $\Longrightarrow$ durch eine Teilrelation $\rightarrow$ erzeugt, so daß die Ableitung $a \Longrightarrow b$ durch Hintereinanderschalten endlich vieler Schritt

$$a \rightarrow b_1 \rightarrow b_2 \rightarrow \ldots \rightarrow b_n = b$$

erzeugt wird, dann nennt man $\Longrightarrow$ die **transitive Hülle** von $\rightarrow$. Ein Paar (a,b) mit $a \rightarrow b$ ist eine **Produktiom,** b nennt man "direkt ableitbar" aus a. Dabei ist eine Produktion in dem Sinn elementar, daß sie nicht selbst durch Hintereinanderschalten von Produktionen erzeugt werden kann.

Eine **formale Grammatik** $\Gamma = (V_T, V_N, Z, P)$ ist eine formale Sprache, deren Syntax dazu dient, alle Wörter des Kerns aufzufinden, die nur aus terminalen Zeichen bestehen (**Sprachschatz**). P bezeichnet die Menge der Produktionen.

Ein wichtiger Spezialfall liegt dann vor, wenn für $a,b,x,y \in V^*$ und $a \rightarrow b$ stets $xay \rightarrow xby$ folgt (**Semi-THUE**-Sprachen). Dann wird also die Zeichenkette a stets durch die Zeichenkette b ersetzt unabhängig von den Zeichen, die links oder rechts von a stehen. Mit anderen Worten, $a' \rightarrow b'$ mit $a' = xay$ und $b' = xby$ ist nur dann eine Produktion, wenn b nicht aus a ableitbar ist.

Eine **kontext-freie Grammatik** hat nur Produktionen der Form $a \rightarrow b$ ($a \in V_N$, $b \in V^*, b \neq \epsilon$).

Für eine übersichtliche Darstellung der Syntax werden oft Produktionen mit gleicher linker Seite zusammengefaßt:

$$\left.\begin{array}{l} a \rightarrow b \\ a \rightarrow c \end{array}\right\} \text{ wird zu } a \rightarrow b|c \quad (\text{"b oder c"}) .$$

Da die Menge der Produktionen als Nachrichten mit einer festgelegten Struktur aufgefaßt werden können, kann man auch eine Grammatik für solche Produktionen formulieren (Grammatik einer Grammatik).

Hier wird nur ein Beispiel angegeben. Zusätzliche Beispiele sind in Kapitel 4 enthalten.

$V_N = \{Z, AP, Adj, P, N\}$, $V_T = \{$akute, chronische, subakute, Entzündung, und$\}$

1) Z → AP　　　　　　　　　　　　2) AP → Adj AP | P AP | N

3) Adj → akute | chronische | subakute　　4) P → und

5) N → Entzündung.

Elemente des Sprachschatzes dieser Grammatik sind z.B. (die Nummern beziehen sich auf die Produktionen):

$Z \xrightarrow{1} AP \xrightarrow{2} N \xrightarrow{5}$ Entzündung

$Z \xrightarrow{1} AP \xrightarrow{2} Adj\ AP \xrightarrow{3}$ akute $AP \xrightarrow{2}$ akute $N \xrightarrow{5}$ akute Entzündung

$Z \xrightarrow{1} AP \xrightarrow{2} Adj\ AP \xrightarrow{2} Adj\ P\ AP \xrightarrow{3,4,2,3}$ akute und subakute $AP \xrightarrow{2} \dots$.

Es sind aber auch Elemente erzeugbar, die keinen "Sinn" ergeben, wie etwa

$Z \xrightarrow{1} AP \xrightarrow{2} Adj\ AP \xrightarrow{3}$ akute $AP \xrightarrow{2}$ akute $P\ AP \xrightarrow{4,2,5}$ akute und Entzündung.

Die im Beispiel verwendete Richtung von den Produktionen zu den Elementen der Sprache ist die **deduzierende** Richtung. Die umgekehrte Richtung von einer sprachlichen Äußerung zurück zu Z ist die **verifizierende** Richtung. Sie erlaubt die Feststellung, ob eine Äußerung Element des Sprachschatzes ist. Durch die Angabe des Weges zurück zu Z stellt sie gleichzeitig eine Analyse des Sprachelements dar.

2.2.6.1 Programmiersprachen

Programmiersprachen sind formale Sprachen, die dazu dienen, Algorithmen so zu formulieren, daß sie einerseits der Denk- und Formulierungsweise des Menschen möglichst nahe kommen und andererseits von einem Computer verarbeitet werden können.

Bei Programmiersprachen nennt man eine Nachricht N mit der ihr zugeordneten Information I, $N \xrightarrow{\alpha} I$, ein **Objekt**. N nennt man **Bezeichnung**, und I nennt man **Wert** des Objekts (siehe Abschnitt 5.1).

Die Bezeichnung "38.5" hat den Wert "achtunddreißig Punkt fünf". Ist dies eine reelle Zahl, dann hat die Bezeichnung "3.85 · 10" den gleichen Wert.

Die in einem Algorithmus festgelegten Vorschriften zur Transformation der Nachrichten nennt man bei Programmiersprachen **Operationen**.

Nach den vorangehenden Abschnitten ist ein Algorithmus im wesentlichen eine organisierte Vorschrift zur Transformation von Zeichen. So lassen sich die von der Mathematik her bekannten Operationen wie "Addition zweier ganzer Zahlen" in eine organisierte Folge "elementarer" Operationen zur Ersetzung von Zeichen auflösen. Sind etwa die Operation "Addition zweier ganzer Zahlen" und der zugehörige Algorithmus schriftlich fixiert, dann kann man beide Formen wieder als Nachrichten interpretieren und den Übergang von der Nachricht "a + b" zu der schriftlichen Form des Algorithmus als Nachrichtenverarbeitung interpretieren. Diese Interpretation ermöglicht für Standardoperationen eine bequeme Notation, etwa "a + b", statt der meist sehr undurchsichtigen Form der elementaren Zeichenersetzung. Dazu muß nur einmalig ein Algorithmus formuliert werden, der diese Notation in die Ebene der elementaren Zeichenersetzung abbildet. Auf der nächsten Ebene kann die Multiplikation zweier ganzer Zahlen durch einen Algorithmus dargestellt werden, der als Elementaroperationen nur die Addition ganzer Zahlen benutzt.

So wird es möglich, auf verschiedenen Ebenen immer komplexere Operationen zu definieren, für deren Algorithmen die Operationen der tiefer liegenden Ebene(n) als Elementaroperationen dienen.

Auf diesem Prinzip bauen die Programmiersprachen auf. Ihre Elemente hängen wesentlich davon ab, welche Elementaroperationen man auf tieferen Ebenen zur Verfügung hat und welche Algorithmen für welche Objekte möglichst "bequem" formulierbar sein sollen.

Solche hochentwickelte "problemorientierte" Programmiersprachen sind etwa:

ALGOL	(ALGOrithmic Language) [147,153]
ALPHA	(Datenmanipulationssprache) [29]
BASIC	(Beginner's All-purpose Symbolic Instruction Code) [134]
COBOL	(COmmon Business Oriented Language) [2, DIN 66028]
FORTRAN	(FORmula TRANslation) [3,47,48, DIN 66027]
LISP	(LISt Processing language) [97]
PL/I	(Programming Language/I) [64,163]
SEQUEL	(a Structured English QUEry Language) [11,24].

Die Formulierung eines Algorithmus in einer solchen Sprache nennt man ein **Programm**, seine einzelnen Teile sind die Anweisungen oder **Instruktionen**. Besondere Nachrichtenverarbeitungsprogramme (Übersetzer, **Compiler**) übersetzen das Programm in eine Folge von Elementaroperationen, die auf einem Computer ausgeführt werden können.

2.2.7 Architektur digitaler Computer

Computer sind Maschinen zur automatischen Verarbeitung von Nachrichten. Nach der Form der zu verarbeitenden Nachrichten unterscheidet man digitale Computer und Analogrechner. Die folgenden Ausführungen werden auf digitale Computer wegen ihrer praktischen Bedeutung beschränkt.

Das abstrakte Niveau, auf dem Computer in der Automatentheorie betrachtet werden [73], ist hier ungeeignet, da der an den Methoden der Medizinischen Informatik interessierte Mediziner in erster Linie über die wichtigsten Komponenten und deren Funktion informiert sein sollte, wie sie von den modernen Tischrechnern her bekannt sind (siehe Abb. 2.8).

Mittels **Eingabe-Einheiten** werden Daten in einen Computer eingegeben. Sie werden in der **Zentraleinheit** verarbeitet, und die Ergebnisse werden auf **Ausgabe-Einheiten** ausgegeben. Eingabe-Einheiten sind etwa Lochkartenleser, Lochstreifenleser, Magnetbandeinheit, Magnetplatteneinheit, Markierungsbelegleser, Klartextleser und Bildschirm mit Lichtgriffel und/oder Tastatur. Ausgabe-Einheiten sind etwa Schnelldrucker, Lochkartenstanzer, Lochstreifenstanzer, Magnetbandeinheit, Magnetplatteneinheit und Bildschirm.

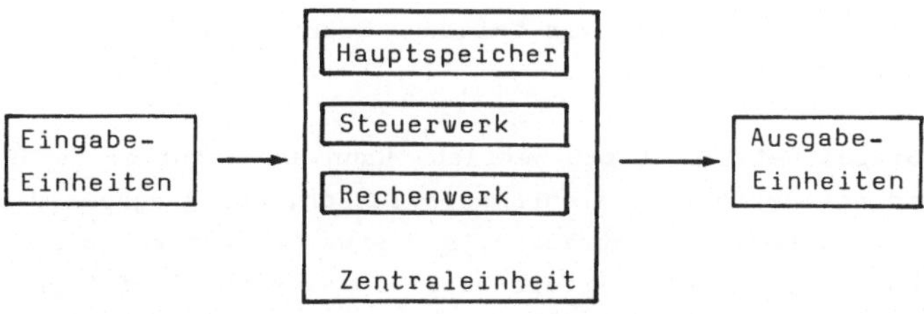

Abb.2.8: Komponenten eines Computers, nach [80]

Die Zentraleinheit besteht aus dem **Steuerwerk**, dem **Rechenwerk** und dem **Hauptspeicher**. Im Hauptspeicher sind sowohl Daten als auch Instruktionen gespeichert. Das Steuerwerk steuert die Verarbeitung von Daten und Instruktionen im Rechenwerk, in dem die den Instruktionen entsprechenden Operationen durchgeführt werden. Das Steuerwerk stellt auch sicher, daß die zu den einzelnen arithmetischen oder logischen Operationen benötigten Daten aus dem Hauptspeicher geholt und dem Rechenwerk zur Verfügung gestellt werden. Die Ergebnisse der einzelnen Operationen werden anschließend an die ihnen zugeordnete Stelle des Hauptspeichers gebracht.

Arithmetische Operationen sind etwa Addition, Subtraktion, Multiplikation und Division von Zahlen. **Logische** Operationen sind etwa Vergleich von Zahlen (größer/gleich/kleiner) oder von Zeichenketten (gleich/ungleich).

Der Hauptspeicher als **interner** Speicher wird durch verschiedene **externe** Speicher ergänzt, wie Lochkarten, Lochstreifen, Magnetbänder, Magnetkarten und Magnetplatten. Die verschiedenen Speicher unterscheiden sich im Fassungsvermögen, in der Wiederverwendbarkeit, in der Zugriffszeit (Zeit, um ein Datum von einer bestimmten Stelle zu holen bzw. an eine bestimmte Stelle zu bringen), im Preis und in den möglichen Zugriffsformen (**sequentiell**, wie etwa bei Magnetbändern, oder **direkt**, wie etwa bei Magnetplatten).

2.2.8 Betriebsformen digitaler Computer

Der Computer ermöglicht verschiedene **Betriebsformen**, die auch gemischt werden können.

Beim **Stapel**-Betrieb (**batch**-Betrieb) kann der Benutzer das Programm während der Ausführung nicht beeinflussen. Das Programm wird auf maschinenlesbaren Datenträgern, wie etwa Lochkarten oder Lochstreifen, dem Computer übermittelt oder von externen Speichern abgerufen. Der Computer läßt die Programme verschiedener Benutzer in Konkurrenz zueinander und unabhängig voneinander ablaufen. Die Reihenfolge der Ausführung ist abhängig von der Verfügbarkeit der Betriebsmittel (Hauptspeicher, Ein- und Ausgabegeräte) und ist bei einfachen Systemen ein "Nacheinander" etwa in der Reihenfolge der Eingabe. Bei komplexen Systemen kann das Programm eines Benutzers ausgeführt werden, während gleichzeitig für ein anderes Programm Daten von einem Eingabegerät eingelesen werden. Der Benutzer hat auf die Reihenfolge der Ausführung keinen unmittelbaren Einfluß.

Beim **Teilnehmer**-Betrieb (**Time-sharing**-Betrieb) hat der Benutzer durch Datenendgeräte (**Terminals**), die elektrischen Schreibmaschinen oder Fernsehgeräten mit Schreibmaschinentastatur ähneln, Zugang zum Computer. Hierbei können viele Terminals an den Computer angeschlossen sein. Der Benutzer führt einen "Dialog" mit dem Computer, indem er die Ausführung des Programms durch die Eingabe von Daten beeinflußt, die vom Stand der Ausführung abhängig sein können. Diese Betriebsform ist nicht nur bequemer für den Benutzer und in vielen Fällen zeitsparender als der Stapel-Betrieb, sondern ermöglicht auch eine **Mensch-Maschine-Kommunikation.** So kann man bei geeigneter Organisation dem Computer die mehr formalen (syntaktischen) und dem Menschen die mehr semantischen Aufgaben übertragen. Da der Benutzer seine Aufgaben im Vergleich zur Verarbeitungsgeschwindigkeit des Computers langsam erledigt, laufen bei dieser Betriebsform die unterschiedlichen Programme der einzelnen Benutzer zweckmäßigerweise nicht nacheinander, sondern abwechselnd. Die hohe interne Verarbeitungsgeschwindigkeit ermöglicht dabei, Programmwechsel und Programmausführung so schnell vorzunehmen, daß scheinbar alle Benutzer gleichzeitig bedient werden.

Beim **Prozeß**-Betrieb (**real-time**-Betrieb) sind meist automatisch arbeitende und steuerbare Geräte (siehe etwa Labor-Analyse-Automaten, nuklearmedizinische Meßgeräte) an einen Computer angeschlossen. Eine besondere Eigenschaft solcher "Prozeßrechner" ist die automatische Unterbrechung der Verarbeitungsvorgänge durch Signale, die auf Signalleitungen anstehen. Die Signalerfassung hat im allgemeinen Vorrang vor jeder Verarbeitung, da keine Daten verloren gehen dürfen und angeschlossene Meßgeräte diese Daten nicht speichern können. In Abhängigkeit von erfaßten Signalen können Verarbeitungsprogramme gestartet werden, die wieder Signale zur Steuerung von Meßgeräten erzeugen können, so daß ein geschlossener Funktions- und Steuerkreis gebildet werden kann.

2.2.9 Computerunterstützte Problemlösung

Hier sollen nur einige grundsätzliche Bemerkungen zum Einsatz von Computern gemacht werden. Eine notwendige Voraussetzung ist eine klare Formulierung des zu lösenden Problems und des Lösungsweges.

Diese in ihrer allgemeinen Form fast triviale Aussage ist bei vielen praktischen Anwendungen aber nur sehr schwer sicherzustellen.

Die Entwicklung und Durchführung einer computerunterstützten Problemlösung kann in mehrere Phasen eingeteilt werden (siehe Abb. 2.9). Zur Definition des Problems gehört die genaue Beschreibung der als Ergebnis der Verarbeitung geforderten Informationen, die letzlich die Art der zu erfassenden Daten festlegt. Bindeglied zwischen Dateneingabe und Informationswiedergabe ist ein Programm, in dem die Algorithmen formuliert sind.

Die Festlegung der Randbedingungen eines Programms (Eingabedaten, Eingabezeitpunkt, Ausgabedaten, Ausgabezeitpunkt, Form der Datenausgabe, ...) ist Ergebnis einer **Systemanalyse.** Sie führt von einer Analyse des Ist-Zustandes zu einem Organisationsplan für die Problemlösung, der in einer detaillierten Ausarbeitung die **Algorithmen** einschließt [161].

Die Formulierung der Algorithmen in der gewählten Programmiersprache ist die eigentliche **Programmierung.** An sie schließt sich die Überprüfung des Programms auf Fehler und die Korrektur an. Moderne Programmiertechniken sehen bereits bei der Programmierung eine formale Überprüfung auf Fehler vor [42]. Dem **Programmtest** schließt sich die **Implementierung** an.

Eine solche einfache Abfolge der einzelnen Phasen gibt es selten. In komplizierten Fällen, vor allem, wenn eine Aufgabenteilung zwischen Mensch und Computer angestrebt wird, führt der Einsatz eines Computers häufig zu einer Änderung des Benutzerverhaltens. Sie kann so weit gehen, daß Verschiebungen in der Aufgabenteilung gefordert werden, die eine erneute Systemanalyse notwendig machen.

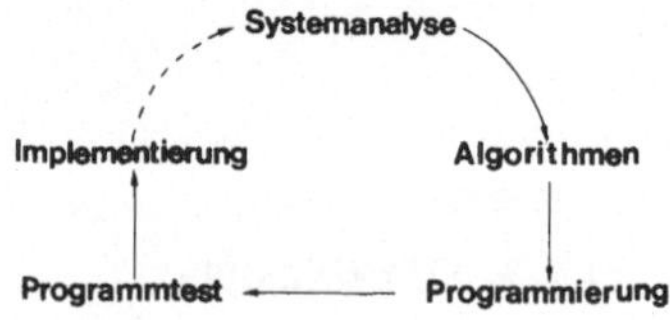

Abb. 2.9: Zusammenhang der einzelnen Phasen bei einer computerunterstützten Problemlösung

3. Klassifikation

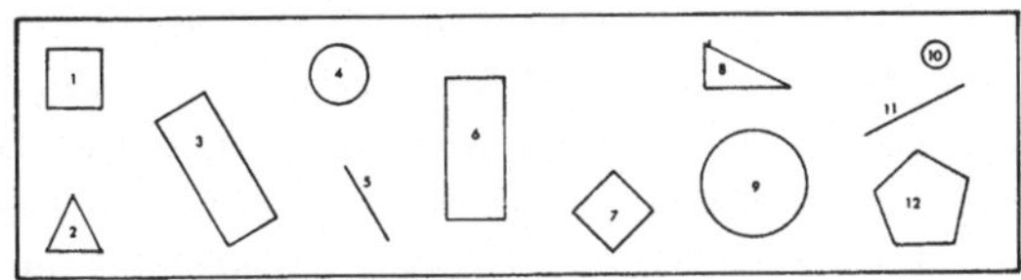

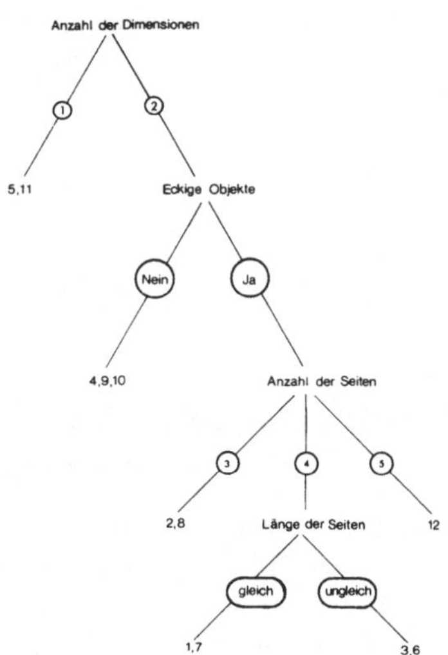

Abb. 3.1: Objekte einer realen Welt

Unter den Begriff der Klassifikation fallen sehr unterschiedliche Anwendungen, die sich jedoch alle auf eine gemeinsame Grundform zurückführen lassen:

> Gegeben ist eine Menge von Objekten der realen Welt. Diese sollen so in Untermengen zusammengefaßt werden, daß die Elemente der gleichen Untermenge möglichst viele oder möglichst charakteristische Eigenschaften gemeinsam haben und Elemente verschiedener Untermengen sich möglichst stark unterscheiden (siehe Abb. 3.1).

Die Eigenschaften, nach denen die Einteilung der Objekte in Abb. 3.1 vorgenommen wurde, stehen an den Verzweigungen des Schemas, die individuellen Bezeichnungen der einzelnen Objekte stehen am Ende der jeweiligen Ketten. Bezeichnet man die einzelnen Untermengen noch entsprechend, dann enthält die reale Welt: 2 Strecken, 3 Kreise, 2 Dreiecke, 2 Quadrate, 2 ungleichseitige Rechtecke, 1 Fünfeck.

Das Ziel der Klassifikation ist die **Ordnung** durch die Erkennung von Gemeinsamkeiten von Objekten und die Erkennung von Mustern. Dieses Ziel ist nach Abschnitt 2.2.1.2 so grundlegend in der Informationsverarbeitung, daß das breite Spektrum sowohl der Anwendungen als auc der zur Lösung beitragenden Fächer verständlich wird. Die für medizinische Anwendungen wichtigsten Verfahren werden in diesem Kapitel dargestellt, wobei besonders bei den statistischen Verfahren auf ein ausführliche Darstellung verzichtet wird. Der an weiterführender Literatur interessierte Leser sei darauf hingewiesen, daß die hier dargestellten Verfahren unter verschiedenen Bezeichnungen zu finden sind, wie etwa: Taxonomie, Mustererkennung, Spieltheorie oder Computerdiagnostik.

3.1 Beobachtungseinheiten, Merkmale

Die Objekte der realen Welt werden im folgenden als **Beobachtungseinheiten** bezeichnet. Diese sind etwa Individuen (zoologische Klassifikationen), Atome (natürliches System der Elemente) oder Begriffe (Diagnose-Klassifikationen).

An den Beobachtungseinheiten interessieren nicht alle denkbaren Eigenschaften, sondern nur einzelne **Merkmale** und ihre **Relationen**. Das durch sie gebildete **Modell** der Beobachtungseinheit ist so lange brauchbar, wie seine Antworten auf konkrete Fragen mit Erfahrungen aus der realen Welt übereinstimmen. Zur Definition eines Merkmals gehört die Angabe der **Ausprägungen**, die das Merkmal haben kann. Sie hängen vom Zweck des Modells und von den Möglichkeiten ihrer Beobachtung ab.

Die Begriffe "Merkmal" und "Ausprägung" sind nicht näher definiert. In der Mathematik entsprechen ihnen die Begriffe "Variable" und "Wert", in der Statistik "Zufallsvariable" und "mögliches Ergebnis".

Die Menge der Ausprägungen eines jeden Merkmals muß zu einer **Zerlegung** der Menge der Beobachtungseinheiten führen [80] , damit jeder Beobachtungseinheit genau eine Ausprägung zugeordnet werden kann.

Die Merkmale werden nach den auf sie anwendbaren Verfahren in Typen eingeteilt, die in der Literatur nicht einheitlich bezeichnet werden und zum Teil sehr differenziert sind.

Bei **qualitativen** Merkmalen sind die Ausprägungen Begriffe. Sie werden unterteilt in **nominale** Merkmale, bei denen die Ausprägungen Bezeichnungen einer Eigenschaft darstellen, für die es keine natürliche Ordnung gibt ("Geschlecht" mit den Ausprägungen "männlich", "weiblich") und in **ordinale** Merkmale, bei denen die Ausprägungen geordnet sind ("Schweregrad einer Erkrankung" mit den Ausprägungen "leicht", "mittel", "schwer").

Bei **quantitativen** Merkmalen sind die Ausprägungen a priori Zahlen, die bei einem **stetigen** Merkmal durch Messen einer (theoretisch) kontinuierlichen Größe ("Blutdruck" in mm Hg) oder bei einem **diskreten** Merkmal durch Zählen ("Anzahl stationärer Aufenthalte") gewonnen werden.

Große praktische Bedeutung haben **binäre** (dichotome) Merkmale. Dies sind nominale Merkmale, die genau zwei Ausprägungen haben. Binäre Merkmale beschreiben also, ob eine Eigenschaft vorliegt oder nicht.

Es gibt verschiedene Verfahren zur Überführung **nicht-binärer** Merkmale in binäre Merkmale, die am einfachsten mit **Indikatorvariablen** beschrieben werden können [80].

Ein quantitatives Merkmal X kann z.B. mediandichotomisiert werden. Dabei tritt ein Informationsverlust auf. Es wird eine Indikatorvariable M_D definiert durch:

$$M_D = \begin{Bmatrix} 0, & X < \tilde{\mu} \\ 1, & \text{sonst} \end{Bmatrix} .$$

Daneben gibt es noch eine Reihe von Verfahren, die bei allen Merkmalen möglich sind und ein Merkmal X durch eine Menge $\{M_1, M_2, \ldots\}$ von Indikatorvariablen ersetzen (siehe Tab. 3.1):

Ein qualitatives oder ein diskretes Merkmal X habe die Ausprägungen x_i^*, ein stetiges Merkmal X werde klassiert (siehe Abschnitt 2.2.3.1); die i-te Klasse sei $(a_{i-1}, a_i]$. Dann wird eine Zufallsvariable Y definiert durch:

$$Y = i \quad \text{für} \quad X = x_i^* \quad \text{bzw.} \quad X \in (a_{i-1}, a_i], \quad i=1,2,\ldots,m .$$

Verfahren I: Es werden m Indikatorvariable definiert durch:

$$M_i = \begin{Bmatrix} 1, & Y = i \\ 0, & \text{sonst} \end{Bmatrix}, \quad i=1,2,\ldots,m .$$

Verfahren II: Es werden m-1 Indikatorvariable definiert durch:

$$M_i = \begin{cases} 1, & Y \leq i \\ 0, & \text{sonst} \end{cases}, \quad i=1,2,\ldots,m-1 .$$

Verfahren III: Es werden $\lceil \mathrm{ld}\ m \rceil$ Indikatorvariable definiert durch

$$Y = 1 + \sum_{i=1}^{\lceil \mathrm{ld}\ m \rceil} M_i \cdot 2^{i-1}$$

(Darstellung von Y als Binärzahl und Zuordnung der Indikatorvariablen zu den Stellen dieser Zahl).

X		Y	I				II			III	
qualitativ/ diskret	stetig		M_1	M_2	M_3	M_4	M_1	M_2	M_3	M_1	M_2
$X = x_1^*$	$X \varepsilon (a_0,a_1]$	1	1	0	0	0	1	1	1	0	0
$X = x_2^*$	$X \varepsilon (a_1,a_2]$	2	0	1	0	0	0	1	1	1	0
$X = x_3^*$	$X \varepsilon (a_2,a_3]$	3	0	0	1	0	0	0	1	0	1
$X = x_4^*$	$X \varepsilon (a_3,a_4]$	4	0	0	0	1	0	0	0	1	1

Tab. 3.1: Ersatz eines Merkmals X durch eine Menge von Indikatorvariablen. Die Zufallsvariable Y zeigt die Nummer der Ausprägung bzw. der Klasse von X an

Ein **Datum** ist die bei einer speziellen Beobachtungseinheit gefundene Ausprägung eines Merkmals. Der Begriff wird häufig mit der "Ausprägung" verwechselt. Ausprägungen sind beobachtbar, Daten sind beobachtet. Die Gewinnung der Daten ist bei allen Merkmalstypen abhängig von einer Vorschrift, die die Zuordnung der jeweiligen Ausprägung ermöglicht. Diese Vorschrift sollte explizit sein, damit die Daten unabhängig von demjenigen sind, der sie erhebt. Diese Forderung nach **operationaler Definition** der Datengewinnung ist in der Praxis oft nicht zu erfüllen. Dies gilt etwa schon für so grundlegende Merkmale wie "Gesundheit" mit den Ausprägungen "gesund" und "krank".

Für die **Zuverlässigkeit** der Datengewinnung gibt es verschiedene Maße. Sei M ein binäres Merkmal mit den Ausprägungen E und $\bar{E}$, dann kann man das Ergebnis der Datengewinnung durch eine Vierfeldertafel beschreiben (siehe Tab. 3.2).

		Wirklichkeit E	$\bar{E}$	Zeilensummen
Entscheidung	E	n_{11}	n_{12}	$n_{1.} = n_{11} + n_{12}$
	$\bar{E}$	n_{21}	n_{22}	$n_{2.} = n_{21} + n_{22}$
Spaltensummen		$n_{.1} = n_{11} + n_{21}$	$n_{.2} = n_{12} + n_{22}$	n

Tab. 3.2: Ergebnis der Datengewinnung bei einem binären Merkmal

Wichtige Maße für die Zuverlässigkeit der Datengewinnung sind:

Empfindlichkeit = $\frac{n_{11}}{n_{.1}}$ (relative Häufigkeit, mit der bei Vorliegen von E richtig entschieden wird),

Spezifität = $\frac{n_{22}}{n_{.2}}$ (relative Häufigkeit, mit der bei Fehlen von E richtig entschieden wird).

Interpretiert man den Versuch als statistischen Test mit der Nullhypothese "die Eigenschaft E ist vorhanden", dann entspricht (1 - Empfindlichkeit) der Wahrscheinlichkeit des Fehlers 1. Art und (1 - Spezifität) der Wahrscheinlichkeit des Fehlers 2. Art [80].

Beide Maße sind im allgemeinen voneinander abhängig. Ihre Berechnung setzt die Existenz eines "Außenkriteriums" voraus. Ein Maß, dessen Berechnung kein Außenkriterium voraussetzt, ist die **Reliabilität** (relative Häufigkeit der gleichen Entscheidung bei unabhängiger Wiederholung des Versuchs).

In der Medizin wird häufig zwischen **harten** (zuverlässigen) und **weichen** (unzuverlässigen) Daten unterschieden. Die Meinung, daß quantitative Daten zuverlässiger sind als qualitative Daten, beruht oft auf dem Glauben, daß eine maschinelle Datengewinnung grundsätzlich zuverlässiger ist als die Beurteilung durch den Menschen. Die Erfahrung zeigt zwar, daß die Variabilität der Daten bei wiederholter Messung des gleichen Objekts bei einem guten Meßgerät relativ gering ist. Die Variabilität der Daten, die durch die Inkonstanz der Beobachtungseinheit bedingt ist, ist jedoch sehr viel größer [90,117]. Die Meinung über die Zuverlässigkeit quantitativer Daten rührt daher oft von der Verwechslung von Meßobjekt (aufbereitetes Serum) und Beobachtungseinheit (Patient) her.

Grundsätzlich gilt wohl, daß die Zuverlässigkeit von Daten um so geringer ist, je komplexer das Merkmal ist. Typisch dafür sind zusammengesetzte ordinale Merkmale, die einen mehrdimensionalen Zustand in ein primitives Merkmal abbilden (siehe Abschnitt 5.1).

Will man etwa die "Besserung" einer Polyarthritis unter Therapie beschreiben, dann sind Merkmale wie Röntgenbefund, klinischer Befund, Laborbefund und Beschwerden zu berücksichtigen. Selbst wenn man für diese "Untermerkmale" operational definierte Ausprägungen hätte, bestünde immer noch keine Einmütigkeit über ihre Gewichtung, wenn man Aussagen wie "gebessert", "ungeändert", "verschlechtert" machen möchte (siehe Abschnitt 3.3.2.2.2).

Eine **Relation** enthält das **Objekttripel** (Beobachtungseinheit, Merkmal, Ausprägung). Da man Objekttripel hierarchisch definieren kann, können Relationen zu komplizierten Datenstrukturen führen (siehe Abschnitt 5.1).

3.2 Grundform der Klassifikationsprobleme

Gegeben seien n Beobachtungseinheiten $\mathbf{B} = (B_1, B_2, \ldots, B_n)$ und k Merkmale $\mathbf{X} = (X_1, X_2, \ldots, X_k)$. Jedes Merkmal sei durch eine Menge von Ausprägungen definiert. Dann sind die bei einer Beobachtungseinheit gewonnenen Daten im statistischen Sinn eine Realisation des k-dimensionalen Zufallsvektors $\mathbf{X}$ (siehe Tab. 3.3).

B \ X	X_1	X_2	...	X_k
B_1	x_{11}	x_{12}	...	x_{1k}
B_2	x_{21}	x_{22}	...	x_{2k}
⋮	⋮	⋮	...	⋮
B_n	x_{n1}	x_{n2}	...	x_{nk}

Tab. 3.3: Matrix der bei n Beobachtungseinheiten B_i $(i = 1,2,\ldots,n)$ beobachteten Daten x_{ij} zu den k Merkmalen X_j $(j=1,2,\ldots,k)$

Grundsätzlich muß in einer allgemeinen Darstellung zugelassen werden, daß bei einer Beobachtungseinheit bestimmte Daten nicht gewonnen wurden oder nicht gewonnen werden konnten. Jedes Merkmal muß also die Ausprägung "unbestimmt" haben. Es kann sinnvoll sein, diese Ausprägung noch weiter nach Ursachen zu gliedern.

Die Klassifikationsprobleme können in drei Typen eingeteilt werden:

(1) Ein Merkmal oder ein Merkmalsvektor ist Zielgröße. Es soll der Einfluß der anderen Merkmale (Einflußgrößen) auf die Zielgröße untersucht werden:

- Von welchen Einflußgrößen hängt die Genese einer Krankheit ab?
- Wie ist die Dosierung eines Medikaments zu wählen, um eine Hypertonie möglichst gut zu behandeln?

(2) Die Beobachtungseinheiten sind Elemente verschiedener Grundgesamtheiten, in denen die Verteilung des Zufallsvektors $\mathbf{X}$ bekannt ist. Eine Beobachtungseinheit soll derjenigen Grundgesamtheit zugeordnet werden, zu der sie am "wahrscheinlichsten" gehört:

- Ein Patient habe ein Symptomenmuster $\mathbf{x}$. Zu welcher Diagnose paßt dies am besten?
- Für einen Patienten sei eine Diagnose B_i zu stellen. In welcher Reihenfolge sollen die Symptome X_i überprüft werden, damit man nach möglichst wenigen Schritten (mit möglichst einfach zu prüfenden Merkmalen, möglichst schnell,...) zu einer eindeutigen Entscheidung kommt?

(3) Es wird vermutet, daß die Beobachtungseinheiten aus verschiedenen - unbekannten - Grundgesamtheiten stammen. Es wird eine Zerlegung von $\mathbf{B}$ gesucht, so daß Beobachtungseinheiten in der gleichen Untermenge sich möglichst "ähnlich" sind und Beobachtungseinheiten in verschiedenen Untermengen sich möglichst "unähnlich" sind:

- Ein Patient habe ein Symptomenmuster $\mathbf{x}$. Enthalten die Daten einen Fehler (siehe Abschnitt 5.2.2)?
- Klassifiziere die Krankheiten (nach diagnostischen Möglichkeiten, nach Ursachen, . . .).

Wegen der Symmetrie der Beziehung zwischen $\mathbf{B}$ und $\mathbf{X}$ liegt es nahe, daß es auch die dualen Klassifikationsprobleme gibt, die man erhält, wenn "Beobachtungseinheit" und "Merkmal" ausgetauscht werden.

Die Beispiele zeigen, daß die so beschreibbaren Probleme von großer praktischer Bedeutung sind. Da der Kern dieser Probleme aber ein mehr intuitiv "definierter" Ähnlichkeitsbegriff bei teilweise rein semantischen Fragestellungen ist, gibt es noch einen Mangel an befriedigenden Verfahren.

Wie schwierig eine explizite Formulierung der Kriterien für solche Ähnlichkeitsbetrachtungen ist, wird jeder erfahren, der die Kriterien formulieren soll, nach denen man zwei Menschen als "ähnlich" aussehend beurteilt. Die dem Menschen eigene Fähigkeit zur Beurteilung von "Gestalt", "Form" und "Aussehen" muß für eine formale Bearbeitung in einzelne Merkmale sehr unterschiedlicher Art aufgelöst werden. Es gibt keine Theorie, aus der folgt, welche Merkmale dabei eine Rolle spielen, welche Ausprägungen diese Merkmale haben müssen und welches Gewicht den einzelnen Merkmalen bezüglich der Ähnlichkeit zukommt. Der Vorteil der Ähnlichkeitsbeurteilung durch den Menschen muß bezahlt werden mit der Variabilität des Ergebnisses bei der Beurteilung durch verschiedene Personen oder auch durch die gleiche Person zu verschiedenen Zeitpunkten und mit der Unmöglichkeit, etwa Rangfolgen der Ähnlichkeit aufzustellen, wenn viele Objekte zu begutachten sind.

Diese Nachteile haben die mathematischen Verfahren nicht. Es muß aber beachtet werden, daß sie Voraussetzungen haben, die in der Praxis selten erfüllt sind, und daß die Ergebnisse von dem Verfahren selbst abhängen (siehe Abschnitt 3.3.2.2.2).

Gewisse Verfahren der **Entscheidungsunterstützung** gehören zu den Problemen der Klassifikation.

Da Informationen Entscheidungen erleichtern oder das Risiko von Fehlentscheidungen vermindern, ist jedes Dokumentationssystem ein Mittel zur Entscheidungsunterstützung. Verfügt man etwa über ein Dokumentationssystem, in dem Patientendaten mit Symptomen, Diagnosen, Therapien und Therapie-Erfolgen gespeichert sind, dann kann man Algorithmen entwickeln, die das Aufsuchen aller Patienten gestatten, die zu einem gegebenen Patienten "am besten" passen. Der Vergleich der bei diesen Patienten durchgeführten Therapien und ihrer Erfolge wird dann eine gute Unterstützung bei der Entscheidung sein, welche Therapie für den neuen Patienten gewählt werden soll.

Entscheidungsunterstützung soll hier nicht in diesem breiten Rahmen verstanden werden. Die Unterstützung soll nicht nur in der Wiedergabe von Daten bestehen, sondern darin, daß ein **Algorithmus** Entscheidungen trifft und der Arzt diese Entscheidungen werten und sie gegebenenfalls modifizieren kann.

Dieses Thema ist unter dem Begriff "Computerdiagnostik" populär geworden, der aus der Zeit stammt, als man mit der Vorstellung vom "Elektronengehirn" eine Maschine mit praktisch unbegrenzten Möglichkeiten verband. Mit ihr sind viele psychologische und soziologische Probleme verbunden. Sie reichen von der Angst vieler Ärzte, durch eine Maschine ersetzbar zu sein, über die Angst des Patienten, einer unmenschlichen Medizin ausgeliefert zu sein, bis hin zu ungelösten Fragen, etwa nach der Verantwortung für Fehlentscheidungen. Auf eine Diskussion dieser Probleme wird hier zugunsten einer Einführung in die Möglichkeiten und in die Beschränkungen der verschiedenen Methoden verzichtet. Bei der Kompliziertheit des Gebiets kann diese Einführung nicht erschöpfend sein.

Eine Beschäftigung mit Algorithmen zur Entscheidungsunterstützung ist aus folgenden Gründen sinnvoll:

- Algorithmen setzen operationale Regeln für Entscheidungen voraus. Die Erfahrung lehrt, daß selbst Experten diese kaum formulieren können und daß die intensive Beschäftigung damit die Grundlagen für die Entscheidungen selbst verbessert.
- Die Medizin ist mittlerweile so spezialisiert und kompliziert, daß Diagnostik und Therapie häufig der Konsultation von Experten bedarf. Nicht an jedem Ort und nicht zu jeder Zeit ist aber der geeignete Experte verfügbar. Ein System zur Entscheidungsunterstützung, das einen Experten hinreichend gut "simuliert", kann das Problem der Verfügbarkeit lösen helfen.
- Die Benutzung eines Programms zur Entscheidungsunterstützung durch den Arzt hat Ausbildungsfunktionen, wenn das Programm auch erläutern kann, warum gewisse Entscheidungen getroffen wurden. Das im Programm inkorporierte Wissen kann zudem stets auf dem aktuellen Stand gehalten werden.

Im folgenden soll unter dem Begriff der "Entscheidung" nicht nur die Entscheidung für eine oder mehrere Diagnosen verstanden werden. Methodisch gleich sind etwa die Probleme bei der Anamnese, Therapie oder Prognose zu behandeln. Um jedoch nicht mit Begriffen zu operieren, die dem Mediziner wenig geläufig sind, werden die wichtigsten Modelle am Problem der Diagnostik dargestellt.

Eine grobe Einteilung der Verfahren ergibt sich danach, ob die Diagnostik "statisch" als Schluß von einer feststehenden Menge von Symptomen auf eine feststehende Menge von Krankheiten interpretiert wird, oder - wesentlich realistischer - als **Prozeß**, bei dem man, von einem Wissensstand ausgehend, dieses Wissen solange schrittweise zu vergrößern sucht, bis eine hinreichend gut gesicherte Entscheidung getroffen werden kann.

Bei der statischen Interpretation gibt es einmal die nur in Spezialfällen vorliegende mathematisch formulierbare Abhängigkeit (siehe

Abschnitt 3.3.1.1.2), ferner das statistische Modell (siehe Abschnitt 3.3.1.2.1) und schließlich das prädikatenlogische Modell (siehe Abschnitt 3.3.1.2.2). Die Implementierung des Modells der mathematisch formulierbaren Abhängigkeit macht im allgemeinen keine Schwierigkeiten. Die beiden anderen Modelle können auf Entscheidungsprozesse erweitert werden (siehe Abschnitt 3.5). Wegen der für sie geltenden strengen Voraussetzungen ist es jedoch notwendig, nach weiteren Modellen zu suchen, die den realen Situationen besser entsprechen (siehe Abschnitt 3.5.2).

3.3 Mathematische Klassifikation

Bei den mathematischen Verfahren der Klassifikation, d.i. der Zuordnung von Beobachtungseinheiten zu Grundgesamtheiten, wird angenommen, daß die k Merkmale einen k-dimensionalen **Merkmalsraum** aufspannen. Die Daten der Beobachtungseinheiten werden als k-dimensionale Punkte bzw. Vektoren in diesem Raum interpretiert. Grundgesamtheiten sind Punktmengen zugeordnet, die im gesamten k-dimensionalen Raum liegen. Typisch für die Klassifikation ist jedoch, daß eine jede Grundgesamtheit nur in einem Unterraum des Merkmalsraums liegt. Je besser die Punktmengen getrennt sind, desto leichter ist eine Beobachtungseinheit der richtigen Grundgesamtheit zuzuordnen (Klassifikationsproblem 1. Art, siehe Abschnitt 3.3.1.2) bzw. desto besser sind die einzelnen Stichproben trennbar (Klassifikationsproblem 2. Art, siehe Abschnitt 3.3.2).

Da die Komplexität des Problems mit der Dimension des Merkmalsraums steigt, wird bei vielen Klassifikationen versucht, zuerst die Dimension des Merkmalsraums zu reduzieren. Wesentliches Hilfsmittel ist dabei die Erkennung von Abhängigkeiten zwischen den Merkmalen (siehe Abschnitt 3.3.1.1). Sie sind Ausdruck der Redundanz des Merkmalsvektors.

3.3.1 Bekannte Grundgesamtheiten

In diesem Abschnitt wird angenommen, daß die Grundgesamtheiten bekannt sind, aus denen eine Beobachtungseinheit gezogen werden kann. Es ist üblich, Merkmale als **Zufallsvariable** zu interpretieren und das Wissen über die Grundgesamtheiten in **Wahrscheinlichkeitsverteilungen** zu formulieren.

3.3.1.1 Analyse von Abhängigkeiten

Die Analyse von Abhängigkeiten dient bei der mathematischen Klassifikation im wesentlichen zur Reduktion der Dimension des Merkmalsraums.

Determiniert ein Merkmal X_i ein Merkmal X_j vollständig, dann liefert die Ausprägung von X_j bei einer Beobachtungseinheit nach Kenntnis der Ausprägung von X_i keine Information bezüglich der Zugehörigkeit zu einer Grundgesamtheit. Die Beobachtung von X_j ist also überflüssig. So ist die Messung des Blutdrucks mit einer Manschette überflüssig, wenn Daten einer intraarteriellen Druckmessung vorliegen.

Da die Daten mit verschiedenen Fehlern behaftet sind, tritt der geschilderte Fall in der Praxis kaum auf. Stattdessen wird man eventuell ein Modell

$$X_j = f(X_i) + E$$

finden, welches das Merkmal X_j interpretiert als Summe einer durch X_i mittels der Funktion f determinierten Komponente und eines zufälligen Fehlers E. Komplizierte Abhängigkeiten liegen dann vor, wenn ein Merkmal X_j von einer Kombination von Merkmalen oder wenn eine Kombination von Merkmalen von einer Kombination von anderen Merkmalen abhängt.

Die Ergebnisse einer Analyse von Abhängigkeiten müssen mit Vorsicht interpretiert werden. Fehlinterpretationen entstehen meist durch die Annahme, eine gefundene statistische Abhängigkeit sei **kausaler** Art. Neben dieser für die Praxis wichtigsten Ursache statistischer Abhängigkeit gibt es jedoch noch weitere Ursachen wie etwa die gemeinsame Abhängigkeit von einer dritten, nicht berücksichtigten Zufallsvariablen und die formal erzeugte Abhängigkeit. Letztere besteht z.B. zwischen zwei Zufallsvariablen, deren Summe konstant ist.

Mathematisch entspricht der Reduktion des Merkmalsraums eine Transformation der Beobachtungsmatrix (siehe Tab. 3.3) zu einer Matrix mit weniger als k Spalten bzw. einer Transformation der Merkmale X_i $(i=1,2,\ldots,k_x)$ in Merkmale Y_j $(j=1,2,\ldots,k_y)$ mit $k_y < k_x$. Im allgemeinen geht dabei Information verloren.

Einfache Transformationen bestehen im Weglassen einzelner Merkmale, was einer Projektion des Merkmalsraums auf einen Raum niedrigerer Dimension entspricht (**Merkmalsauswahl**). Es ist naheliegend, dabei solche Merkmale wegzulassen, die von anderen Merkmalen in hohem Maße abhängig sind oder deren Ausprägungen sich bei den verschiedenen Beobachtungseinheiten kaum unterscheiden.

3.3.1.1.1 Abhängigkeitsmaße

Der **Korrelationskoeffizient** ist ein Maß für die Abhängigkeit zweier Zufallsvariablen. Der **multiple** Korrelationskoeffizient einer Zufallsvariablen Y in Bezug auf eine Menge $\{X_1, X_2, \ldots, X_m\}$ von Zufallsvariablen ist ein Maß für die Abhängigkeit von Y von dieser Menge. **Partielle** Korrelationskoeffizienten sind Korrelationskoeffizienten zwischen zwei Zufallsvariablen einer bedingten multivariater Verteilung.

3.3.1.1.2 Abhängigkeit einer Zielgröße von den Einflußgrößen

Die statistische Analyse der Abhängigkeit einer **Zielgröße** von den **Einflußgrößen** ist am weitesten für das **lineare Modell** entwickelt:

$$X = \mathbf{Y'} \cdot \beta + \mathbf{Z'} \cdot \gamma + E \quad .$$

Dabei ist X ein Vektor von Zielgrößen, **Y'** eine durch das Modell festgelegte Matrix qualitativer deterministischer Einflußgrößen, β ein Vektor von "Effekten", **Z'** eine Matrix quantitativer Einflußgrößen, γ ein Vektor von Regressionskoeffizienten und E ein Vektor von zufälligen "Fehlern". Es wird vorausgesetzt, daß die Fehler nach einer multivariaten Normalverteilung verteilt sind.

Ist **Y'** = 0, dann handelt es sich um ein Problem der **Regressionsanalyse**. Ist **Z'** = 0, dann handelt es sich um ein Problem der **Varianzanalyse**. Sind weder **Y'** noch **Z'** gleich 0, dann handelt es sich um ein Problem der **Kovarianzanalyse**. Bezüglich der genaueren Einteilung dieser Verfahren sei auf die Fachliteratur verwiesen [9,128].

Es gibt bisher erst wenige Bereiche, bei denen die Zusammenhänge zwischen Diagnose und Therapie einerseits und Einflußgrößen andererseits so genau bekannt sind, daß sie mittels mathematischer Funktionen beschrieben werden können.

Die Korrektur bei einseitiger Aphakie durch eine einseitige Starbrille wird wegen der starken Bildgrößenunterschiede bei hinreichend guter Sehkraft des nicht-operierten Auges im allgemeinen nicht durchgeführt. Auch Haftschalen führen noch zu deutlichen Größenunterschieden der Bilder beider Augen. Mit der Entwicklung von Ultraschallmeßmethoden ist es gelungen, die Größen- und Brechungsverhältnisse des Auges so genau zu bestimmen, daß eine kombinierte Korrektur mit dem Erhalt beidäugigen Sehens möglich ist [49].

Ein anderes Beispiel ist der Elektrolyt- bzw. Säure/Basen-Haushalt. Der Zusammenhang zwischen Blut-pH einerseits und Nierenfunktion und Elektrolyt-Konzentration andererseits kann gut durch Funktionen beschrieben werden, in die die Werte der Blutgase und der Serum-Elektrolyte eingehen [15]. Die genaue Buchführung über die Zufuhr und über die Ausscheidung von Flüssigkeit und Elektrolyten kann zudem dem Arzt neben einer regelmäßigen Bilanz Hilfen bei der Therapie geben [43].

Simulationsverfahren werden mit Erfolg bei der Planung und Durchführung bestimmter Therapien eingesetzt. Sie beruhen auf einem mathematischen Modell der Wirkung eines Pharmakon in Abhängigkeit von Dosierung und patientengebundenen Einflußgrößen. In solche Modelle gehen sowohl klinische Erfahrungen als auch die Ergebnisse pharmakologischer oder physikalischer Untersuchungen ein. Entscheidungsunterstützung ist besonders wichtig bei Therapien, deren Dosierung, Applikationsform oder Applikationszeitpunkt eine schmale therapeutische Bandbreite haben.

Beispiele sind etwa medikamentöse Therapien mit Digitalis [70], Antiepileptika, Antibiotika, Lithium, Cytostatika, Antiarrhythmika, Insulin [19], Antikoagulantien [154] oder ionisierenden Strahlen (siehe Abschnitt 6.1.4).

3.3.1.1.3 Zusammenhang zwischen Komponenten des Zufallsvektors

Bei der **Hauptkomponentenanalyse** wird eine Folge von Lineartransformationen eines standardisierten Zufallsvektors $\mathbf{X}$ gesucht, die folgende Eigenschaften besitzt:

Es sei β ein Vektor mit $|\beta| = 1$. Der Vektor β werde so gewählt, daß die Varianz von $\beta' \cdot \mathbf{X}$ maximal wird (Σ = Kovarianzmatrix von $\mathbf{X}$):

$$E\left((\beta' \cdot \mathbf{X})^2\right) = E(\beta' \cdot \mathbf{X} \cdot \mathbf{X}' \cdot \beta) = E(\beta' \cdot \Sigma \cdot \beta) = \max.$$

Bekannte Sätze der linearen Algebra führen dazu, daß β eine Lösung des folgenden Eigenwertproblems ist:

$$(\Sigma - \lambda \cdot I) \cdot \beta = 0 \quad (I = \text{Einheitsmatrix}) .$$

Die Maximalitätsbedingung ist äquivalent damit, daß β der Eigenvektor zum größten Eigenwert λ ist. Nach Auffinden von β wird eine weitere Lineartransformation $\beta'^{(1)} \cdot \mathbf{X}$ gesucht mit $|\beta^{(1)}| = 1$, $\beta' \cdot \mathbf{X}$ und $\beta'^{(1)} \cdot \mathbf{X}$ unabhängig und Varianz von $\beta'^{(1)} \cdot \mathbf{X}$ maximal.

Das Verfahren wird solange wiederholt, wie es Lösungen des entsprechenden Eigenwertproblems gibt. Geometrisch entspricht es einer **Rotation** des Koordinatensystems. Dabei werden die Achsen so gewählt, daß sie orthogonal sind und in ihrer Richtung die Varianz maximal wird. Meist ist das Ziel eine Transformation des Zufallsvektors in einen Raum niedrigerer Dimension, also eine Erklärung der Variation der Daten anhand weniger unabhängiger Linearkombinationen der ursprünglichen Zufallsvariablen.

Die Hauptkomponentenanalyse ist ein Spezialfall der **Faktorenanalyse.** Dabei werden Lineartransformationen des Koordinatensystems vorgenommen, die zu "Faktoren" führen, die möglichst gut interpretierbar sein sollen und einen möglichst großen Teil der Varianz erklären.

Ein ähnliches Ziel hat die **kanonische** Analyse. Besteht der Zufallsvektor aus zwei Teilvektoren $\mathbf{X}' = (\mathbf{X}'^{(1)}, \mathbf{X}'^{(2)})$, dann wird eine Lineartransformation

$$U = \alpha' \cdot \mathbf{X}^{(1)}, \quad V = \beta' \cdot \mathbf{X}^{(2)}$$

gesucht derart, daß U und V maximal korreliert sind. Das Verfahren wird wiederholt mit Transformationen

$$U^{(1)} = \boldsymbol{\alpha}'^{(1)} \cdot \mathbf{X}^{(1)}, \quad V^{(1)} = \boldsymbol{\beta}'^{(1)} \cdot \mathbf{X}^{(2)}$$

derart, daß U und $U^{(1)}$ bzw. V und $V^{(1)}$ unabhängig sind und $U^{(1)}$ und $V^{(1)}$ maximale Korrelation haben. Das Verfahren führt ebenfalls auf ein Eigenwertproblem. Es entspricht einer Transformation der durch $\mathbf{X}^{(1)}$ bzw. $\mathbf{X}^{(2)}$ aufgespannten Unterräume in orthogonale Unterräume derart, daß die einander zugeordneten "kanonischen" Variablen möglichst abhängig sind.

3.3.1.1.4 Kontingenztafel-Analyse

Diese Analyse wird hier nur für zwei Merkmale X und Y erläutert. Die Formeln für die begrifflich einfache Erweiterung auf mehr als zwei Merkmale können in der Fachliteratur nachgelesen werden.

Stetige Merkmale seien klassiert. An jeder der n Beobachtungseinheiten wird eine der Ausprägungen $(x_1^*, x_2^*, \ldots, x_k^*)$ des Merkmals X und eine der Ausprägungen $(y_1^*, y_2^*, \ldots, y_\ell^*)$ des Merkmals Y beobachtet. Die Häufigkeiten N_{ij}, mit denen die Kombinationen (x_i^*, y_j^*) gefunden wurden, können in einer **Kontingenztafel** dargestellt werden (siehe Tab. 3.4).

X \ Y	y_1^*	...	y_j^*	...	y_ℓ^*	Zeilen-summen
x_1^*	N_{11}	...	N_{1j}	...	$N_{1\ell}$	$N_{1\bullet}$
⋮	⋮		⋮		⋮	⋮
x_i^*	N_{i1}	...	N_{ij}	...	$N_{i\ell}$	$N_{i\bullet}$
⋮	⋮		⋮		⋮	⋮
x_k^*	N_{k1}	...	N_{kj}	...	$N_{k\ell}$	$N_{k\bullet}$
Spalten-summen	$N_{\bullet 1}$	...	$N_{\bullet j}$	...	$N_{\bullet \ell}$	n

Tab. 3.4: Kontingenztafel für die Daten der Merkmale X und Y

Sind die **Randwahrscheinlichkeiten** $p_{i.}$ für die Ausprägung x_i^* und $p_{.j}$ für die Ausprägung y_j^* bekannt und sind X und Y unabhängig, dann ist der Erwartungswert für die **Besetzungszahl** N_{ij}

$$(3.1) \quad E(N_{ij}) = n \cdot p_{i.} \cdot p_{.j} \, .$$

Unter diesen Voraussetzungen ist die Teststatistik

$$\chi^2 = \sum_{i=1}^{k} \sum_{j=1}^{\ell} \frac{\left[N_{ij} - E(N_{ij})\right]^2}{E(N_{ij})}$$

angenähert nach $\chi^2_{k \cdot \ell - 1}$ verteilt [80].

3.3.1.2 Zuordnung zu einer Grundgesamtheit Klassifikationsproblem 1. Art

3.3.1.2.1 Statistische Entscheidungsmodelle

An einer zufällig gezogenen Beobachtungseinheit werden die Daten zu verschiedenen Merkmalen erhoben. Die Beobachtungseinheit soll anhand dieser Daten einer Grundgesamtheit zugeordnet werden. Es gibt eine endliche Menge von Grundgesamtheiten, die jeweils durch die multivariate Verteilung der Zufallsvariablen beschrieben werden.

Gibt es zwei Grundgesamtheiten V_1 und V_2, dann sind vier Fälle bei der Entscheidung möglich (siehe Tab. 3.5).

		Wirklichkeit	
		V_1	V_2
Entscheidung	V_1	0	K(1|2)
	V_2	K(2|1)	0

Tab. 3.5: Kosten der Zuordnung einer Beobachtungseinheit zu einer von zwei Grundgesamtheiten V_1 und V_2

V_1 sei die Grundgesamtheit der "Gesunden" und V_2 die Grundgesamtheit der Patienten mit "Urämie". Die Grundgesamtheiten werden durch die jeweilige Verteilung des stetigen Merkmals X = "Serumharnstoff" beschrieben (siehe Abb. 3.2). An einem Menschen werde die Ausprägung von X durch eine Laboruntersuchung festgestellt. Es ist zu entscheiden, ob der Mensch gesund oder krank ist.

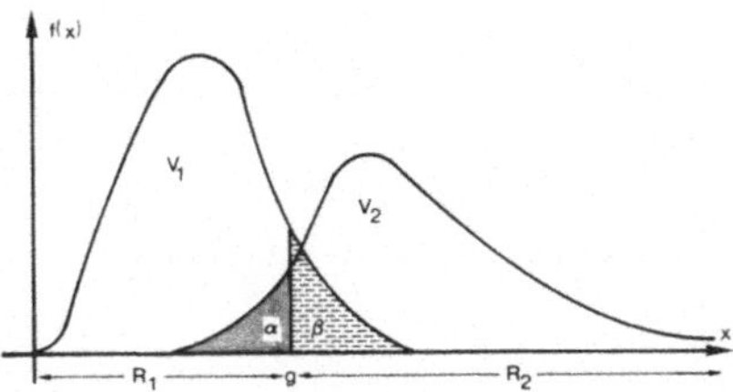

Abb. 3.2: Schema der Wahrscheinlichkeitsfunktionen eines stetigen Merkmals X in zwei Grundgesamtheiten V_1 und V_2

Die Strategie $R = (R_1, R_2)$ zur Zuordnung zu einer der beiden Grundgesamtheiten lautet dann: Ist das gefundene Datum $x \in R_1$, dann wird der Mensch als gesund, andernfalls als krank angesehen.

Wie immer man die Grenze g zwischen Gesunden und Kranken zieht, man wird einen Gesunden mit einer Wahrscheinlichkeit von β als krank und einen Kranken mit einer Wahrscheinlichkeit von α als gesund einordnen. Jede Wahl von g teilt die x-Achse in zwei Teile R_1 und R_2. Die Kosten der Zuordnung eines Kranken zu den Gesunden seien 5 Einheiten, die Kosten der Zuordnung eines Gesunden zu den Kranken seien 3 Einheiten. Die Wahrscheinlichkeit, daß ein Gesunder zur Untersuchung kommt, sei p. Dann sind die erwarteten Kosten der Strategie R

$$p \cdot 3 \cdot \beta + (1-p) \cdot 5 \cdot \alpha .$$

Die Strategie R, d.h. die Grenze g, soll nun so gewählt werden, daß die erwarteten Kosten minimal werden. Sind $f_1(x)$ und $f_2(x)$ die beiden Wahrscheinlichkeitsfunktionen, dann ist g so zu wählen, daß

$$p \cdot 3 \cdot \underbrace{\int_g^{\infty} f_1(x)\,dx}_{\beta} + (1-p) \cdot 5 \cdot \underbrace{\int_{-\infty}^{g} f_2(x)\,dx}_{\alpha}$$

minimal wird.

Eine **Entscheidungsstrategie** sollte derart sein, daß die Wahrscheinlichkeit einer Fehlentscheidung möglichst klein wird. Sind die "Kosten" der beiden möglichen Fehlentscheidungen unterschiedlich, sind also die Kosten $K(1|2)$ einer Entscheidung für V_1, wenn in Wirklichkeit V_2 richtig ist, bzw. die Kosten $K(2|1)$ einer Entscheidung für V_2, wenn in Wirklichkeit V_1 richtig ist, dann sollen die "mittleren" Kosten der Entscheidungsstrategie möglichst klein sein.

Der Vektor $\mathbf{x} = (x_1, x_2, \ldots, x_k)$ der Daten kann als Punkt im k-dimensionalen Raum interpretiert werden. Eine Entscheidungsstrategie $R=(R_1,R_2)$ ist nun derart, daß der k-dimensionale Raum R in zwei Unterräume R_1 und R_2 zerlegt wird. Fällt der Punkt $\mathbf{x}$ in den Raum R_i, dann wird die Beobachtungseinheit der Grundgesamtheit V_i $(i = 1,2)$ zugeordnet.

Die erwarteten **Kosten** einer falschen Zuordnung sind:

$$(3.2) \quad \begin{Bmatrix} k(1,R) = K(2|1) \cdot P(\mathbf{x} \in R_2 | \mathbf{x} \in V_1) \text{ bei Zuordnung zu } V_2 \\ k(2,R) = K(1|2) \cdot P(\mathbf{x} \in R_1 | \mathbf{x} \in V_2) \text{ bei Zuordnung zu } V_1 \end{Bmatrix}.$$

Ist die a priori-Wahrscheinlichkeit p bekannt, mit der eine Beobachtungseinheit aus V_1 ist, dann sind die zu erwartenden Gesamtkosten der Strategie R gleich

$$p \cdot k(1,R) + (1-p) \cdot k(2,R).$$

Ein vernünftiges Prinzip zur Auswahl einer Strategie ist in diesem Fall die Minimierung der zu erwartenden Gesamtkosten (**BAYES-Prozedur**) [143]. Eine BAYES-Prozedur minimiert also den Ausdruck

$$(3.3) \quad c \cdot k(1,R) + k(2,R) \quad , \quad c = \frac{p}{1-p} > 0.$$

Ist p nicht bekannt, dann kann das **Minimax**-Prinzip verwendet werden: Die gesuchte Prozedur soll derart sein, daß

$$\min_R \max \left(k(1,R), k(2,R) \right).$$

Eine Strategie R ist mindestens so **gut** wie eine Strategie S, wenn

$$k(i,R) \leq k(i,S), \; i = 1,2.$$

R ist **besser** als S, wenn mindestens eine Ungleichung im strengen Sinn gilt. Eine Strategie ist **zulässig**, wenn es keine bessere Strategie gibt.

Für den Fall, daß p unbekannt ist, läßt sich zeigen, daß die Menge der zulässigen Strategien aus allen BAYES-Prozeduren besteht [9].

Sei $f_i(\mathbf{x})$ die Dichte des Zufallsvektors in der Grundgesamtheit V_i (i=1,2). Dann sind die erwarteten Gesamtkosten nach (3.2) und (3.3) gleich

$$c \cdot K(2|1) \cdot \int_{R_2} f_1(\mathbf{x}) d\mathbf{x} + K(1|2) \cdot \int_{R_1} f_2(\mathbf{x}) d\mathbf{x} .$$

Da R_1 und R_2 disjunkt sind, folgt

$$\int_{R_2} \Big(c \cdot K(2|1) \cdot f_1(\mathbf{x}) - K(1|2) \cdot f_2(\mathbf{x}) \Big) d\mathbf{x} + K(1|2) \cdot \underbrace{\int_{R_1 \cup R_2} f_2(\mathbf{x}) d\mathbf{x}}_{1} .$$

Die erwarteten Gesamtkosten werden also minimiert, wenn R_2 so gewählt wird, daß darin genau die Punkte $\mathbf{x}$ liegen, für die gilt:

$$c \cdot K(2|1) \cdot f_1(\mathbf{x}) - K(1|2) \cdot f_2(\mathbf{x}) < 0 .$$

Die optimale Strategie lautet daher

$$\left\{ \begin{array}{ll} R_1 : & \dfrac{f_1(\mathbf{x})}{f_2(\mathbf{x})} \geq \dfrac{K(1|2)}{c \cdot K(2|1)} \\ & \\ R_2 : & \text{sonst} \end{array} \right\} .$$

Diese Strategie kann auf das Klassifikationsproblem bei m Grundgesamtheiten erweitert werden:

Ist p_i (i=1,2,...,m) die a priori-Wahrscheinlichkeit, eine Beobachtungseinheit B aus einer Grundgesamtheit V_i zu ziehen mit der Dichte $f_i(\mathbf{x})$, und sind die Kosten der falschen Klassifikation einer Beobachtungseinheit aus V_i zu V_j gleich $K(j|i)$, dann ist die Zerlegung $\{R_1, R_2, \ldots, R_m\}$, die die erwarteten Gesamtkosten minimiert, definiert durch:

Weise die Beobachtungseinheit der Grundgesamtheit V_k zu, für die

$$\sum_{\substack{i=1 \\ i \neq k}}^{m} p_i \cdot f_i(\mathbf{x}) \cdot K(k|i), \quad p_i = P(B \in V_i), \quad f_i(\mathbf{x}) = P(\mathbf{X}=\mathbf{x} | B \in V_i)$$

minimal wird (k=1,2,...,m).

Da $f_i(\mathbf{x})$ die bedingte Wahrscheinlichkeit (Wahrscheinlichkeitsdichte) ist, daß bei einer Beobachtungseinheit aus V_i der Merkmalsvektor $\mathbf{x}$ vorliegt, ist nach (2.1) das Produkt $p_i \cdot f_i(\mathbf{x})$ die Wahrscheinlichkeit dichte dafür, daß die Beobachtungseinheit aus V_i stammt und der Merk malsvektor $\mathbf{x}$ vorliegt.

Sind die Kosten $K(k|i)$ einer falschen Zuordnung eines Elements von V_i zu V_k alle gleich und stellen die Grundgesamtheiten V_i eine Zerlegung dar, dann kann man das Optimierungskriterium auch folgendermaßen formulieren:

Weise die Beobachtungseinheit der Grundgesamtheit V_k zu, für die

$$\sum_{\substack{i=1\\ i\neq k}}^{m} p_i \cdot f_i(\mathbf{x}) = \sum_{i=1}^{m} p_i \cdot f_i(\mathbf{x}) - p_k \cdot f_k(\mathbf{x})$$

minimal wird bzw. für die $p_k \cdot f_k(\mathbf{x})$ maximal wird $(k=1,2,...,m)$.

Diese "likelihood"-Lösung ist unmittelbar einzusehen:

Eine Beobachtungseinheit wird der Grundgesamtheit zugewiesen, für die die Wahrscheinlichkeit, daß sie aus dieser Grundgesamtheit stammt und der Merkmalsvektor $\mathbf{x}$ vorliegt, maximal wird.

In dieser Formulierung wird auch die Beziehung zum Satz von BAYES und das darauf beruhende statistische Modell der Entscheidungsunterstützung [80] besonders deutlich (siehe Abschnitt 3.5.2.1).

Bei der **Diskriminanzanalyse** wird ein anderes Optimierungskriterium verwendet. Die ihr zugrunde liegende Idee soll an einem zweidimensionalen Beispiel erläutert werden.

In Abb. 3.3 sind zwei Punktwolken eingetragen, die Stichproben aus zwei Grundgesamtheiten entsprechen mit den zweidimensionalen Dichten $f_1(\mathbf{x})$ und $f_2(\mathbf{x})$, $\mathbf{x}=(x_1,x_2)$. Gesucht ist eine neue Achse y_1, auf der die beiden Gruppen "möglichst gut" trennbar sein sollen. Als Maß für die Trennbarkeit dient der Quotient aus der Varianz innerhalb der Gruppen und der Varianz zwischen den Gruppen. Dieser Quotient wird in Abhängigkeit von der zu y_1 führenden Lineartransformation minimiert. Anschließend wird eine zu y_1 orthogonale Achse y_2 nach den gleichen Kriterien gesucht (im zweidimensionalen Fall ist diese Achse mit y_1 bereits festgelegt).

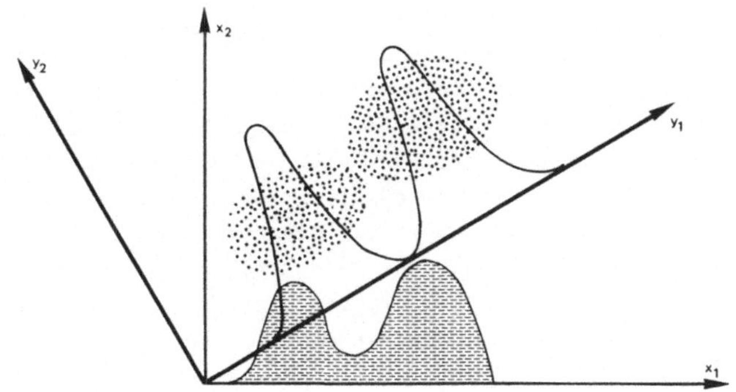

Abb. 3.3: Schema zweier Punktwolken und ihrer Wahrscheinlichkeitsdichten auf verschiedenen Achsen

Für multivariate Normalverteilungen mit identischer Kovarianzmatrix führen beide Verfahren zu den gleichen Strategien. Für diesen Sonderfall gibt es einen Test, anhand dessen entschieden werden kann, wieviele Diskriminanzfunktionen zur Erklärung der Gesamtvarianz notwendig sind. Sind Erwartungswerte und Kovarianzmatrix unbekannt, dann können sie aus den Daten der Stichprobe geschätzt werden [9].

Die Methode ist übertragbar auf diskrete Zufallsvariable.

Gegeben seien zwei Grundgesamtheiten V_1 und V_2 und zwei Zufallsvariable X_1 und X_2 mit den Ausprägungen x^*_{11} und x^*_{12} bzw. x^*_{21} und x^*_{22}. Die Wahrscheinlichkeitsverteilungen seien

X_1 \ X_2	x^*_{21}	x^*_{22}
x^*_{11}	1/4	1/4
x^*_{12}	1/4	1/4

für V_1,

X_1 \ X_2	x^*_{21}	x^*_{22}
x^*_{11}	1/8	1/4
x^*_{12}	1/8	1/2

für V_2.

Dann ist bei gleichen a priori-Wahrscheinlichkeiten und bei gleichen Kosten einer Fehlklassifikation die optimale Strategie $R = (R_1,R_2)$ mit $R_1 = \{(x^*_{11},x^*_{21}), (x^*_{11},x^*_{22}), (x^*_{12},x^*_{21})\}$ und $R_2 = \{(x^*_{12},x^*_{22})\}$.

3.3.1.2.2 Prädikatenlogisches Entscheidungsmodell

Die Prädikatenlogik [62] wurde entwickelt, um die Technik des mathematischen Beweises nachzuvollziehen und genau zu verstehen. Beim mathematischen Beweis geht man von Aussagen (Axiome, Voraussetzungen) aus und leitet daraus nach gültigen Regeln andere Aussagen her. Auf diesem abstrakten Niveau kann die Diagnostik analog formuliert werden: Man geht aus von Aussagen (Befunden) und leitet daraus nach gültigen Regeln ("ärztliches Wissen", medizinisches Fachwissen) andere Aussagen (Diagnose) her. Es ist daher zu vermuten, daß die Prädikatenlogik auch für die formale Darstellung der medizinischen Diagnostik verwendbar ist.

Wegen der historischen Bedeutung dieses Entscheidungsmodells und wegen seines Einflusses auf andere Entscheidungsmodelle soll die Sprache der Prädikatenlogik kurz erläutert werden. Sie besteht aus Elementen zur Formulierung von Fakten und aus Regeln zur Ableitung neuer Fakten aus alten Fakten.

Konstamten sind Beobachtungseinheiten, denen man einen identifizierenden Namen geben kann (z.B. LEBER).

Variable stehen für verschiedene Objekte zu verschiedenen Zeiten.

Prädikate bezeichnen Eigenschaften. Will man etwa die Eigenschaft der Leber, Verdauungsorgan zu sein, ausdrücken, dann kann dies durch ein Prädikat erfolgen: VERDAUUNGSORGAN(LEBER). Der **Wert** eines Prädikats ist "wahr" oder "falsch", d.h. das Argument LEBER hat die Eigenschaft VERDAUUNGS-ORGAN oder nicht. Prädikate können auch mehr als ein Argument haben. Will man etwa ausdrücken, daß Diabetes ein Risiko für eine Schwangerschaft ist, dann erreicht man dies durch das zweistellige Prädikat

RISIKO(DIABETES,SCHWANGERSCHAFT) .

Die "Auflösung" der Prädikate ergibt **Aussagen.** ("Diabetes ist ein Risiko für eine Schwangerschaft").

Die Werte "wahr" bzw. "falsch" werden meist mit 1 bzw. 0 bezeichnet.

Funktionen haben wie Prädikate Argumente und als Ergebnis einen Wert (keinen Wahrheitswert!). So hat die Funktion KONSISTENZ mit dem Argument LEBER etwa die Werte DERB oder WEICH. Funktionen können auch Argument von Prädikaten sein. Prädikate können jedoch nicht Argument von Funktionen sein.

Die grundlegende Funktion für **Objekttripel** (siehe Abschnitt 3.1) ist

AUSPR(OBJEKT,MERKMAL).

Operatoren wirken auf ein Prädikat (Negation) oder zwei Prädikate (Konjunktion, Disjunktion, Implikation) (siehe Abb. 3.4). Mit ihrer Hilfe werden **Ausdrücke** formuliert. Will man etwa formulieren, daß die Leber derb und vergrößert ist, dann geschieht dies mittels

$$\text{DERB(KONSISTENZ(LEBER))} \wedge \text{VERGRÖSSERUNG(LEBER)} .$$

Quantoren dienen ebenfalls zur Formulierung von Aussagen. Will man etwa ausdrücken, daß **alle** Tests t einer definierten Menge ein normales Ergebnis haben, dann verwendet man dazu den Quantor "für alle" (meist mit $\forall$ bezeichnet):

$$\forall(t)\ (\text{ERGEBNIS}(t) = \text{NORMAL}) .$$

Gibt es mindestens einen Test, dessen Ergebnis normal ist, dann verwendet man dazu den Quantor "es gibt" (meist mit $\exists$ bezeichnet):

$$\exists(t)\ (\text{ERGEBNIS}(t) = \text{NORMAL}) .$$

Gegeben sei ein Problem mit zwei Symptomen s_1 und s_2 und zwei Diagnosen d_1 und d_2. Der Einfachheit halber seien die Symptome und Diagnosen selbst als Prädikate formuliert (x sei eine Patientenvariable):

$$s_1(x),\ s_2(x),\ d_1(x),\ d_2(x) .$$

Das Fachwissen bestehe hier aus den beiden folgenden Regeln:

(1) Wenn Symptom s_1 vorliegt, dann muß Krankheit d_2 vorliegen ($s_1 \rightarrow d_2$).

(2) Wenn Symptom s_2 vorliegt, dann kann Krankheit d_1 nicht vorliegen ($s_2 \rightarrow \bar{d}_1$).

ℓ_1	$\bar{\ell}_1$
1	0
0	1

Negation ("nicht")

$\bar{\ell}_1$

ℓ_1 \ ℓ_2	1	0
1	1	0
0	0	0

Konjunktion ("und")

$\ell_1 \wedge \ell_2$

ℓ_1 \ ℓ_2	1	0
1	1	1
0	1	0

Disjunktion ("oder")

$\ell_1 \vee \ell_2$

ℓ_1 \ ℓ_2	1	0
1	1	0
0	1	1

Implikation ("wenn-dann")

$\ell_1 \rightarrow \ell_2$

Abb. 3.4: Wahrheitstabellen zu den logischen Operationen mit Prädikaten ℓ_1 und ℓ_2 (1: wahr, 0: falsch)

Ein Patient a habe das Symptom s_1 ($s_1(a)=1$). Aus diesem Befund sind alle wahren Aussagen über die Diagnosen abzuleiten. Für die Menge der möglichen Aussagen über die Diagnosen $\{d_1(a)=1, d_1(a)=0, d_2(a)=1, d_2(a)=0\}$ bedeutet dies, daß jede dieser Aussagen auf Verträglichkeit mit dem Fachwissen überprüft werden muß. Befund und Fachwissen können nun zusammengefaßt werden zum Wissen W:

$$W = s_1 \wedge \Big((s_1 \rightarrow d_2) \wedge (s_2 \rightarrow \bar{d}_1) \Big).$$

Wegen der Äquivalenz von $\ell_1 \rightarrow \ell_2$ mit $\bar{\ell}_1 \vee \ell_2$ ergibt dies

$$W = s_1 \wedge \Big((\bar{s}_1 \vee d_2) \wedge (\bar{s}_2 \vee \bar{d}_1) \Big) = \Big(\underbrace{(s_1 \wedge \bar{s}_1)}_{0} \vee (s_1 \wedge d_2) \Big) \wedge (\bar{s}_2 \vee \bar{d}_1) = s_1 \wedge d_2 \wedge (\bar{s}_2 \vee \bar{d}_1).$$

Wegen $s_1 = 1$ findet man

$$W = d_2 \wedge (\bar{s}_2 \vee \bar{d}_1).$$

Da Befund und Fachwissen miteinander verträglich sein müssen, muß W den Wert 1 haben. Dies ist nur möglich, wenn d_2 den Wert 1 hat. Daraus folgt zwingend, daß die Diagnose d_2 vorliegt. Über d_1 kann nichts ausgesagt werden, da s_2 nicht bekannt ist.

3.3.2 Klassifikation von Beobachtungseinheiten Klassifikationsproblem 2. Art

Beim Klassifikationsproblem 2. Art ist eine Stichprobe **B** von n Beobachtungseinheiten gegeben, die durch einen Vektor von Daten zu einem Merkmalsvektor $\mathbf{X}=(X_1, X_2, \ldots, X_k)$ charakterisiert werden. Es wird vermutet, daß die Stichprobe aus verschiedenen Grundgesamtheiten $V_1, V_2, \ldots, V_m$ stammt. Sie soll so in Untermengen (**Klassen**) zerlegt werden, daß Elemente der gleichen Klasse möglichst homogen und Elemente verschiedener Klassen möglichst inhomogen sind. Dies sind zwei Forderungen, die abhängig voneinander sind.

Das Problem ist nur sinnvoll, wenn die Anzahl der Grundgesamtheiten kleiner als der Stichprobenumfang ist, da sonst stets die triviale Lösung existiert, je Beobachtungseinheit eine Klasse zu bilden.

Die Beobachtungseinheiten können als Punkte in einem k-dimensionalen Raum interpretiert werden, der durch die Merkmale des Vektors **X** aufgespannt wird. Eine "gute" Zerlegung dieser k-dimensionalen

Punktwolke ist dann möglich, wenn sich einzelne Teile des Raumes definieren lassen, in denen klar getrennte Teile der Punktwolke liegen (siehe Abb. 3.5).

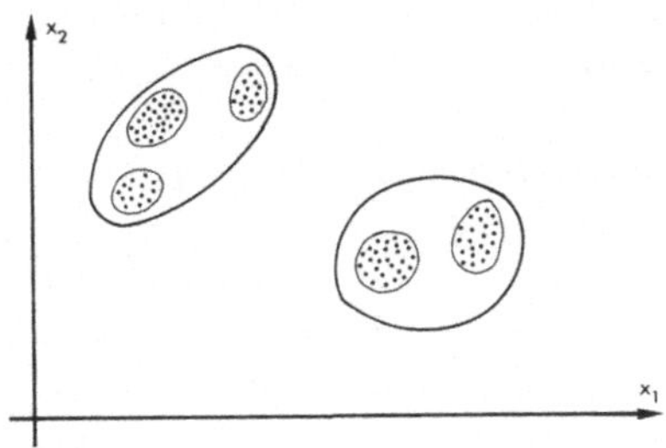

Abb. 3.5: Schema der Zerlegung einer zweidimensionalen Punktwolke

Dem Klassifikationsproblem 2. Art liegt oft die Vorstellung einer "natürlichen" Ordnung der Beobachtungseinheiten zugrunde, die aus einer Vielzahl von Merkmalen herausgelesen werden muß. Da man jedoch den natürlichen Zusammenhang der Merkmale nicht kennt, sind solche Klassifikationen meist weitgehend subjektiv, selbst wenn "objektive" Methoden dabei eingesetzt werden. Diese Subjektivität ist bedingt durch berücksichtigte Merkmale, Ähnlichkeits-/Distanzfunktion und Algorithmus. Dennoch haben die mathematischen Verfahren der Klassifikation die großen Vorteile der Überprüfbarkeit und der Wiederholbarkeit gegenüber einer rein bewertenden Klassifikation durch Experten.

Anschaulich kann das Klassifikationsproblem 2. Art auch folgendermaßen interpretiert werden: Je größer die Nähe ist, aus der man die Stichprobe betrachtet, um so deutlicher sieht man die einzelnen Elemente. Betrachtet man die Stichprobe aus größerer Entfernung, dann sind die kleinen Unterschiede zwischen den einzelnen Elementen nicht mehr zu erkennen. Es fallen eventuell mehrere Elemente in eines zusammen, und man erkennt Muster von Elementmengen. Je nach Anordnung der einzelnen Elemente kann sich dieser Prozeß auf mehreren Stufen wiederholen (siehe etwa die unterschiedlichen Informationen bei Betrachtung eines Zeitungsbildes aus gewöhnlicher Entfernung und durch eine Lupe).

Der Vernachlässigung "feiner" Unterschiede entspricht im Sinne von Abschnitt 2.2.1.2 eine Erhöhung der Redundanz. Auf diesem Prinzip beruhen alle Verfahren der **Mustererkennung** (pattern recognition), wie das Klassifikationsproblem 2. Art in der Literatur auch oft genannt wird.

Im einfachsten Fall wird eine Klasse durch ein Muster von Ausprägungen definiert. Werden stetige Merkmale zur Klassifikation herangezogen, dann werden auch Intervalle verwendet (Klassierung). Hat man etwa zwei stetige Merkmale und ein diskretes Merkmal, dann könnte eine Klasse dadurch definiert werden, daß alle Beobachtungseinheiten einer Klasse die gleiche Ausprägung des diskreten Merkmals aufweisen.

Als statistisches Verfahren kann in wenigen Spezialfällen die Faktorenanalyse eingesetzt werden.

Das Klassifikationsproblem 2. Art wird häufig auf ein Klassifikationsproblem 1. Art zurückgeführt, indem man die benötigten Wahrscheinlichkeitsverteilungen durch die Häufigkeitsverteilungen einer "Trainingsstichprobe" schätzt und anschließend die Beobachtungseinheiten der eigentlichen "Teststichprobe" klassifiziert.

3.3.2.1 Konfigurationsfrequenz-Analyse

Das in Abschnitt 3.3.1.1.4 beschriebene Verfahren kann auch beim Klassifikationsproblem 2. Art eingesetzt werden. Sind die Randwahrscheinlichkeiten nicht bekannt, dann können sie aus der Stichprobe geschätzt werden. Die Schätzung für den Erwartungswert (3.1) ist

$$N^*_{ij} = \frac{N_{i.} \cdot N_{.j}}{n} \quad .$$

Unter diesen Voraussetzungen ist die Teststatistik

$$\chi^2 = \sum_{i=1}^{k} \sum_{j=1}^{\ell} \frac{(N_{ij} - N^*_{ij})^2}{N^*_{ij}}$$

angenähert nach $\chi^2_{(k-1)\cdot(\ell-1)}$ verteilt.

Bei der **hierarchischen** Konfigurationsfrequenz-Analyse zur Bildung einer hierarchischen Klassifikation werden alle Kontingenztafeln mit t der k Merkmale (t=k,k-1,...,2) berechnet, und die Kontingenztafel mit dem am "stärksten signifikanten" χ^2 wird weiter untersucht. Da hierzu simultane Tests durchgeführt werden, müssen die Irrtumswahrscheinlichkeiten entsprechend modifiziert werden [83].

3.3.2.2 Cluster-Analyse

3.3.2.2.1 Distanz/Ähnlichkeit

Unter der **Cluster-Analyse** wird eine Reihe von Verfahren zusammengefaßt, die alle im Sinne von Abschnitt 2.2.1.2 durch Vernachlässigung gewisser "feiner" Unterschiede der einzelnen Elemente über eine Redundanzvermehrung zu einer Klassenbildung führen. Diese Verfahren beruhen ausnahmslos auf der Definition einer "Distanz" (bzw. einer "Ähnlichkeit") von Elementen. Der intuitiv erklärte Ähnlichkeitsbegriff spiegelt die Vorstellung wider, daß Elemente, die sich bezüglich der Ausprägungen "wichtiger" Merkmale nur "geringfügig" unterscheiden, einander ähnlicher sind, als solche, die sich darin "stark" unterscheiden. Da "Distanz" und "Ähnlichkeit" komplementäre Begriffe sind, beschränken sich die folgenden Ausführungen auf die Distanz.

Zur mathematischen Behandlung sind folgende Festlegungen notwendig:

- Distanzfunktion für Beobachtungseinheiten,
  - Merkmale zur Bestimmung der Distanz,
  - Einfluß eines Merkmals auf Distanz,
- Distanzfunktion für Klassen (Mengen).

Die Distanz von Klassen muß insbesondere dann definiert werden, wenn eine Hierarchie von Klassen angestrebt wird.

Grundsätzlich liefert eine **Distanzfunktion** für zwei beliebige Punkte **X**, **Y** des k-dimensionalen Raumes eine reelle Zahl. Sinnvolle Forderungen an solche Funktionen sind:

$f(\mathbf{X},\mathbf{Y}) \geq 0$ (die Distanz ist eine nicht-negative Zahl)

$f(\mathbf{X},\mathbf{Y}) > 0 \leftrightharpoons \mathbf{X} \neq \mathbf{Y}$ (zwei verschiedene Beobachtungseinheiten haben immer eine positive Distanz)

$f(\mathbf{X},\mathbf{Y}) = f(\mathbf{Y},\mathbf{X})$ (die Distanz ist symmetrisch).

Eine **Metrik** ist eine Distanzfunktion, für die zusätzlich die Dreiecksungleichung gilt (der Weg von **X** über **Y** nach **Z** ist mindestens so lang wie der direkte Weg von **X** nach **Z**):

$$f(\mathbf{X},\mathbf{Y}) + f(\mathbf{Y},\mathbf{Z}) \geq f(\mathbf{X},\mathbf{Z}) .$$

Analog kann eine **Ähnlichkeitsfunktion** $g(\mathbf{X},\mathbf{Y})$ definiert werden.

Sind Distanz und Ähnlichkeit auf das Intervall $[0,1]$ normiert, dann kann eine Ähnlichkeitsfunktion mittels der Distanzfunktion definiert werden. Eine solche Definition ist

$$g(\mathbf{X},\mathbf{Y}) = 1 - f(\mathbf{X},\mathbf{Y}) .$$

Hier bedeutet also $g=1$ maximale Ähnlichkeit und $g=0$ minimale Ähnlichkeit.

Bei praktischen Anwendungen treten besonders dann Schwierigkeiten auf, wenn auch qualitative Merkmale berücksichtigt werden müssen und wenn Daten fehlen. Es ist nicht möglich, dafür generelle Vorschriften zu geben. Das Problem der qualitativen Merkmale, für die man z.B. keine Mittelwerte berechnen kann, wird formal dadurch umgangen, daß statt der Merkmale Zufallsvariable betrachtet werden, im Prinzip also die qualitativen Daten numerisch codiert werden. Wie weit die Distanz dann noch sinnvolle Aussagen zuläßt, ist problemabhängig. Bei fehlenden Daten werden oft alle Beobachtungseinheiten weggelassen, bei denen mindestens ein Datum fehlt. Bei quantitativen Merkmalen werden fehlende Daten auch durch den Mittelwert der Daten substituiert. Für die Interpretierbarkeit gelten die gleichen Einschränkungen. Eine Möglichkeit der Gleichbehandlung aller Merkmale ist immer dadurch gegeben, daß quantitative Merkmale wie qualitative Merkmale behandelt werden. Dies ist stets mit einem Informationsverlust verbunden.

3.3.2.2.1.1 Qualitative Merkmale

Eine einfache und häufig verwendete Klasse von Distanzfunktionen beruht auf der Interpretation eines Zeilenvektors der Beobachtungsmatrix (siehe Tab. 3.3 in Abschnitt 3.2) als Zeichenfolge. Gegeben seien die Zeichenfolgen

$\mathbf{X} = x_1 x_2 \ldots x_k$

$\mathbf{Y} = y_1 y_2 \ldots y_k.$

Haben die Zeichenfolgen verschiedene Länge, dann können sie durch das "Leerzeichen" auf gleiche Länge aufgefüllt werden. Die **HAMMING-Distanz** h ist die Anzahl der Positionen, in denen die beiden Zeichenfolgen verschieden sind:

$$h = \sum_{i=1}^{k} \delta_i \ , \ \delta_i = \begin{Bmatrix} 0, & x_i = y_i \\ 1, & \text{sonst} \end{Bmatrix} .$$

Die HAMMING-Distanz zwischen ENANTHEM und EXANTHEME ist gleich 2.

Diese Distanz kann dadurch normiert werden, daß man statt h die **relative** HAMMING-Distanz $H = h/k$ berechnet. Sie ist eine Metrik, in die alle Merkmale mit gleichem Gewicht eingehen.

Legt man die intuitive Vorstellung zugrunde, dann scheint es jedenfalls sinnvoll, die HAMMING-Distanz zu benutzen, solange man keine weiteren Kenntnisse über die Merkmale besitzt. Es gibt verschiedene Varianten dieser Distanz, die man erhält, wenn man die einzelnen Merkmale verschieden gewichtet:

$$h' = \sum_{i=1}^{k} g_i \cdot \delta_i \quad .$$

Da die Gewichte einen großen Einfluß auf den Wert der Distanz haben, sollten sie nur dann verwendet werden, wenn sie sachlogisch hinreichend begründet sind. Sinnvolle Gewichte können etwa Maße für die "Zuverlässigkeit" von Daten sein (siehe Abschnitt 3.1 und [142]).

3.3.2.2.1.2 Quantitative Merkmale

Eine Klasse von Distanzfunktionen stellen die **L_r-Distanzen** dar:

$$L_r(\mathbf{X},\mathbf{Y}) = \left(\sum_{i=1}^{k} |x_i - y_i|^r \right)^{1/r}, \quad r > 0.$$

Mit wachsendem r nimmt der Einfluß von Merkmalen mit großer Varianz zu. Die L_r-Distanzen sind invariant gegen Translationen des Koordinatensystems, sind jedoch abhängig vom Maßstab. Es empfiehlt sich daher, die Zufallsvariablen zu **standardisieren.** Dazu geht man von den Zufallsvariablen X_i zu den neuen Zufallsvariablen Z_i über, indem man den Erwartungswert $\mu_i = E(X_i)$ subtrahiert und durch die Standardabweichung σ_i dividiert:

$$Z_i = \frac{X_i - \mu_i}{\sigma_i} \quad .$$

Die standardisierten Zufallsvariablen Z_i haben dann alle den Erwartungswert 0 und die Varianz 1. Die ebenfalls standardisierten Daten sind gleich den Abweichungen vom Mittelwert, gemessen in Vielfachen der empirischen Standardabweichung.

Zwei häufig verwendete Spezialfälle der L_r-Distanzen sind die Summe (oder auch der Mittelwert) der Abstände der Komponenten (r=1) und die euklidische Norm (r=2). Die euklidische Norm ist auch invariant gegen Drehungen des Koordinatensystems.

Die **MAHALANOBIS-Distanz**

$$f(\mathbf{X},\mathbf{Y}) = \sqrt{(\mathbf{X}-\mathbf{Y})' \cdot \Sigma^{-1} \cdot (\mathbf{X}-\mathbf{Y})} \quad , \Sigma = \text{Kovarianzmatrix},$$

ist invariant gegen Translationen, Drehungen und Maßstabsänderungen des Koordinatensystems. Zudem berücksichtigt sie Korrelationen zwischen den einzelnen Merkmalen. Vernachlässigt man die Kovarianzmatrix, dann geht die MAHALANOBIS-Distanz in die euklidische Norm über.

3.3.2.2.1.3 Klassen

Die Distanzfunktionen zwischen Klassen beruhen auf Distanzfunktionen zwischen Elementen. Seien $\mathbf{B}_1$ und $\mathbf{B}_2$ zwei Klassen von Beobachtungseinheiten mit den Umfängen n_1 und n_2, zwischen denen eine Distanz $f_{\mathbf{XY}} = f(\mathbf{X},\mathbf{Y})$ definiert ist ($\mathbf{X} \in \mathbf{B}_1, \mathbf{Y} \in \mathbf{B}_2$).

Die wichtigsten Distanzen zwischen Klassen sind:

1) $F_{12} = \min_{\mathbf{X},\mathbf{Y}} f_{\mathbf{XY}}$ Single linkage

2) $F_{12} = \frac{1}{n_1 \cdot n_2} \cdot \sum_{\mathbf{X},\mathbf{Y}} f_{\mathbf{XY}}$ Average linkage

3) $F_{12} = \max_{\mathbf{X},\mathbf{Y}} f_{\mathbf{XY}}$ Complete linkage

4) $F_{12} = \sqrt{(\bar{\mathbf{X}} - \bar{\mathbf{Y}})' \cdot \mathbf{\Sigma}^{-1} \cdot (\bar{\mathbf{X}} - \bar{\mathbf{Y}})}$.

Diese MAHALANOBIS-Distanz bestimmt im wesentlichen den Vertrauensbereich der Differenz der Mittelwertsvektoren zweier multinormalverteilter Grundgesamtheiten ($\mathbf{\Sigma}$ = Kovarianzmatrix).

5) $F_{12} = |\bar{\mathbf{X}} - \bar{\mathbf{Y}}| = L_2(\bar{\mathbf{X}},\bar{\mathbf{Y}})$.

Abstand der Mittelwertsvektoren beider Stichproben. Die Distanz geht aus der MAHALANOBIS-Distanz hervor, wenn die Kovarianzmatrix vernachlässigt wird.

Die Distanzen 4) und 5) setzen quantitative Merkmale voraus. Die Distanzen 2) bis 5) erzeugen kompakte, "runde" Klassen, die Distanz 1) kann auch langgestreckte Klassen erzeugen, wenn es "Brücken" zwischen den Klassen gibt.

3.3.2.2.2 Algorithmen

Auf die Darstellung der einzelnen Algorithmen wird hier verzichtet, da es dazu eine umfangreiche Spezialliteratur gibt [144,177] und nur wenige Prinzipien mit verschiedenen Modifikationen benutzt werden.

Zur **hierarchischen** Klassifikation kann man nach folgendem Schema vorgehen:

> Die n Beobachtungseinheiten bilden 1-elementige Klassen (Stufe 0). Auf der Stufe t werden unter den noch vorhandenen (n-t) Klassen $K_1, K_2, \ldots, K_{n-t}$ die beiden Klassen K_i und K_j vereinigt, deren Distanz (siehe Abschnitt 3.3.2.2.1.3) am geringsten ist (Stufe t+1). Das Verfahren wird solange wiederholt, bis alle Elemente in einer Klasse vereinigt sind. Dabei entsteht eine hierarchische Ordnung (**Dendrogramm**), auf deren unterster Ebene die Beobachtungseinheiten stehen und auf deren oberster Ebene die Menge aller Beobachtungseinheiten steht (siehe Abb. 3.6).

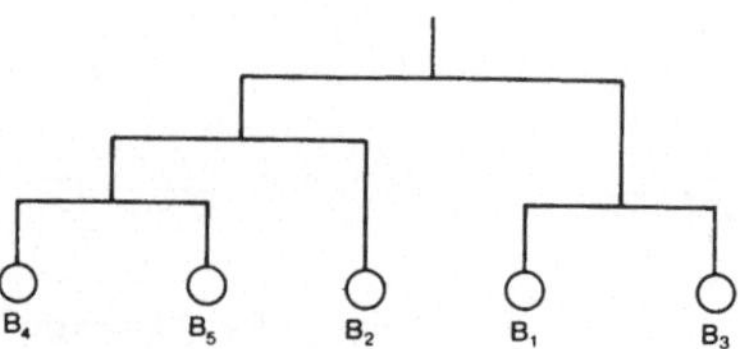

Abb. 3.6: Dendrogramm bei hierarchischer Klassifikation der Beobachtungseinheiten B_1 bis B_5

Ein typischer Algorithmus bei **nicht-hierarchischer** Klassifikation ist:

> Gegeben sei eine Zahl $d \geq 0$. Ausgehend von irgendeiner Beobachtungseinheit B_i werden alle Beobachtungseinheiten zu einer Klasse zusammengefaßt, die in der d-Umgebung von B_i liegen (deren Distanz zu B_i höchstens gleich d ist). Im nächsten Schritt werden alle Beobachtungseinheiten zu der Klasse hinzugefügt, die in der d-Umgebung zu irgendeinem Element der Klasse liegen. Die Klasse ist dann abgeschlossen, wenn kein neues Element mehr hinzukommt. Von einem der außerhalb liegenden Elemente ausgehend wird die nächste Klasse nach dem gleichen Verfahren gebildet.

Da auf diese Weise Klassen gebildet werden, innerhalb derer es zu jedem Element mindestens ein Element in der d-Umgebung gibt und bei der zwei Elemente aus verschiedenen Klassen nicht in ihrer jeweiligen d-Umgebung liegen, ist die Klassenbildung unabhängig von dem Element, mit dem begonnen wird. Die sich ergebenden Klassen sind dagegen stark von d abhängig. Für $d = 0$ gibt es nur 1-elementige Klassen, für $d \rightarrow \infty$ fallen alle Elemente in die gleiche Klasse.

Das Verfahren kann auch zur hierarchischen Klassifikation verwendet werden. Dann wird stufenweise der Wert von d - beginnend mit $d=0$ - vergrößert.

Das Ergebnis einer Cluster-Analyse hängt nach den vorangehenden Abschnitten im allgemeinen so stark vom speziellen Verfahren ab, daß es nur mit großer Vorsicht interpretiert werden darf. In [142] wird u.a. gefordert:

(1) Der Informationsgehalt einer Klasse soll möglichst groß sein und auf möglichst vielen Merkmalen beruhen.

(2) Jedes Merkmal wird gleich gewichtet.

(3) Die Ähnlichkeit zwischen zwei Beobachtungseinheiten soll eine Funktion aller Merkmale sein.

Diese Forderungen scheinen zwar plausibel, sind in der Praxis aber kaum sicherzustellen. So ist etwa die zweite Forderung gleichbedeutend damit, daß man Unterschiede in den Ausprägungen verschiedener Merkmale einheitlich bewertet. Dadurch beeinflussen bei einer Reihe von Distanzfunktionen Merkmale mit großen Varianzen die Distanz stärker. Übersichtlicher ist die Situation bei einem quantitativen Merkmalsvektor. So berücksichtigt die MAHALANOBIS-Distanz sowohl Unterschiede in den Erwartungswerten und Varianzen als auch die Korrelation. Es gibt aber keinen "natürlichen" Vergleich zwischen unterschiedlichen Ausprägungen qualitativer und quantitativer Merkmale. Das Problem wird auch nicht dadurch beseitigt, daß quantitative Merkmale etwa durch Dichotomisierung (siehe Abschnitt 3.1) in qualitative Merkmale abgebildet werden.

Da Klassen dadurch gebildet werden, daß die Distanz von Klassen berechnet wird, wären die Verfahren dann am besten, wenn die Klassen bereits gegeben sind. Dann braucht man diese Verfahren aber nicht mehr. Cluster-Analyse "beweist" keine Klassifikation, sie ist allenfalls dazu geeignet, Hypothesen über Klassifikationen zu formulieren, deren Brauchbarkeit nur dadurch überprüft werden kann, wie gut die gefundenen Klassen dem Zweck der Klassifikation gerecht werden.

3.4 Klassifikation von Begriffsmengen

Dieser Abschnitt beschäftigt sich mit Klassifikationen, bei denen die Beobachtungseinheiten **Begriffe** sind. Formuliert man die Bildung eines Modells über einen Objektbereich und des darüber vorhandenen Wissens mit Hilfe von Begriffen auf der relativ hohen Abstraktionsstufe in Abschnitt 3.2, dann scheint dafür ein besonderer Abschnitt nicht gerechtfertigt. Die praktische Bedeutung sowie die vielen Versuche und die unterschiedlichen Definitionen der Beobachtungseinheit "Begriff" [50] machen es jedoch notwendig, auf die wichtigsten Besonderheiten näher einzugehen.

Wichtige Anwendungen in der Medizin, die die Klassifikation von Begriffsmengen voraussetzen, sind etwa Untersuchungen über die Säuglingssterblichkeit, Planung und Vergleich der Seuchenbekämpfung, Entwicklung der Therapie und Vergleich der Erfolge bei der Krebsbekämpfung.

Das Modell besteht aus Merkmalen und ihren Ausprägungen (**semantische Konzepte**, Begriffe), Relationen zwischen den Begriffen einer Terminologie und der Klassifikation zur expliziten Darstellung der Relationen.

Ein "Begriff" wird im Zusammenhang mit Klassifikationen meist erklärt als "Vereinigung zutreffender Aussagen" über ein Objekt der realen Welt oder als "Zusammenfassung von Eigenschaften" eines Objekts (siehe auch DIN 2330). Im Sinn der vorangehenden Abschnitte ist ein Begriff also die Menge der sich auf ihn beziehenden Objekttripel zu einem zugrundeliegenden Merkmalssystem. Da aber auch Merkmale und deren Ausprägungen Begriffe sind, kann es keine eigenständige Definition geben, weswegen der "Begriff" letztlich immer auf mehr oder weniger vielen "Axiomen", den nicht weiter definierten "Merkmalen" beruht.

Da jeder Begriff durch sprachliche Mittel bezeichnet wird, besteht eine enge Beziehung zwischen Begriff und Sprache. Die verfügbaren sprachlichen Mittel beeinflussen also die Möglichkeiten zur Entwicklung von Begriffen.

Ein Begriff ist eine abgrenzbare Einheit des Wissens, und die Bemühungen zur Klassifikation sind damit Ausdruck der Bemühungen um eine Ordnung dieses Wissens. Da jeder Mensch infolge der vielen Aspekte, unter denen Wissen geordnet werden kann, seine individuellen Ordnungsstrukturen besitzt, muß es zur Kommunikation Vereinbarungen zwischen den Partnern über gewisse **Tiefenstrukturen** (allgemein akzeptierte Begriffe und deren wichtigste Relationen) geben, ohne daß es möglich wäre, diese Strukturen erschöpfend operational zu definieren. Wissenschaftliche Sprachgemeinschaften, wie etwa Ärzte, unterscheiden sich davon nur graduell. Sie haben einheitlichere Ziele und Methoden, die klarere Definitionen der Tiefenstrukturen erlauben und erfordern. Diese Definitionen sind aber zweckgerichtet und hänge in der Medizin von den diagnostischen und therapeutischen Möglichkeiten ab.

Ein **Lexem** ist die kleinste sprachliche Einheit einer Klassifikation mit nicht weiter zerlegbarer Information. Ein Lexem kann ein Morphem (Haut), ein Wort (Regenbogenhaut) oder eine Phrase (Corpus luteum) sein. Die systematische Ordnung aller Lexeme einer Fachsprache nach der Tiefenstruktur ist die **Klassifikation**. Prozeß und Produkt werden also gleich bezeichnet. Wählt man nur die Lexeme und Relationen aus, die in einer speziellen Anwendung benötigt werden, dann erhält man einen **Thesaurus**.

Die kleinste semantische Einheit ist das **Sem** [119]. Seme sind also die Bausteine, aus denen sich die Informationen zusammensetzen. Sie entsprechen einem Objekttripel auf der niedrigsten Stufe der Tiefenstruktur (siehe Abschnitt 3.4.2.2).

3.4.1 Nomenklatur und Terminologie

Eine **Nomenklatur** ist eine systematische Ordnung von **Namen** (Individualbezeichnungen). Nomenklaturen in der Medizin sind etwa eine Nomina anatomica, eine zoologische Nomenklatur oder die Namen der Infektionskrankheiten. Namen werden vergeben, um ein Objekt zu benennen, nicht, um es einzuordnen.

Schwierigkeiten ergeben sich aus der Existenz verschiedener anatomischer Nomenklaturen [102], die in der Literatur manchmal nebeneinander verwendet werden (Basler Nomina anatomica, BNA, 1895; Jenaer Nomina anatomica, JNA, 1935; Pariser Nomina anatomica, PNA, 1955; Tokyo Nomina anatomica, TNA, 1975).

Ein **Terminus** (Gesamtheit **Terminologie**) ist eine Bezeichnung, die auf das Objekt und seine Eigenschaften hinweist und einen oder mehrere Modifikatoren enthalten kann (Icterus neonatorum, Carcinoma simplex, akute hämorrhagische Nephritis). "Terminus" und "Begriff" werden oft synonym verwendet. Eine systematische und möglichst vielen Zwecken der Medizin dienende Klassifikation setzt eine geeignete Terminologie voraus. Gegen die wesentliche Forderung, daß ein Terminus die Stellung der durch ihn bezeichneten Einheit wenigstens bezüglich der wichtigsten Dimensionen wiedergibt, verstößt die medizinische Terminologie jedoch vielfach:

- Historische Krankheitsbezeichnungen, die auch dann noch beibehalten wurden, nachdem man feststellte, daß die Erscheinungen, die sie bezeichnen, falsch interpretiert wurden (Linitis plastica),
- Bezeichnungen von Krankheiten mit Eigennamen, in denen sich häufig persönlicher oder nationaler Ehrgeiz widerspiegelt (Morbus Hodgkin),
- ungenügende Standardisierung und Definition durch ungenügende Übereinkunft oder ungenügendes Wissen (Cerebrum - cerebral, Cerebrum ist das Großhirn, cerebral kann sich sowohl auf das Großhirn als auch auf das gesamte Gehirn beziehen).

Dadurch kommt es zu unklaren Relationen mit ihren unterschiedlichen Interpretationen.

Viele Beispiele gibt es bereits in der Anatomie. So zählen manche Autoren den Hals zum Stamm, andere trennen ihn davon. "Alltagsbegriffe" sind nicht operational definiert, wie etwa "Leiste" oder "Flanke". Vermeidbare Homonymien entstehen durch Verwendung des gleichen Lexems für Regionen und für spezifische Strukturen ("Brust", "Schulter", "Knie").

Den durch neue Erkenntnisse bedingten ständigen Änderungen des Merkmalssystems entsprechen daher keine definierten Änderungen der Lexeme, was der unterschiedlichen Interpretation durch unterschiedlichen Kenntnisstand Vorschub leistet.

Die einzelnen Schritte auf dem Weg zu einer standardisierten Terminologie sind nach [100]:

- Definition des Zwecks und des Anwendungsbereichs,
- Auswahl der Termini aus dem Wortschatz der Literatur zu einer vollständigen und widerspruchsfreien Überdeckung der Informationsmenge,
- Definition der Begriffe und der Skalierung,
- Festlegung der Relationen.

Die CURRENT MEDICAL INFORMATION AND TERMINOLOGY [52] enthält etwa 3500 Krankheitsbezeichnungen mit ihren Definitionen bezüglich Ätiologie, Symptomatologie, Röntgenbefunden und Laborbefunden. Weitere Standardisierungsbemühungen gibt es im Bereich der Tumorterminologie [151] und der klinischen Syndrome [88].

Erschwerend für die Kommunikation sind die vielen Synonyme und Quasi-Synonyme, die oft nicht scharf zu trennen sind. So gibt es für die "Arteriosklerose" mehr als ein Dutzend Synonyme (Atherosklerose, Atheromatose, Arterienverkalkung, ...). Da es sich kaum erreichen läßt, je Krankheit genau eine Bezeichnung vorzusehen, wären Übereinkünfte über Vorzugsbezeichnungen (**preferred terms**) dringend notwendig. Hier gibt es seit einigen Jahren internationale Bemühungen des CIOMS [27,28].

Die Krankheitsterminologie setzt eine Krankheit als selbständig - losgelöst vom Patienten - definierbare Einheit voraus. "Krankheit" wird aber auch gebraucht als Erklärung für Beschwerden, Beobachtungen und Befunde beim einzelnen Patienten. Diese Wechselwirkung von "Krankheitseinheiten" und "Krankheitsfällen" findet man in allen Bereichen der Medizin, und die verschiedenen Standpunkte und Schulmeinungen unterscheiden sich durch ihre Schwerpunktsetzung.

Der Handlungsablauf, der zu der Zuordnung einer oder mehrerer Krankheitsbezeichnungen zu dem bei einem speziellen Patienten vorliegenden Muster führt, ist die **Diagnostik.** Bezüglich der mit ihr verbundenen Probleme sei auf die einschlägige Literatur verwiesen [55,59]. Vor allem in [59] wird auf die Inhomogenität der Einflüsse auf die Diagnose hingewiesen:

- Zusammenfassung der Vielfalt individueller und zeitabhängiger Beschwerden, Beobachtungen und Befunde,
- diagnostische Möglichkeiten,
- Zweck (Auswahl einer geeigneten Therapie, Begründung für eine Therapie, Begründung für eine Krankenhauseinweisung - dem Klinikarzt gegenüber, der Krankenversicherung gegenüber, ...),
- Theorie zur Erklärung der Beobachtungen,
- Klassifikation der Krankheitsbezeichnungen.

Fortschritte auf diesem komplizierten Gebiet werden nur durch operationale Definition der Elementarereignisse erreichbar sein, die einen Begriff konstituieren. Diese Elementarereignisse umfassen alle beobachtbaren (erfahrbaren oder meßbaren) Phänomene.

Der Tatsache, daß "Krankheit" ein **Prozeß** und kein Zustand ist, kann auf der Ebene der Elementarereignisse durch Einführung von semantischen Relationen Rechnung getragen werden. In [59] wird eine Relation zwischen zwei Elementarereignissen

$$E_1 \rightarrow E_2$$

in Analogie zu anderen Bezeichnungen **Pathem** genannt.

Beispiele für solche Patheme sind nach [59]:

Hypalbuminämie	$\rightarrow$	Ödem
Schmerz	$\rightarrow$	Muskelspannung
Muskelspannung	$\rightarrow$	Schmerz
Kalium $\wedge$ Verminderung der H^+-Konzentration $\wedge$ Freisetzung von Prostaglandin E	$\rightarrow$	Schmerz.

Das zweite und das dritte Beispiel zeigen, daß mit diesen Relationen auch Wechselwirkungen darstellbar sind. Auf solchen Pathemen 1. Ordnung können Patheme höherer Ordnung bis hin zur "Krankheit" aufgebaut werden. Unter diesem Aspekt ist die **Pathogenese** die zeitliche und logische Ordnung der Patheme. Die Definition von Pathemen ersetzt nicht eine standardisierte Terminologie.

Dies zeigt sich besonders an dem Pathem

Muskelspannung $\longrightarrow$ Schmerz:

- Der dem Lexem "Muskelspannung" entsprechende Begriff darf weder mit dem schon im Ruhezustand normalerweise vorhandenen Muskeltonus, noch mit der bei Aktivierung als normale Reaktion eintretenden Muskelspannung verwechselt werden.
- Die in der Relation $\longrightarrow$ ausgedrückte Abhängigkeit ist weder bezüglich ihrer Ursache noch bezüglich ihrer Sicherheit hinreichend klar. Zur Formulierung eines Pathems reichen die Mittel der Prädikatenlogik nicht aus. Sie müssen durch eine bedingte Wahrscheinlichkeit präzisiert werden (siehe (2.1) in Abschnitt 2.2.1.1):

$$\alpha = P\,(\text{Schmerz} \mid \text{Muskelspannung})\,.$$

Eine Analyse dieses Beispiels zeigt also, daß es sich nicht um ein "Pathem" als Relation zwischen zwei definierten Elementarereignissen handelt, sondern um den Versuch der Definition einer besonderen Form der Muskelspannung, nämlich der Form, die Schmerzen verursacht.

Mit dem Begriff der "Diagnose" darf nicht der Begriff des **Syndroms** verwechselt werden, da es vielfältige Überschneidungen gibt. Eine Diagnose sollte eine Bezeichnung für eine möglichst weitgehend definierbare (pathogenetische und ätiologische) Einheit sein. Im Gegensatz dazu ist ein Syndrom eine Menge von Symptomen, die "häufiger" gemeinsam auftreten (oder aufzutreten scheinen), als bei Unabhängigkeit der Symptome zu erwarten wäre. Selbst wenn die Abhängigkeit statistisch nachgewiesen werden kann, was bei den vielen seltenen Syndromen gar nicht möglich ist, ist damit die Art der Abhängigkeit (siehe Abschnitt 3.3.1.1) noch nicht geklärt. Syndrome werden durch Entdeckung der Zusammenhänge zu Diagnosen, andere Syndrome erweisen sich als zu verschiedenen Krankheiten gehörig [87].

3.4.2 Tiefenstruktur einer Klassifikation

Die Hauptmerkmale, nach denen eine Klassifikation erfolgt, nennt man **Dimensionen** oder **Facetten**.

Sie müssen zu einer Zerlegung der Information führen. Eine zusätzliche Forderung von seiten der Medizin ist die Differenzierung nach

- diagnostischen und therapeutischen Möglichkeiten,
- prognostischen Einheiten und
- pathogenetischen Prozessen.

Die Forderung nach Zerlegung der Information ist gleichbedeutend mit der Forderung nach konsequenter Berücksichtigung der Hyponymie-Relation. Informationsklassen und die zwischen ihnen bestehenden Hyponymie-Relationen definieren die **Tiefenstruktur**. Da die Möglichkeiten und Bedürfnisse der einzelnen medizinischen Spezialfächer unterschiedlich sind, gibt es eine solche Vielfalt von Klassifikationen, daß diese oft zu Behinderungen der Kommunikation führt, statt sie zu erleichtern.

Wegen der zentralen Stellung der Pathologie in der Medizin haben Klassifikationen der pathologischen Anatomie eine besondere Bedeutung. In vielen Bereichen der Nosologie sind die Relationen zwischen den zur Beschreibung von Veränderungen der Gewebe benutzten Kriterien und der klinischen Bedeutung dieser Veränderungen aber unbekannt. Die vom Pathologen bevorzugte Klassifikation nach seinen diagnostischen Kriterien muß daher durchaus nicht eine vom Kliniker benötigte Einteilung nach therapeutischen und/oder prognostischen Kriterien ergeben (siehe etwa die histologische Klassifikation [68] und die klinische Klassifikation [36,152] der Tumoren).

Am einfachsten sind eindimensionale (monohierarchische) Klassifikationen. Sie reichen jedoch meist für die Kommunikation nicht aus.

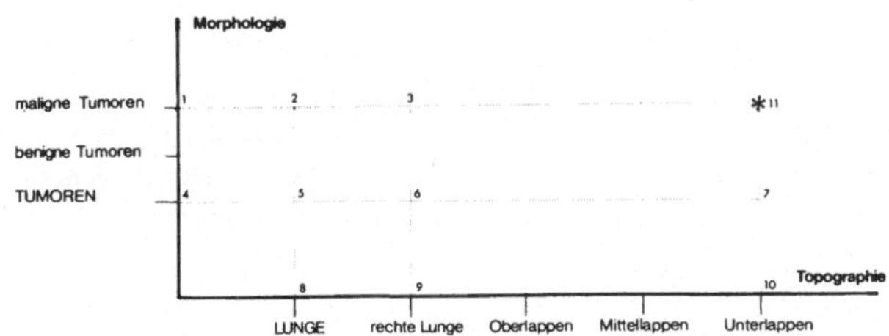

Abb. 3.7: Schema einer zweidimensionalen Klassifikation für "maligner Tumor im Unterlappen der rechten Lunge"(*)

Schon die Darstellung einer zweidimensionalen Klassifikation macht große Schwierigkeiten. Sei eine zweidimensionale Klassifikation medizinischer Termini nach "Topographie" und "Morphologie" gegeben (siehe Abb. 3.7). Dann erreicht man die Aussage "maligner Tumor im Unterlappen der rechten Lunge" auf verschiedenen Wegen:

(4) → (1) → (2) → (3) → (11) Dieser Weg entspricht einer Verfeinerung des Merkmals "Morphologie" mit anschließender Verfeinerung des Merkmals "Topographie".

(8) → (9) → (10) → (7) → (11) Dieser Weg entspricht einer Verfeinerung des Merkmals "Topographie" mit anschließender Verfeinerung des Merkmals "Morphologie".

(4) → (5) → (6) → (7) → (11)
(4) → (5) → (2) → (3) → (11)
(8) → (9) → (6) → (7) → (11)
Diese Wege entsprechen einem Wechsel zwischen Verfeinerungen beider Merkmale.

Eine Krankheit hat im allgemeinen Ausprägungen in verschiedenen Dimensionen, die auch noch abhängig vom Patienten und von der Dauer der Krankheit sein können. Die Entscheidung bei der dadurch bedingten und mit der Anzahl der Dimensionen zunehmenden Freiheit in der Zuordnung eines Begriffs zu verschiedenen Klassen ist nicht einheitlich. Vermieden werden sollte eine Zuordnung des gleichen Begriffs zu mehreren Klassen, die nicht in einer direkten Hyponymierelation stehen. Stattdessen können **Verweise** oder "cross references" auf die wesentlichen Komponenten eines Begriffs deuten, die durch die Zuordnung zur Klasse nicht erfaßt werden [31,32,170].

Ein typisches Beispiel ist der Morbus Wilson, der so unterschiedlichen Klassen wie "Degenerative Veränderungen", "Leberzirrhosen" oder "Pigmentstörungen" zugeordnet werden kann.

3.4.2.1 Semantische Dimensionen

In diesem Abschnitt werden die wichtigsten semantischen Dimensionen zur medizinischen Klassifikation und ihre Einteilung erläutert. Die Bezeichnungen dieser Dimensionen decken sich nicht immer mit den medizinischen Bezeichnungen (siehe etwa Topographie, Morphologie).

3.4.2.1.1 Topographie

Die Topographie ist weitgehend statisch. Änderungen gibt es im Vergleich mit anderen Dimensionen nur selten und vorwiegend in kleineren Untereinheiten (siehe etwa die Revisionen der Nomina anatomica [102]). Es gibt jedoch auch innerhalb der Topographie verschiedene Einteilungsprinzipien. So kann eine Einteilung nach **Regionen** oder nach **Systemen** erfolgen.

Eine Einteilung nach Regionen ist etwa:

Kopf - Hals - Thorax - Abdomen - Becken - Extremitäten.

Eine Einteilung nach Systemen ist etwa:

Hämatopoetisches System - lymphatisches System - Skelett - Skelettmuskulatur - Atmungssystem - Herz- und Kreislaufsystem - Verdauungssystem - Urogenitalsystem - endokrines System - Nervensystem und Sinnesorgane.

Die Einteilung nach Regionen ist einfacher durchführbar und wird von den operativen Fächern bevorzugt. Für die Einteilung nach Systemen spricht, daß viele Erkrankungen sich weniger in Regionen als an Systemen manifestieren. Problematisch ist die Zuordnung mancher Organe, die verschiedenen Systemen (Pankreas, Ovar, Niere) oder keinem System (Netz, Nabel) angehören. Die Systeme sind zudem bezüglich der Lokalisierbarkeit unterschiedlich. So gibt es Systeme, die praktisch überall im Organismus vorkommen (Nervensystem, Bindegewebssystem).

Die Topographie ist eine Dimension aller mehrdimensionalen Klassifikationen. Spezielle Listen gibt es auch für einzelne Anwendungen (siehe etwa [36]).

3.4.2.1.2 Nosologie

Die Nosologie ist die Krankheitslehre. Sie wird meist eingeteilt in:

Mißbildungen - Stoffwechselstörungen - Kreislaufstörungen - Entzündungen - Tumoren - Degenerationen - Verletzungen - Funktionsstörungen [66] .

Wegen der vielen unterschiedlichen Gesichtspunkte, unter denen man Krankheiten betrachten kann, ist die Definition der Klassen sehr schwierig.

So überschneiden sich bei den Entzündungen die Merkmale "Verlauf" (akut - chronisch), "Ausbreitung" (lokal - disseminiert) und "Spezifität" (spezifisch - unspezifisch). Ulcera können je nach vorherrschendem Gesichtspunkt den Stoffwechselstörungen, Kreislaufstörungen oder Entzündungen zugeordnet werden.

Nicht alle in der Medizin gebrauchten Begriffe können in das genannte Schema eingeordnet werden (etwa Regeneration, Änderungen der Reaktionslage, psychische Erkrankungen, Infektionskrankheiten).

3.4.2.1.3 Morphologie

Die Morphologie [31,32,170] beschreibt die sichtbaren Strukturen und Veränderungen, also Teilbereiche der normalen und der pathologischen Anatomie. Sie hat viele Überschneidungen mit der Nosologie. Sie wird in [32] eingeteilt in:

Allgemeine und spezifische morphologische Veränderungen - traumatische Abnormalitäten - entwicklungsbedingte Mißbildungen - abnorme Konzeptionsprodukte - mechanische Abnormalitäten (Steinbildung, Fremdkörper, Verlagerung, Deformierung, Hernien, Dilatation, Aneurysmen, etc.) - Entzündung - Fibrose - Degeneration - Nekrose - Ablagerungen - Dystrophie/Atrophie - chromosomale/zytologische Veränderungen - Wachstums-/Reifungsstörungen - Neoplasmen.

3.4.2.1.4 Ätiologie

Die Ätiologie ist die Lehre von den Ursachen pathologischer Veränderungen. Eine typische Einteilung ist:

- Belebte äußere Faktoren (Bakterien, Rickettsien, Viren, Pilze, Parasiten, Insekten, Tiere),
- unbelebte äußere Faktoren (Strahlen, Temperatur, elektrischer Strom, mechanische Einwirkungen und Chemikalien),
- innere Faktoren (Disposition, Konstitution, Rasse, Heredität und Alter).

3.4.2.1.5 Funktion/Dysfunktion

Diese Dimension wird in [31,32,170] verwendet. Sie entspricht der Physiologie und der Pathophysiologie. In [32] wird eine Einteilung zugrundegelegt, die sich im wesentlichen an der Topographie orientiert:

Allgemeine (Dys-) Funktion des Organismus - Metabolismus und endokrines System - Fortpflanzung - Immunsystem - Hämatopoetisches System - Verdauungssystem - Harntrakt - Herz, Kreislaufsystem - Atmungssystem - Nervensystem - Skelett, Skelettmuskelsystem - Psyche - Sexualität - Auge - Ohr - Hals - Umwelt.

3.4.2.1.6 Modifikationen

Die Modifikationen sind semantisch nicht einheitlich, und sie werden auch in den verschiedenen Klassifikationen nicht einheitlich gehandhabt. Typische Modifikationen sind etwa:

- Position (oben, unten, hinten, vorn, rechts, links, . . .),
- Zeit (akut, chronisch, frisch, alt, Zustand nach, . . .),
- Geschlecht (männlich, weiblich),
- Maße (metrische Angaben oder auch "doppelt mannsfaustgroß"),
- Verhalten (infiltrierend, penetrierend, metastasierend, progredient, . . .),
- Sicherheit (Verdacht auf, klinisch gesichert, röntgenologisch gesichert, . . .).

3.4.2.1.7 Prozeduren

Diese Dimension beschreibt nicht Aspekte des Zustands eines Patienten oder der Bedingungen, unter denen sich dieser Zustand ergab, sondern die ärztlichen **Handlungen**, die auf den Zustand einwirken. Einteilungen dieser Dimension sind etwa die Standard Nomenclature of Diseases and Operations [148] oder die Kategorie "Prozeduren" der SNOMED [32] , die eingeteilt ist in:

Allgemeine medizinische und administrative Prozeduren - Operationen und Anästhesieprozeduren - hämatopoetische, onkologische, immunologische und dermatologische Prozeduren - Prozeduren für Verdauungs- und Harntrakt - Prozeduren für kardiovaskuläres und Atmungssystem - Prozeduren für Psyche, Geschlecht und Fortpflanzung - radiologische, nuklearmedizinische und Ultraschallprozeduren - Pflege und Prozeduren zur Feststellung des Grades einer Behinderung.

Auch in der World Health Organization (WHO) gibt es Bemühungen um eine Systematisierung von Prozeduren. Sie haben zu einem Verzeichnis geführt, das mit der 9. Revision der ICD [22] angenommen wurde und als Ergänzung zu dieser Klassifikation veröffentlicht wird.

3.4.2.2 Relationen

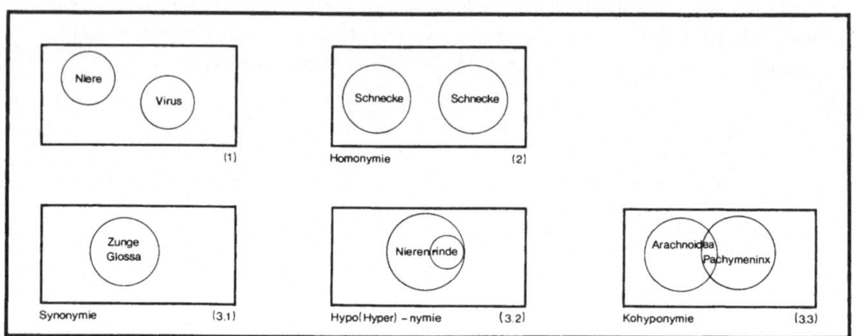

Abb. 3.8: VENN-Diagramme verschiedener Relationen zwischen Lexemen

Der in der Tiefenstruktur festgelegten Hierarchie von Merkmalen entspricht eine Hierarchie von Objekttripeln eines Begriffs (siehe Abschnitt 5.1). Die Relationen zwischen Begriffen werden dadurch komplizierter, daß jedem Begriff eine Menge von Objekttripeln entspricht, die an verschiedenen Stellen der Tiefenstruktur einzuordnen sind. Am einfachsten lassen sich die Relationen zwischen den Begriffen bzw. den sie bezeichnenden Lexemen mit den Mitteln der Mengenlehre darstellen. Je nach den Interpretationsvorschriften und damit abhängig von der Objektwelt einer Sprache kann es folgende Kombinationen von Lexemen und Informationen (Mengen von Semen) geben (siehe Abb. 3.8):

(1) Der Durchschnitt der Informationen verschiedener Lexeme ist leer.

(2) Das gleiche Lexem kann verschiedene Informationen haben: **Homonymie** (Schnecke = "Teil des Innenohres" oder "Tier").

(3) Der Durchschnitt der Informationen verschiedener Lexeme ist nicht leer: **Homoionymie**.

  (3.1) Verschiedene Lexeme haben die gleiche Information: **Synonymie**.

  (3.2) Die Information eines Lexems ist eine Untermenge (Obermenge) der Information eines anderen Lexems: **Hyponymie** (**Hypernymie**). Diese Situation führt zu einer Hierarchie von Lexemen. Bei einer **partitiven hierarchischen** Relation (siehe Abb. 3.9) bezeichnet ein Lexem ein Objekt, das Teil des durch das andere Lexem bezeichneten Objekts ist; bei einer **generischen hierarchischen** Relation (siehe Abb. 3.10) bezeichnet ein Lexem einen Begriff, der Spezialfall des durch das andere Lexem bezeichneten Begriffs ist.

(3.3) Die gemeinsame Information ist nicht identisch mit der Information eines der beiden Lexeme: **Kohyponymie** (ARACHNOIDEA - PACHYMENINX mit der gemeinsamen Information "Hirnhaut").

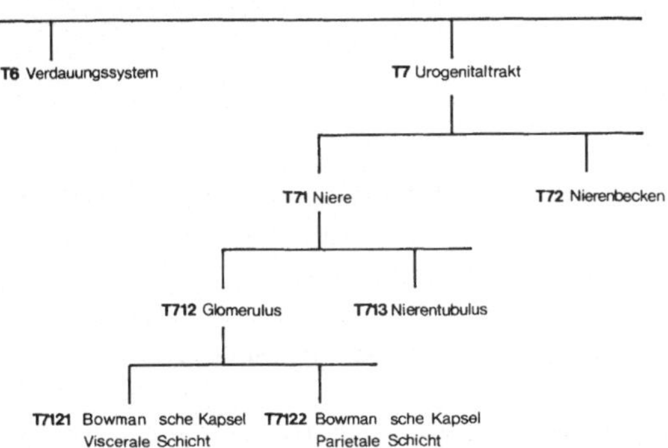

Abb. 3.9: Partitive hierarchische Relationen. Ausschnitt aus der SNOMED [32]

In der Tiefenstruktur einer Klassifikation wird im wesentlichen die Hyponymie-Relation berücksichtigt. Kohyponymie besteht damit immer zwischen Klassen, die in Hyponymie-Relation zur gleichen Klasse stehen. Alle anderen wichtigen Relationen müssen durch lexikalische Mittel berücksichtigt werden (Synonymie-Relation durch Aufnahme der Synonyme in die gleiche Klasse, Kohyponymie-Relation durch **Verweise**).

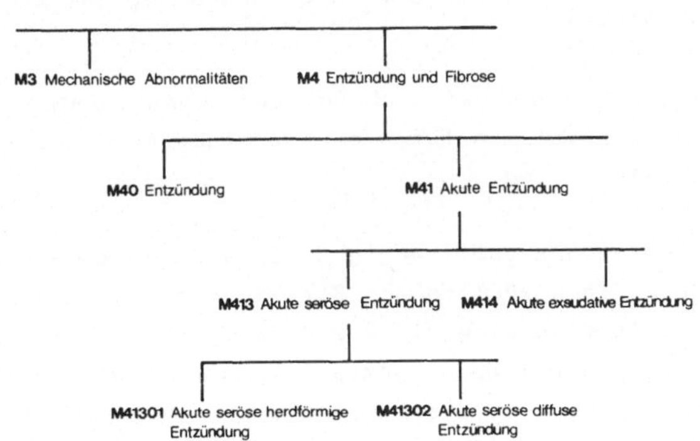

Abb. 3.10: Generische hierarchische Relationen. Ausschnitt aus der SNOMED [32]

Die genannten "allgemeinen" Relationen werden durch die medizinischen Relationen ergänzt, von denen die wichtigsten zwischen den semantischen Dimensionen bestehen (siehe Abschnitt 4.4).

3.4.3 Verfahren

Die zur Klassifikation meist in Kombination verwendeten Verfahren unterscheiden sich darin, ob von einer definierten Tiefenstruktur ausgegangen wird (Komponentenanalyse), die Tiefenstruktur aus der Begriffsmenge entwickelt wird (Skalierung) oder die Relationen im Vordergrund stehen ("statistische" Methode).

Bei der **statistischen** Methode wird die kontextuelle Verteilung zweier Lexeme zur Bestimmung der "Ähnlichkeit" der durch sie bezeichneten Begriffe herangezogen. Werden zwei Lexeme immer im gleichen Kontext benutzt, dann ist anzunehmen, daß die Begriffe sich überschneiden. Die Methode hat vieles mit der Cluster-Analyse und ihren Problemen gemeinsam.

Bei der **Komponentenanalyse** werden jedem Lexem zugeordnet:

- Eine Menge von Objekttripeln, die die Stellung bezüglich der Tiefenstruktur festlegen (z.B. Hyponymie-Relation).
- Ein Indikator, der den individuellen Begriff bezeichnet.
- Regeln für die Bedingungen, unter denen das Lexem mit anderen Lexemen kombiniert werden kann.

Die **Skalierung** unterscheidet sich von der Komponentenanalyse "nur" dadurch, daß die Kriterien für die Einordnung eines Lexems nicht explizit festgelegt sind.

Ist die Tiefenstruktur vollständig definiert und sind alle Objekttripel der Begriffe bezüglich der Strukturmerkmale bekannt, dann ist die Klassifikation eine direkte Prozedur. Sie führt zu **monothetischen** Klassen, bei denen jedes Element die gleiche Menge von Objekttripeln besitzt. Da die Tiefenstruktur nur als relativ grobes Gerüst vorgegeben ist, sind die monothetischen Klassen oft für praktische Anwendungen zu inhomogen bezüglich einzelner wichtiger

Merkmale, die in der Tiefenstruktur nicht berücksichtigt sind. Die gesamte Problematik wird in Abschnitt 4.4 noch einmal aufgegriffen.

3.4.4 Codierung semantischer Relationen

Zur Vereinfachung des Umgangs mit Begriffsklassifikationen werden die Lexeme meist codiert (siehe Abschnitt 2.2.2). Grundsätzlich kann der Zeichenvorrat der Bildmenge beliebig sein. Aus technischen Gründen werden jedoch die natürlichen Zahlen bevorzugt, da man mit ihrer Hilfe sehr leicht die Hyponymie-Relation, also die Tiefenstruktur einer eindimensionalen Klassifikation, darstellen kann:

> Bei einer konsequenten Klassifikation nach der Hyponymie-Relation kann man die Klassen in einem Baum darstellen (siehe Abb. 3.9 und 3.10). Die Elemente einer Klasse werden auf der nächsttieferen Ebene in disjunkte Untermengen zerlegt. Der Prozeß kann fortgesetzt werden, bis nur 1-elementige Klassen übrig bleiben. Den Ebenen werden die einzelnen Stellen eines Code etwa von links nach rechts zugeordnet. Innerhalb einer Ebene wird durchnumeriert (siehe Abb. 3.11).

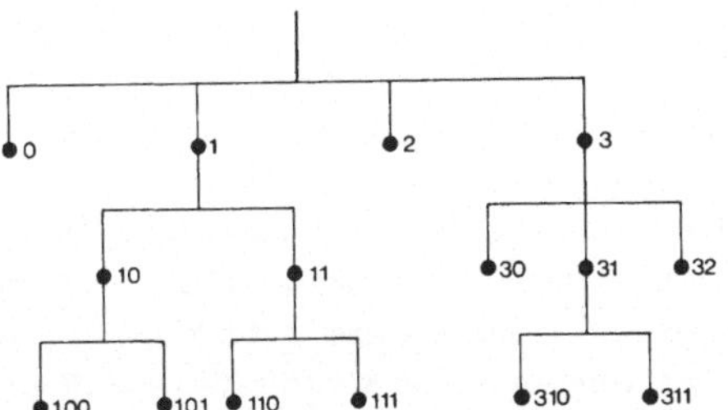

Abb. 3.11: Abbildung einer hierarchischen Klassifikation auf einen numerischen Code

Am konsequentesten ist diese Codierung in der zur Bibliographie gebräuchlichen **Dezimalklassifikation** durchgeführt. Das Dezimalsystem ist nur ein besonders bequemer Sonderfall dieser Art der Codierung. Gibt es auf einer Ebene mehr als 10 Klassen, dann wird der Zeichenvorrat durch andere Zeichen ergänzt.

Das Verfahren kann auch bei mehrdimensionalen Klassifikationen angewendet werden (**Parallelschlüssel**). Dazu werden die einzelnen

Dimensionen getrennt codiert, und die Zugehörigkeit eines Code zu der entsprechenden Dimension wird durch einen Indikator kenntlich gemacht, der Teil des Code ist (siehe Abb. 3.9 und 3.10, Tab. 3.6), oder jeder Dimension werden bestimmte Stellen des Code zugeordnet (siehe Tab. 3.6). Bezeichnet ein Lexem einen Begriff, der verschiedenen Klassen angehört, dann ordnet man ihn gewöhnlich einer Klasse fest zu und "ergänzt" die anderen Informationen durch Verweise.

Die Synonymie-Relation wird dadurch berücksichtigt, daß Synonyme den gleichen Code erhalten.

3.4.5 Einige Klassifikationen

3.4.5.1 Internationale Klassifikation der Krankheiten (ICD)

Die ersten Versuche einer Klassifikation der Krankheiten wurden im 18. Jahrhundert von SAUVAGES und LINNÉ gemacht. An sie schloß sich eine von CULLEN 1785 veröffentlichte Synopsis Nosologiae Methodicae an. Eine für statistische Zwecke brauchbare Klassifikation wurde von FARR dem Internationalen Statistischen Kongreß in Paris 1855 vorgelegt und vom Kongreß akzeptiert. Sie wurde in der Folgezeit mehrfach modifiziert, ihre Grundstruktur hat sich aber in einigen Klassifikationen bis heute erhalten. Die weitere Entwicklung geht über das Internationale Statistische Institut, das 1893 ein systematisches Verzeichnis der Todesursachen beschloß, das in verschiedenen Ländern zur Grundlage der Gesundheitsstatistik wurde. 1900 wurde beschlossen, die Klassifikation alle 10 Jahre zu überarbeiten. Die 4. und 5. Revision wurde gemeinsam vom Internationalen Statistischen Institut und vom Völkerbund herausgegeben. Ab der 6. Revision war die WHO zuständig, die das Projekt 1946 übernommen hatte und es um Krankheiten und Verletzungen erweiterte.

Die ICD ist seit ihren Anfängen eine eindimensionale Klassifikation, deren verbindlicher Teil 3-stellig numerisch codiert ist. Die Einteilung ist jedoch nicht konsequent nach einer semantischen Dimension durchgeführt, sondern wechselt zwischen Topographie und Nosologie (siehe Tab. 3.6).

Der in den 50er Jahren aufkommende Wunsch, nicht nur Todesursachen für amtliche Statistiken, sondern **Diagnosen** zu codieren, kollidierte mit den Schwächen der ICD. Die Folge waren zahlreiche spezielle Überarbeitungen und feinere Aufteilungen bis zu 6-stelligen Codes.

In der 1976 von der WHO beschlossenen 9. Revision [22] ist dieser Entwicklung teilweise durch spezielle Anpassungen Rechnung getragen worden. Für die Onkologie wurde eine Klassifikation entwickelt [ICD-O,68], die identisch mit den Abschnitten M8 und M9 der SNOMED [32] ist. Weitere Anpassungen gibt es für Mund- und Zahnheilkunde sowie für Augenheilkunde.

Die ICD-O [68] besteht aus den Dimensionen Morphologie (4-stellig codiert) und Malignitätsgrad ("Charakter") eines Tumors (1-stellig codiert). Zusätzlich wird eine histologische Differenzierung (1-stellig codiert) vorgeschlagen.

3.4.5.2 Klinischer Diagnosenschlüssel (KDS)

Der KDS ist eine zweidimensionale Klassifikation [65]. Seine Entwicklung geht auf eine Anregung der Deutschen Gesellschaft für Medizinische Dokumentation, Informatik und Statistik zurück, da zu jener Zeit verfügbare Klassifikationen, wie etwa die ICD, den Anforderungen an eine befriedigende Diagnose-Dokumentation als Teil des "allgemeinen Krankenblattkopfes" (siehe Abschnitt 5.1.3.2) nicht gerecht werden konnten.

Der KDS besteht aus den Dimensionen Topographie (2-stellig codiert) Nosologie (2-stellig codiert) und Modifikation (1-stellig codiert) (siehe Tab. 3.6). Da teilweise mehrere Codes für eine topographische Klasse verwendet werden mußten, enthält der KDS nur 94 topographische Klassen.

Um mit der ICD kompatibel zu sein (der KDS enthält Verweise auf den entsprechenden ICD-Code), muß jeder Begriff durch genau einen Code repräsentiert werden. Diese Beschränkung verlangt Vereinbarungen über die Codierung. So soll bei mehreren infrage kommenden Codes (Tracheobronchitis) der kleinere Code gewählt werden. Die anderen Klassen zuzuordnenden Informationen gehen daher verloren ("Tracheobronchitis" und "Tracheitis" werden gleich codiert, so daß die Information von "Bronchitis" verlorengeht). Der KDS führt also zu einer Selektion (siehe Abschnitt 2.2.4).

3.4.5.3 Systematized Nomenclature of Pathology (SNOP)

Die SNOP [31,170] ist eine Nomenklatur für die Pathologie und enthält wesentliche Elemente einer Klassifikation. Sie besteht aus den vier Dimensionen "Topographie" (T), "Morphologie" (M), "Ätiologie" (E = etiology) und "Funktion" (F). Jedem vierstelligen Code wird der Anfangsbuchstabe der Dimension vorangesetzt. Diesem Aufbau liegt folgendes Modell für eine **medizinische Information** (siehe Abschnitt 5.1.3.7.2) in der Pathologie zugrunde:

An **Topographie morphologische** Veränderung wegen **Ätiologie** und verbunden mit **Funktionsstörung**.

Die SNOP enthält eine gewisse Menge klinischer Diagnosen. Der Code für eine medizinische Aussage besteht aus einer oder mehreren "TMEF-Gruppen". Die explizite Aussagenstruktur und die Möglichkeit der Codierung auf verschiedenen Detaillierungsstufen machen die wesentlichen Vorteile der SNOP aus.

Die mit der SNOP eingeführte Struktur hatte einen solchen Erfolg, daß sie auch anderen Klassifikationen, besonders im Bereich der Onkologie [68,107] oder sogar für die gesamte Medizin zugrunde gelegt wurde (siehe nächster Abschnitt).

3.4.5.4 Systematized Nomenclature of Medicine (SNOMED)

Die SNOMED [32] folgt den Prinzipien der SNOP (siehe Tab. 3.6). Sie ist die wohl umfangreichste "Nomenklatur" in der Medizin mit etwa 45000 Begriffen. Die wichtigsten Unterschiede zur SNOP sind:

- Höherer Differenzierungsgrad, der teilweise eine Erweiterung auf einen 5-stelligen Code innerhalb einer Dimension notwendig machte.
- Ergänzung um die Dimensionen "Prozeduren" (siehe Abschnitt 3.4.2.1.7) und "diseases". Diese beiden Dimensionen waren notwendig geworden, um die Nomenklatur in der klinischen Medizin einzusetzen. Die Dimension "diseases" enthält eine Klassifikation für alle Bezeichnungen komplexer medizinischer Begriffe, die in den anderen Dimensionen nicht oder zu vielen Klassen zuzuordnen sind.

Trotz des Umfangs, der eine manuelle Codierung praktisch ausschließt, und der mit dem Umfang verbundenen Klassifikationsprobleme ist die SNOMED ein kaum zu überschätzendes Hilfsmittel für die Entwicklung der Informationsverarbeitung in der Medizin. Wie der SNOP liegt ihr eine explizite Aussagenstruktur zugrunde, die zur Grundlage einer medizinischen Metasprache gemacht werden kann (siehe Abschnitt 4.5). Diese Struktur bleibt auch erhalten, wenn fachspezifische Anpassungen notwendig werden (siehe Abschnitt 5.1.3.7.2).

Begriff	ICD	KDS	SNOMED			
BRONCHIALKARZINOM	1622	50513	T26000	M80103	-	-
TABAK	-	-	-	-	E6927	-
PAROXYSMALE NÄCHTLICHE DYSPNOE	7860	27813	-	-	-	F75070
LEBERMETASTASEN	1977	66547	T56000	M80106	-	-

Klassifikation	Code	Lexem
ICD	162.	Bösartige Neubildung der Luftröhre, Bronchien und Lunge
	1622	. . . Hauptbronchien
	197.	Sekundäre bösartige Neubildung der Atmungs- und Verdauungsorgane
	1977	. . . Leber
	7860	Dyspnoe und respiratorische Abnormitäten
KDS	27. . .	Atmungsorgane, obere Luftwege
	50. . .	Bronchen
	66. . .	Leber
	. .51.	Bösartige Neubildungen
	. .54.	Metastasen bösartiger Neubildungen
	. .81.	Andere Krankheiten
SNOMED	T2. . . .	Respirationstrakt
	T26. . .	Bronchus
	T5. . . .	Verdauungssystem
	T56. . .	Leber
	M8. . . .	Neoplasma
	M80103	Primäres Karzinom
	M80106	Metastatisches Karzinom
	E6. . .	Chemische Substanz
	E692.	Verschiedene Pflanzenprodukte
	F7. . .	Cardiovaskuläres und respiratorisches System
	F75. .	Respiratorisches System
	F750.	Allgemeine respiratorische Funktionen

Tab. 3.6: Codierung verschiedener Begriffe nach ICD [22], KDS [65] und SNOMED [32] und deren Klassifikation

3.4.5.5 TNM-Klassifikation

Die TNM-Klassifikation [36,152] ist eine klinische Klassifikation maligner Tumoren. Der weltweite Kampf gegen den Krebs wird durch nationale und internationale Institutionen unterstützt und mit großem Aufwand geführt. Er verlangt eine Klassifikation, die eine internationale Vergleichbarkeit von Therapien und Therapieerfolgen gewährleistet. Die Therapien maligner Tumoren stellen so schwerwiegende und gefährliche Eingriffe dar, daß die Gefahr der Einführung von "Modetherapien" durch schlecht geplante Studien oder durch den - unbeabsichtigten - Vergleich verschiedener Grundgesamtheiten möglichst klein gehalten werden muß.

Die TNM-Klassifikation ist aus der Beobachtung entstanden, daß die Prognose maligner Erkrankungen von Lokalisation und Ausbreitung des Tumors abhängig ist. Die früher übliche Einteilung der Tumoren in Stadien hat sich als zu grob erwiesen und sollte im klinischen Bereich durch die TNM-Klassifikation ersetzt werden. Die TNM-Klassifikation hat drei Dimensionen: Tumorgröße (T), Beteiligung der regionalen Lymphknoten (N) und Metastasen (M).

Die Ziele der TNM-Klassifikation sind die Unterstützung des Arztes bei der Planung der Therapie, bei Prognose, Auswertung der Therapieergebnisse, Informationsaustausch zwischen Behandlungszentren und bei der Forschung.

Die allgemeinen Regeln der Anwendung der Klassifikation legen gewisse Standardisierungen fest, die die Vergleichbarkeit von Daten gewährleisten sollen. So werden regionale Lymphknoten ebenso definiert wie ein minimales Diagnostikprogramm.

Spezialuntersuchungen zur feineren Differenzierung dürfen die bei der primären Diagnostik festzulegende Codierung nicht mehr verändern, so daß man unter Umständen zu verschiedenen Codierungen kommt (z.B. bei der primären Diagnose bzw. nach Eingang aller Untersuchungsergebnisse). Die diagnostischen Grundlagen werden durch die Erweiterung um eine vierte Dimension (Sicherung der Diagnose) erfaßt [129].

3.5 Sequentielle Entscheidungsstrategien

In Abschnitt 3.2 wurde erläutert, daß die Entscheidungsunterstützung zu den Klassifikationsproblemen gehört. Liegen die Daten einer Beobachtungseinheit zu den das Modell konstituierenden Merkmalen vor, dann kann die Grundgesamtheit oder die Klasse gesucht werden, zu der diese Daten "am besten" passen. Bei vielen praktischen Anwendungen ist die Menge aller Merkmale aber redundant, so daß die geschilderten "statischen" Verfahren einen unnötig großen oder gar unmöglich zu leistenden Aufwand haben. Medizinische Diagnostik oder Anamnese, sofern sie sich nicht auf ein sehr stark eingeschränktes Problem beziehen, gehören zu den Anwendungen, bei denen komplexe Abhängigkeiten unter den Merkmalen dazu führen, daß eine Strategie, die grundsätzlich die Beobachtung aller Merkmale vor der Entscheidung verlangt, zu teuer ist. Dabei können die **Kosten** in irgendwelchen Einheiten gemessen sein. In der Praxis gehen in sie Komponenten ein, wie etwa direkte Kosten der Beobachtung eines Merkmals, Belästigung des Patienten, Gefährdung des Patienten, Dauer bis zum Vorliegen eines Ergebnisses.

Zum Verständnis der verschiedenen Strategien ist die Untersuchung des ärztlichen Vorgehens bei der Diagnostik sehr hilfreich. Der Arzt beginnt mit dem Sammeln einiger leicht zu erreichender, "billiger" Daten (Anamnese, ärztliche Untersuchung). Reicht das dabei erworbene Wissen zur Diagnose nicht aus, dann wird auf der Basis des Wissens entschieden, welches Merkmal als nächstes zu beobachten ist. Zur Auswahl des nächsten Merkmals werden verschiedene Kriterien herangezogen, wie etwa erwarteter Wissenszuwachs oder Dauer bis zum Vorliegen der Ergebnisse. Die ärztliche Entscheidung ist also ein **Prozeß**, bei dem auf jeder Stufe entschieden werden muß, ob das erworbene Wissen die Diagnose hinreichend gut sichert bzw. die Gefahr einer Fehldiagnose hinreichend klein ist oder ob, und dann mit welcher Untersuchung, der Prozeß fortgesetzt werden soll.

Gegeben ist also eine Grundgesamtheit möglicher Patienten, in der die sich ausschließenden Diagnosen B_i mit den **a priori**-Wahrscheinlichkeiten $p_i = P(B_i)$ vorliegen $(i = 1,2,...,n)$. Diese Diagnosen werden vollständig differenziert durch die Ausprägungen der Merkmale X_j $(j=1,2,...,k)$ (siehe Tab. 3.3 in Abschnitt 3.2). Die Beobachtung des Merkmals X_j koste c_j (**Merkmalskosten**). Gesucht ist eine Strategie für die Reihenfolge der Beobachtung der Merkmale, die in dem Sinn **optimal** ist, daß der Erwartungswert der Gesamtkosten der Diagnostik bei einem zufällig gezogenen Patienten minimal wird.

Im folgenden Abschnitt wird ein Algorithmus zur exakten Lösung des Problems angegeben, und es werden die wichtigsten Begriffe eingeführt. Da in der Praxis das Entscheidungsproblem wegen des Umfangs oft nicht exakt lösbar ist, werden Strategien zur suboptimalen Lösung erläutert, die aus dem mathematischen Bereich der **Spieltheorie** stammen. Abschließend wird eine praktische Anwendung mit einem Modell aus dem Bereich der "artificial intelligence" vorgestellt.

3.5.1 Optimale Lösung mittels dynamischer Programmierung

Tab. 3.7 enthält eine Diagnose-Symptom-Matrix mit vier Diagnosen und drei binären Merkmalen. Die Reihenfolge der einzelnen Entscheidungen wird in einem Baum (siehe Abb. 3.12) dargestellt. Zu Beginn des Prozesses (D_1) könnten alle drei Merkmale beobachtet werden. Beginnt man mit dem Merkmal X_1 und liegt X_1 vor, dann muß die Diagnose B_1 vorliegen. Liegt X_1 nicht vor, dann können noch B_2, B_3 und B_4 vorliegen. Zur Klärung kann X_2 oder X_3 beobachtet werden (D_{112}). Wird als nächstes Merkmal X_2 beobachtet und liegt X_2 vor, dann muß - da X_1 nicht vorliegt - Diagnose B_2 vorliegen. Liegt X_2 nicht vor, dann muß zwischen B_3 und B_4 anhand des Merkmals X_3 unterschieden werden. Abb. 3.12 enthält alle möglichen Strategien.

B \ X	X_1	X_2	X_3
B_1	1	1	1
B_2	0	1	1
B_3	0	0	1
B_4	0	0	0

Tab. 3.7: Diagnose-Symptom-Matrix mit vier Diagnosen B_1 bis B_4 und drei binären Merkmalen X_1 bis X_3

Der Entscheidungsbaum enthält drei Typen von Knoten (siehe Abb. 3.12):

- **Terminale Knoten** (B), in denen eine Diagnose gestellt wird,
- **Entscheidungsknoten** (D), in denen ein Merkmal ausgewählt wird,
- **Merkmalsknoten** (F), in denen ein Merkmal beobachtet wird.

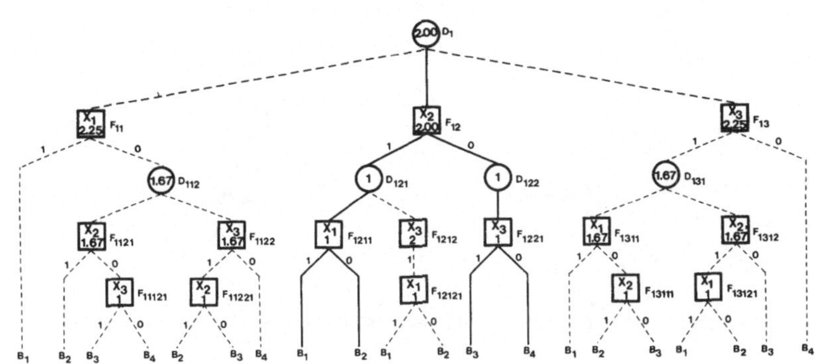

Abb. 3.12: Entscheidungsstrategien zur Diagnose-Symptom-Matrix in Tab. 3.7 für Merkmalskosten 1. Die Merkmalsknoten (Quadrate) enthalten das Merkmal und die erwarteten Kosten für die Teilstrategie, die mit der Beobachtung dieses Merkmals beginnt. Die Entscheidungsknoten (Kreise) enthalten die Kosten der Teilstrategie, die mit diesem Knoten beginnt, wenn eine optimale Entscheidung getroffen wird. Die optimale Strategie ist durch eine ausgezogene Linie dargestellt

Eine sequentielle Entscheidungsstrategie ist der Prototyp eines **rekursiven** Problems:

> Jeder mit einem Entscheidungsknoten beginnende Unterbaum (**Teilstrategie**) kann wie der gesamte Entscheidungsbaum behandelt werden. Eine **Strategie** besteht aus einer Entscheidung über das zu beobachtende Merkmal. Nach der Beobachtung des Merkmals wird entweder die **terminale** Entscheidung (Diagnose) gefällt oder man erreicht den nächsten Entscheidungsknoten. Die optimale Strategie setzt sich aus einer Folge optimaler Teilstrategien zusammen.

Entscheidungsknoten und Merkmalsknoten werden hierarchisch numeriert (siehe Abschnitt 3.4.4). Alternative Strategien unterscheiden sich durch die in den Entscheidungsknoten getroffene Entscheidung. Danach läßt das Beispiel sechs verschiedene Strategien zu, von denen zwei Strategien in Abb. 3.13 einzeln dargestellt sind.

Die erwarteten Kosten werden rekursiv nach folgendem Algorithmus berechnet (siehe Abb. 3.14):

Die Kosten in einem **terminalen Knoten** (Diagnose) sind gleich 0.

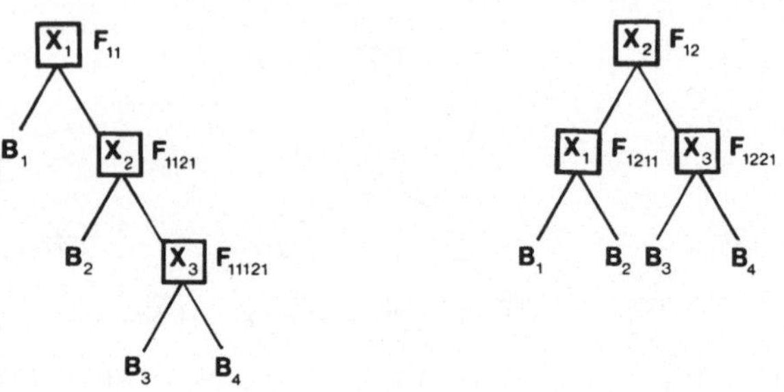

Abb. 3.13: Zwei der in Abb. 3.12 enthaltenen sechs Strategien

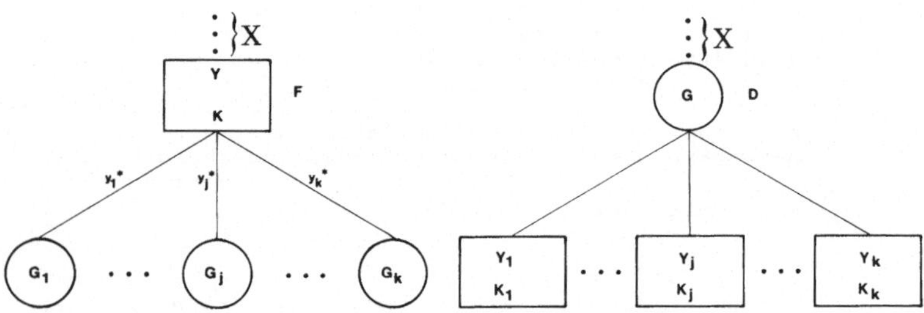

Abb. 3.14: Teile eines Entscheidungsbaums zur Berechnung der erwarteten Kosten in einem Merkmalsknoten (links) bzw. in einem Entscheidungsknoten (rechts)

Sei F ein **Merkmalsknoten** mit dem zu beobachtenden Merkmal Y und sei $\mathbf{X}$ der Vektor der Merkmale, die vor Erreichen von F beobachtet wurden (siehe Abb. 3.14). $\mathbf{X}$ habe die Realisation $\mathbf{x}$. Y habe die Merkmalskosten c_Y und die Ausprägungen $y_1^*, y_2^*, \ldots, y_k^*$. Für $Y = y_j^*$ führe der Entscheidungsbaum zu einem Knoten mit den erwarteten Kosten G_j.

Dann sind die erwarteten Kosten K in F gleich den Merkmalskosten c_Y von Y plus dem Erwartungswert der Kosten G_j der auf die Beobachtung von Y folgenden Teilstrategien:

$$(3.1) \qquad K = c_Y + \sum_{j=1}^{k} P(Y=y_j^* | \mathbf{X}=\mathbf{x}) \cdot G_j \ .$$

Die erwarteten Kosten in einem Merkmalsknoten sind von den Merkmals kosten des Merkmals streng zu unterscheiden. Die Merkmalskosten sin die Kosten der Beobachtung des Merkmals und sind unabhängig von seiner Position. Die erwarteten Kosten sind die Kosten der Teilstrategie (Erwartungswert!), die mit diesem Merkmalsknoten beginnt.

Sei D ein **Entscheidungsknoten**, in dem noch die Merkmale Y_j beobachtet werden können. Die erwarteten Kosten in den nachfolgenden Merkmalsknoten seien K_j (siehe Abb. 3.14). Dann entscheidet man sich für das Merkmal mit den geringsten erwarteten Kosten nach (3.1). Die erwarteten Kosten G in D sind also

(3.2) $$G = \min_j K_j \ .$$

Diese Definitionen ermöglichen eine rekursive, von den terminalen Knoten nach oben fortschreitende Berechnung der in jedem Knoten erwarteten Kosten. Die optimale Strategie ergibt sich, wenn man anschließend - vom ersten Entscheidungsknoten (D_1) beginnend - stets zu einem Merkmalsknoten verzweigt, dessen erwartete Kosten gleich den Kosten im Entscheidungsknoten sind.

Sind die Wahrscheinlichkeiten p_i in Abb. 3.12 alle gleich $\frac{1}{4}$, und sind die Merkmalskosten gleich 1, dann ist die optimale Strategie diejenige, bei der der Erwartungswert der Anzahl der Merkmalsknoten minimal ist. So ergeben sich z.B. folgende Kosten nach (3.1) und (3.2):

$$\begin{aligned}
K_{1211} &= 1 + P(X_1=1 \mid X_2=1) \cdot 0 + P(X_1=0 \mid X_2=1) \cdot 0=1 \\
K_{12121} &= 1 + P(X_1=1 \mid X_2=1 \cap X_3=1) \cdot 0 + P(X_1=0 \mid X_2=1 \cap X_3=1) \cdot 0 = 1 \\
K_{1212} &= 1 + P(X_3=1 \mid X_2=1) \cdot K_{12121} = 1 + 1 \cdot 1 = 2 \\
G_{121} &= \min(K_{1211}, K_{1212}) = \min(1,2) = 1 \ .
\end{aligned}$$

Für dieses Beispiel ergibt sich die Entropie als Erwartungswert der Kosten der optimalen Strategie (bis auf einen konstanten Faktor, der gleich den Merkmalskosten ist). Der folgende Satz, der eine spezielle Formulierung des SHANNONschen Codierungstheorems ist, zeigt, daß sich dieses Ergebnis verallgemeinern läßt.

Es seien n Diagnosen B_i mit $P(B_i) = p_i = \frac{1}{n}$ anhand von k Merkmalen zu differenzieren. Gegeben sei eine binäre Relation, die eine Untermenge dieser Diagnosen in maximal zwei Untermengen zerlegt ("Alternativentscheidung"). Gesucht ist eine Strategie der Aufteilung der Menge aller Diagnosen, die in dem Sinn optimal ist, daß der Erwartungswert der Anzahl der Alternativentscheidungen minimal wird. Dann gilt für den Erwartungswert K_E der Anzahl der Alternativentscheidungen bei optimaler Strategie:

$$K_E = H + \rho \ .$$

Dabei ist $H = ld\, n$ die **Entropie** und ρ die **Redundanz**, die mit steigendem n vernachlässigbar wird. ρ ist maximal 0.09 und ist genau dann gleich 0, wenn n eine Potenz von 2 ist.

Beweis: Sei für eine Strategie ℓ_i die Anzahl der Alternativentscheidungen für die terminale Entscheidung B_i ("Weglänge"). Dann ist der Erwartungswert K_E der Weglänge der Strategie gleich

$$K_E = \sum_{i=1}^{n} p_i \cdot \ell_i = \frac{1}{n} \cdot \sum_{i=1}^{n} \ell_i \ .$$

Sei $L = \max_i \ell_i$ und $\ell = \min_i \ell_i$ das Maximum bzw. das Minimum der ℓ_i.

(1) Bei einer optimalen Strategie ist $L \leq \ell+1$. Der Beweis dieser Behauptung wird indirekt geführt. Es sei $L > \ell+1$, dann liegt folgende Situation vor:

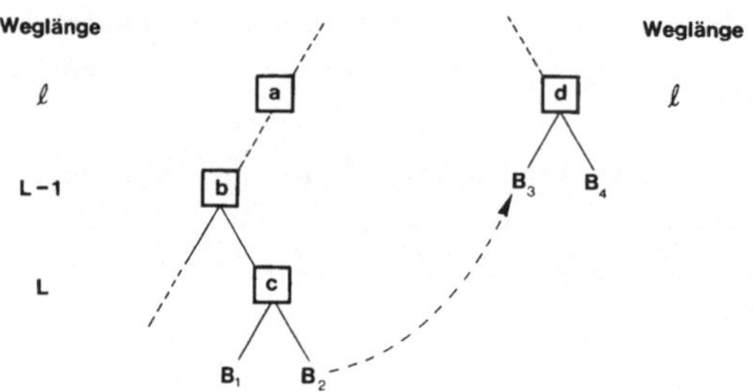

Ordnet man den Baum so um, daß ein Knoten mit der Weglänge L an einen Knoten mit der Weglänge ℓ angehängt wird, dann ergibt sich:

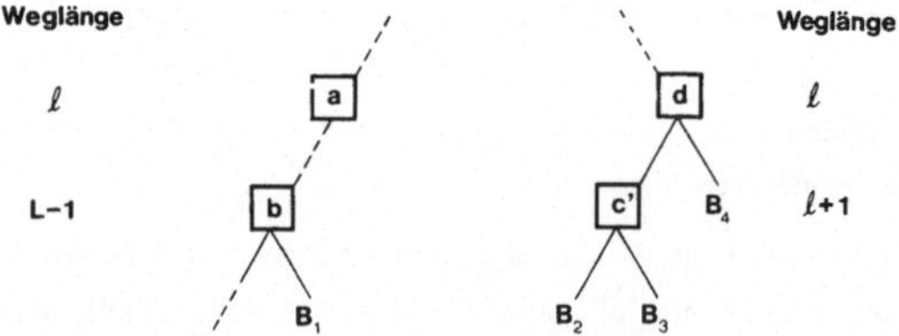

Diese Umordnung verändert die Summe der Weglängen um:

$$\underbrace{L - (L-1)}_{B_1} + \underbrace{L - (\ell+1)}_{B_2} + \underbrace{\ell - (\ell+1)}_{B_3} = L - \ell - 1 > \ell + 1 - \ell - 1 = 0 \ .$$

Die Summe verringert sich also um mindestens 1, so daß diese Umordnung eine Verbesserung der Strategie ergibt.

(2) Sei eine Strategie optimal. Für i terminale Knoten sei die Weglänge L - 1 und für (n-i) terminale Knoten sei die Weglänge L ($0 < i \leq n$). Dann ist

$$n + i = 2^L .$$

Diese Behauptung wird durch Induktion über n bewiesen:

(a) Die Behauptung ist richtig für $n = 1$ ($i=1$, $L=1$).

(b) Die Behauptung sei für $n = n_0$ bewiesen. Dann ist also

$$n_0 + i_0 = 2^L .$$

Durch Erweiterung um eine Diagnose müssen nach (1) aus einem terminalen Knoten mit der Weglänge (L - 1) zwei terminale Knoten mit der Weglänge L entstehen (ein solcher Knoten existiert wegen $0 < i$). Damit geht i_0 über in $i_0 - 1$. Daher ist nach Induktionsvoraussetzung:

$$n + i = n_0 + 1 + i_0 - 1 = n_0 + i_0 = 2^L .$$

(3) Wegen $n + i = 2^L$ und $0 < i \leq n$ folgt

$$n < 2^L \leq 2 \cdot n \text{ bzw. } \operatorname{ld} n < L \leq \operatorname{ld} n + 1 \text{ bzw. } L = \lfloor \operatorname{ld} n \rfloor + 1 .$$

Das Gleichheitszeichen in den Ungleichungen gilt genau dann, wenn $i = n$ ist. Die Weglänge bei einer optimalen Strategie ist also höchstens $\lfloor \operatorname{ld} n \rfloor + 1$. Der Erwartungswert K_E ist:

$$K_E = \frac{1}{n} \cdot \sum_{j=1}^{n} \ell_j = \frac{1}{n} \cdot \Big(i \cdot (L-1) + (n-i) \cdot L \Big) = L - \frac{i}{n} =$$

$$= L - \frac{2^L - n}{n} = L + 1 - 2^{L - \operatorname{ld} n} = H + \rho .$$

Dabei ist $H = \operatorname{ld} n$ die Entropie und ρ die Redundanz mit

$$\rho = \lfloor \operatorname{ld} n \rfloor - \operatorname{ld} n + 2 - 2^{\lfloor \operatorname{ld} n \rfloor - \operatorname{ld} n + 1} = x + 1 - 2^x , \quad 0 < x \leq 1 .$$

ρ ist im Intervall $(0,1]$ nicht-negativ mit einem Maximum von etwa 0.09 bei $x \simeq 0.5288$.

Anmerkung: Eine Alternativentscheidung entspricht im allgemeinen in der Praxis der Beobachtung mehr als eines Merkmals. Der Erwartungswert der Weglängen einer optimalen Strategie, bei der in jedem Merkmalsknoten genau ein Merkmal beobachtet wird, ist daher nur in Sonderfällen gleich der Entropie.

Da eine optimale Strategie nach ihrer Konstruktion in jedem Entscheidungsknoten optimal ist, kann man die Aussage dieses Satzes auch folgendermaßen formulieren:

Der Wissenszuwachs durch die Beobachtung eines Merkmals ist gleich der Verminderung der Entropie. Bei einer optimalen Entscheidung wird das Merkmal gewählt, das den Erwartungswert für den Wissenszuwachs maximiert bzw. die Entropie minimiert.

Der in diesem Abschnitt entwickelte Algorithmus gehört in den Bereich der **dynamischen Programmierung** [56].

3.5.2 Heuristische Lösungen

3.5.2.1 Bekannte Wahrscheinlichkeitsverteilungen

Nach dem vorangehenden Abschnitt sind gewisse sequentielle Entscheidungsprobleme optimal mit den Methoden der dynamischen Programmierung lösbar, wenn die für (3.1) benötigten bedingten Wahrscheinlichkeiten bekannt sind. Gibt es k Merkmale mit jeweils m Ausprägungen, dann gibt es an der Spitze des Entscheidungsbaums (Stufe 1) einen Entscheidungsknoten und k Merkmalsknoten. Auf der nächsten Stufe gibt es daher $k \cdot m$ Entscheidungsknoten und $k \cdot (k-1) \cdot m$ Merkmalsknoten. Da es auf der letzten Stufe bis zu $k! \cdot m^{k-1}$ Merkmalsknoten und $k! \cdot m^k$ terminale Knoten gibt, werden die Entscheidungsbäume selbst bei kleinen Werten von k und m so umfangreich, daß die Bestimmung der optimalen Lösung auch mit Hilfe moderner Großrechenanlagen praktisch unmöglich ist.

Da der Aufwand durch die Anzahl der Knoten im Entscheidungsbaum bestimmt ist, kann er nur dadurch gesenkt werden, daß einzelne Äste nicht untersucht werden. Dazu gibt es zwei Möglichkeiten:

- Der Entscheidungsprozeß wird in einem Entscheidungsknoten (vor Erreichen des terminalen Knotens) abgebrochen, d.h. es wird eine Entscheidung für eine Diagnose gefällt, obwohl noch mehrere Diagnosen möglich sind.
- Der Entscheidung in einem Entscheidungsknoten werden nicht die erwarteten Kosten (zu deren Berechnung die erwarteten Kosten der folgenden Teilstrategien bekannt sein müssen) sondern Schätzwerte zugrunde gelegt.

In jedem Entscheidungsknoten gibt es daher zwei Typen von Entscheidungen, denen Kosten zugeordnet werden können:

(1) Wird der Entscheidungsprozeß fortgesetzt, dann muß das Merkmal ausgewählt werden, das die geringsten erwarteten (bzw. geschätzten) Kosten hat.

(2) Der Entscheidungsprozeß wird abgebrochen, wenn die Kosten seiner Fortsetzung nach (1) die Kosten seines Abbruchs übersteigen.

Der Vektor **X** sei bei Erreichen eines Entscheidungsknotens beobachtet und habe die Realisation **x**. Sind L_{ji} die Kosten der Diagnose B_j, wenn in Wirklichkeit B_i richtig ist, dann sind die erwarteten Kosten der Diagnose B_j gleich

$$(3.3) \qquad H_j(\mathbf{x}) = \sum_{i=1}^{n} L_{ji} \cdot P(B_i | \mathbf{X}=\mathbf{x}).$$

Bricht man den Prozeß in einem Entscheidungsknoten mit der Diagnose ab, deren erwartete Kosten nach (3.3) minimal sind, dann sind die Kosten in diesem Knoten gleich

$$(3.4) \qquad A(\mathbf{x}) = \min_j H_j(\mathbf{x}).$$

Die Kosten des Abbruchs in einem Entscheidungsknoten sind durch die bedingten Wahrscheinlichkeiten der Diagnosen und durch die Matrix der L_{ji} festgelegt.

Ein wichtiger Spezialfall liegt dann vor, wenn die richtige Diagnose keine Kosten verursacht und die Kosten aller Fehldiagnosen gleich 1 sind:

$$L_{ji} = \begin{Bmatrix} 0, & i=j \\ 1, & \text{sonst} \end{Bmatrix} .$$

Dann ist nach (3.3)

$$(3.5) \qquad H_j(\mathbf{x}) = \sum_{i \neq j} P(B_i | \mathbf{X}=\mathbf{x}) = \sum_{i=1}^{n} P(B_i | \mathbf{X}=\mathbf{x}) - P(B_j | \mathbf{X}=\mathbf{x}) = 1 - P(B_j | \mathbf{X}=\mathbf{x}) = P(\bar{B}_j | \mathbf{X}=\mathbf{x}).$$

Die optimale Entscheidung ist in diesem Spezialfall also die Diagnose, deren bedingte Wahrscheinlichkeit maximal ist (BAYES-Prozedur).

Wird der Prozeß beendet, wenn die erwarteten Kosten $G(\mathbf{x})$ bei Fortsetzung die erwarteten Kosten $A(\mathbf{x})$ bei Abbruch übersteigen, dann sind die Kosten in einem Entscheidungsknoten stets gleich

$$\min\Big(A(\mathbf{x}), G(\mathbf{x})\Big).$$

Diese Lösung geht in die optimale Lösung über, wenn der Prozeß erst dann abgebrochen wird, wenn nur noch eine Diagnose möglich ist.

Zur **Schätzung** der Kosten G(**x**) der Fortsetzung des Prozesses in einem Entscheidungsknoten auf einer Stufe t_0 wird angenommen, daß der Prozeß auf der Stufe t ($t > t_0$) endet. Zwischen t_0 und t werde der Merkmalsvektor **Y** untersucht. Dann fallen auf Stufe t nur die Kosten A(**x**,**y**) bei Abbruch nach (3.4) an. Von Stufe t aus werden nun rekursiv die Kosten $\hat{K}$ bzw. $\hat{G}$ bis zur Stufe t_0 nach (3.1) und (3.2) berechnet. Ergibt sich dabei auf Stufe t_0, daß die Kosten $\hat{G}(\mathbf{x})$ bei Fortsetzung bis t größer wären als die Kosten A(**x**) bei Abbruch, dann wird der Prozeß bereits auf Stufe t_0 abgebrochen, andernfalls wird der Prozeß fortgesetzt, wobei das Merkmal ausgewählt wird, das die minimalen Kosten verursacht.

Es sei ein Entscheidungsknoten auf Stufe t_0 gegeben, und es werde eine weitere Stufe ausgewertet ($t = t_0+1$, siehe Abb. 3.15). Bricht der Prozeß auf Stufe t ab, dann sind die Kosten $\hat{G}_{1j}$ und $\hat{G}_{2j}$ gleich den erwarteten Kosten $A_{ij} := A(\mathbf{x},y^*_{ij})$ der Diagnose in diesen Knoten nach (3.4). Die geschätzten Kosten bei Beobachtung von Y_1 bzw. Y_2 sind dann nach (3.1)

$$\hat{K}_1 = c_{Y_1} + \sum_{j=1}^{3} P(Y_1=y^*_{1j} \mid \mathbf{X}=\mathbf{x}) \cdot A_{1j} \text{ bzw. } \hat{K}_2 = c_{Y_2} + \sum_{j=1}^{2} P(Y_2=y^*_{2j} \mid \mathbf{X}=\mathbf{x}) \cdot A_{2j}\,.$$

Ist $\hat{K}_1 < \hat{K}_2$, dann wird bei Fortsetzung des Prozesses als nächstes Merkmal Y_1, andernfalls wird Y_2 beobachtet. Sind die Kosten A(**x**) des Abbruchs auf Stufe t_0 nach (3.4) kleiner als die Kosten bei Fortsetzung, ist also

$$A(\mathbf{x}) < \min(\hat{K}_1, \hat{K}_2),$$

dann wird der Prozeß bereits auf Stufe t_0 abgebrochen, andernfalls wird er fortgesetzt.

Die geschilderte Strategie wird für den im Beispiel betrachteten Spezialfall (Merkmalskosten gleich 1, Schätzung der Kosten aufgrund der Annahme des Abbruchs auf der nächsten Stufe) sehr anschaulich. Dann lautet die Vorschrift nach (3.1), (3.2) und (3.5):

Wähle das Merkmal Y aus, für das

$$\hat{K}_Y = \sum_j \left(P(Y=y^*_j \mid \mathbf{X}=\mathbf{x}) \cdot \min_i P(\bar{B}_i \mid \mathbf{X}=\mathbf{x} \cap Y=y^*_j) \right)$$

minimal wird, m. a. W. für das der bedingte Erwartungswert der Wahrscheinlichkeit einer Fehldiagnose minimal wird, wenn der Prozeß auf

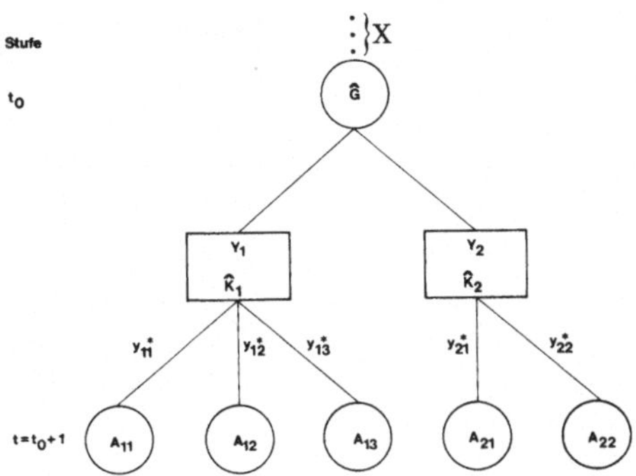

Abb. 3.15: Teil eines Entscheidungsbaums zur Schätzung der Kosten in einem Entscheidungsknoten bei Abbruch auf der folgenden Stufe

der nächsten Stufe abbricht. Die benötigten **a posteriori** - Wahrscheinlichkeiten oder deren Schätzungen werden meist über den Satz von BAYES berechnet.

Zum Abschluß der Darstellung sei noch auf zwei Sonderfälle der geschilderten heuristischen Lösung hingewiesen:

(1) Die Lösung geht über in die optimale Lösung, wenn der "Vorhersagebereich", also die Stufe, auf der der Abbruch angenommen wird, bis zu den terminalen Knoten reicht.

(2) Die Lösung geht über in das nicht-sequentielle "klassische" Verfahren auf der Grundlage des Satzes von BAYES, wenn im ersten Entscheidungsknoten abgebrochen wird, siehe etwa [53,159]. Dann wird nämlich nach (nicht-optimierter) Beobachtung der Realisation $\mathbf{x}$ des Merkmalsvektors $\mathbf{X}$ die Diagnose ausgewählt, für die die bedingte Wahrscheinlichkeit unter der Bedingung $\{\mathbf{X}=\mathbf{x}\}$ maximal ist (siehe (3.5)). Der Satz von BAYES erlaubt gerade die Berechnung der bedingten Wahrscheinlichkeiten unter gewissen Voraussetzungen [80]:

$$P(B_i|\mathbf{X}=\mathbf{x}) = \frac{P(B_i)\cdot P(\mathbf{X}=\mathbf{x}|B_i)}{\sum_j P(B_j)\cdot P(\mathbf{X}=\mathbf{x}|B_j)} .$$

Eine andere Strategie für die Auswahl des nächsten zu beobachtenden Merkmals Y ergibt sich für den Spezialfall gleicher Merkmalskosten aus der Beziehung zwischen optimaler Strategie und Entropie (siehe Abschnitt 3.5.1). Interpretiert man einen Entscheidungsknoten auf der Stufe t_0+1 als Nachrichtenquelle, die die Zeichen $B_1,B_2,\ldots,B_n$

erzeugt, dann ist die Entropie dieser Nachrichtenquelle nach (2.4) in Abschnitt 2.2.1.2 gleich

$$H_j = -\sum_{i=1}^{n} P(B_i | \mathbf{X}=\mathbf{x} \cap Y=y_j^*) \cdot \mathrm{ld}\, P(B_i | \mathbf{X}=\mathbf{x} \cap Y=y_j^*) \;.$$

Es ist daher vernünftig, auf der Stufe t_0 dasjenige Merkmal Y auszuwählen, für das der Erwartungswert der Entropie auf der Stufe t_0+1

$$\sum_j P(Y=y_j^* | \mathbf{X}=\mathbf{x}) \cdot H_j$$

minimal wird (siehe Abb. 3.14 mit H_j statt G_j).

Analog kann man nach dem Minimax-Prinzip (siehe Abschnitt 3.3.1.2.1) vorgehen und das Merkmal Y auswählen, für das die maximale Entropie auf der Stufe t minimal wird:

$$\min_Y \max_j H_j \;.$$

Die speziellen in der Literatur angegebenen Algorithmen unterscheiden sich im wesentlichen in folgenden Aspekten:

- Anzahl der Stufen, die zur Schätzung der Kosten der Fortsetzung des Prozesses ausgewertet werden,
- Definition der Kostenfunktion,
- Auswahlkriterium für das nächste zu beobachtende Merkmal,
- Reihenfolge, in der die Knoten ausgewertet werden. So kann die Auswertung des Knotens mit dem Merkmal Y_2 (siehe Abb. 3.15) sofort abgebrochen werden, wenn eine Teilsumme der Kosten die bereits berechnete Endsumme der Kosten in einem anderen Knoten überschreitet. Es gibt Algorithmen, bei denen die Reihenfolge der Knoten während des Rechenvorgangs dynamisch so umgeordnet wird, daß möglichst wenige Knoten zu berechnen sind [141].

Das geschilderte Modell kann auf den Fall erweitert werden, daß ein Merkmalsknoten nicht nur ein einzelnes Merkmal sondern einen Merkmalsvektor enthält. Dieser Fall ist dann interessant, wenn sich die Merkmalskosten einer Menge von Merkmalen aus einem relativ großen Fixkostenanteil und einem kleinen merkmalsabhängigen Anteil zusammensetzen ("gleichzeitige" Messung verschiedener Serumwerte mit einem Autoanalyzer).

Der praktische Einsatz der Modelle wird durch die große Anzahl benötigter bedingter Wahrscheinlichkeiten bzw. Schätzungen dieser Wahrscheinlichkeiten behindert. Eine Verbesserung ergibt sich dadurch, daß bei entsprechend gelagerter Anwendung die Verfahren relativ schnell konvergieren und daß sie im Dialog mit einem Benutzer durchgeführt werden, der bei Bedarf nach seinen Schätzungen gefragt werden kann.

3.5.2.2 Unbekannte Wahrscheinlichkeitsverteilungen

In diesem Kapitel sind verschiedene Modelle zur Entscheidungsunterstützung erläutert worden. Sie haben ihre großen Vorzüge, und ihre Leistungen können sehr beeindruckend sein. Außer der im vorigen Abschnitt beschriebenen heuristischen Lösung verlangen sie jedoch **Vollständigkeit**, die in der Praxis dann nicht zu erreichen ist, wenn alle Möglichkeiten nach den Regeln der Kombinatorik enumeriert werden müssen. Einerseits kann das Fachwissen zum großen Teil nicht explizit formuliert werden, andererseits führt die "kombinatorische Explosion" schnell zu Größenordnungen, die praktisch nicht mehr behandelt werden können (siehe Abschnitt 3.5.2.1). Diese Modelle sind daher entweder für Spezialfälle geeignet oder können die Bemühungen um Verständnis des Entscheidungsprozesses und um Formalisierung von Wissen verstärken. Praktische Anwendung bei allgemeineren Problemen und Vollständigkeit bei der Beurteilung der Alternativen schließen sich jedenfalls aus.

Im prädikatenlogischen Modell (siehe Abschnitt 3.3.1.2.2) geht das Fachwissen als Menge logischer Ausdrücke ein, die in sich widerspruchsfrei sein müssen und über deren logische Konjunktion aus der Menge der Symptom-Diagnose-Vektoren die zulässigen Vektoren ausgewählt werden. Die Formulierung des Diagnose-Prozesses ausschließlich unter Verwendung logischer Variablen stellt meist eine so hochgradige und sachlich nicht gerechtfertigte Abstraktion dar, daß dieses Modell der Realität nicht gerecht wird. So sind viele Elemente des Fachwissens von der Form $a \rightarrow b$ (siehe die Definition der Patheme in Abschnitt 3.4.1) Aussagen mit einer Wahrscheinlichkeit, die sehr selten nahe genug bei 1 liegt. Dies führt zum statistischen Modell (siehe Abschnitt 3.3.1.2.1), bei dem das Fachwissen in Wahrscheinlichkeitsverteilungen formuliert wird. Es gibt jedoch viele Anwendungsbereiche, bei denen es nicht möglich ist, die benötigten Wahrscheinlichkeitsverteilungen hinreichend genau zu schätzen.

Ein Lösungsweg für dieses Problem ist im letzten Abschnitt mit der heuristischen Suche gezeigt worden. Die Erkenntnis, daß der Mensch auch aus unpräzisen und unvollständigen Daten vernünftige Folgerungen ziehen kann, hat zu Versuchen geführt, den menschlichen Entscheidungsprozeß zu simulieren. Die darauf beruhenden Modelle gehören zum Bereich der "artificial intelligence".

Im Gegensatz zu den Modellen für "geschlossene" Entscheidungsprobleme mit wenigen Entscheidungsmöglichkeiten und vollständigen, präziser Daten sollen die Modelle aus dem Bereich der "artificial intelligence" Unterstützung geben bei "offenen" Entscheidungsproblemen mit einer Vielzahl von Entscheidungsmöglichkeiten, unpräzisen und unvollständigen Daten und Entscheidungsregeln, die dynamisch an wachsende Erkenntnisse angepaßt werden können.

Die Definition der **artificial intelligence** ist nicht einheitlich [101] . Im wesentlichen besteht sie aus Methoden zur Problemlösung mittels digitaler Computer auf der Basis symbolischer Folgerung ("symbolic reasoning") anstelle arithmetischer Berechnungen. Dabei kann man zwischen Modellbildung, Folgern mit Problemlösung und heuristischer Suche unterscheiden.

Die **Modellbildung** besteht aus der Auswahl der den Anwendungsbereich definierenden Merkmale und ihrer Relationen und der Repräsentation des dazu vorhandenen Wissens (siehe Abschnitt 5.1.2.3).

Folgern mit **Problemlösung** besteht in der Entwicklung und Durchführung einer Strategie, die auf der Basis des gespeicherten Wissens und unter Verwendung der Daten einer Beobachtungseinheit zu Entscheidungen führt. Diese können die Zielentscheidung (etwa Diagnose oder Therapie) oder aber intermediäre Entscheidungen sein (etwa Auswahl des nächsten zu beobachtenden Merkmals).

Die **heuristische Suche** (siehe Abschnitt 3.5.2) besteht in der Anwendung von Methoden zur Verringerung der Anzahl der Alternativen auf einen Bereich noch "interessanter" Alternativen, ohne alle möglichen Fälle zu enumerieren.

Die zum Teil sehr komplizierten Methoden sollen am Beispiel eines **Konsultationssystems** aus der Literatur näher erläutert werden. In

[139] wird ein System beschrieben, das einem Arzt Entscheidungsunterstützung bei der Identifikation von Keimen und der Auswahl einer geeigneten Therapie bietet.

Die den Anwendungsbereich definierenden Merkmale und ihre Relationen sind in Abb. 3.16 dargestellt. Die Entscheidung über die Ausprägungen des Merkmals THERAPIE ist die Zielentscheidung.

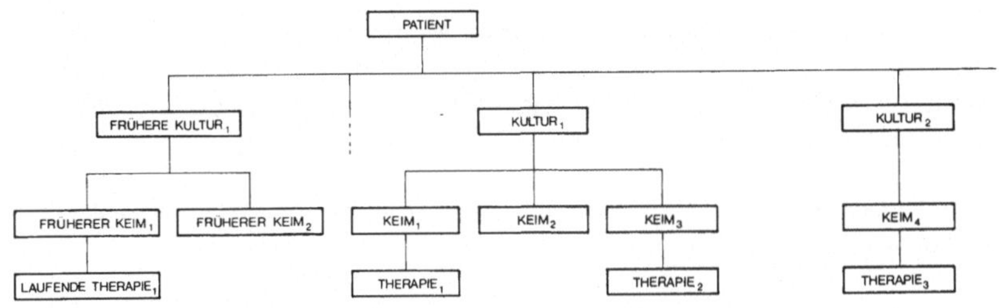

Abb. 3.16: Hierarchische Relationen zwischen Merkmalen bei der Identifikation von Keimen und der Auswahl einer geeigneten Therapie, nach [139]

Das Fachwissen wird in prädikatenlogischen Ausdrücken ("Regeln") formuliert, die im wesentlichen folgende Struktur haben:

"Wenn a_1 und/oder a_2, dann b_1, sonst b_2".

Der Schluß auf b_1 bzw. b_2 wird durch eine **Sicherheit** gekennzeichnet. Wegen der oben erwähnten Probleme bei der Verwendung von Wahrscheinlichkeiten dient dazu eine Größe, die zwischen -1 (sicheres Wissen, daß eine Aussage falsch ist) und +1 (sicheres Wissen, daß eine Aussage richtig ist) liegt und von Experten bei der Formulierung der Regeln angegeben wird. Wegen des Kalküls mit solchen Sicherheiten sei auf [139] verwiesen.

Ein Beispiel für eine Regel ist:

Wenn die Färbung des Keims grampositiv ist,
und die Morphologie des Keims ist Coccus,
und das Wachstum des Keims ist in Ketten,
dann ist die Identität des Keims Streptococcus (0.7).

Diese Regel enthält nur eine Aktion (die Aktion auf "sonst" fehlt). Die Sicherheit der Folgerung (0.7) kann nach entsprechender Übereinkunft auch sprachlich formuliert werden ("ziemlich sicher", "wahrscheinlich"). Die Regeln enthalten also **Schlüsselwörter** zur Strukturierung, Objekttripel (Objekt, Merkmal, Ausprägung) und Sicherheit.

Eine formale Darstellung der Regeln erhält man durch Formulierung der Objekttripel als logische Funktionen (siehe Abschnitt 3.3.1.2.2):

Wenn	AUSPR(KEIM,FÄRBUNG)	= GRAMPOSITIV,
und	AUSPR(KEIM,MORPHOLOGIE)	= COCCUS,
und	AUSPR(KEIM,WACHSTUM)	= KETTEN,
dann	AUSPR(KEIM,IDENTITÄT)	= STREPTOCOCCUS (0.7).

Es ist bequem, von der Forderung der Disjunktheit der Ausprägungen abzugehen:

AUSPR (KEIM, IDENTITÄT) = STREPTOCOCCUS (0.7), STAPHYLOCOCCUS (0.2).
AUSPR (PATIENT, KEIM) = STREPTOCOCCUS (1.0), E. COLI (1.0).

Der erste Fall weist auf zwei Möglichkeiten hin, die mehr oder weniger sicher sind, der zweite Fall zeigt eine Infektion mit zwei (sicher identifizierten) Keimen an.

Vom Fachwissen ist das spezielle Wissen über einen Patienten zu unterscheiden. Die Daten eines Patienten werden in einem "Kontextbaum" festgehalten, dessen Struktur zwar festliegt (siehe Abb. 3.16), dessen Realisation aber von Patient zu Patient verschieden sein kann. Da eine Regel $a \longrightarrow b$ nur dann angewendet werden kann, wenn die Prämisse a bekannt ist, müssen vor Anwendung einer Regel mit unbekannter Prämisse zuerst Informationen gesucht werden, aus denen a bestimmt werden kann. Informationsquellen sind:

- Der Kontextbaum, in dem bisher gesammelte Daten des Patienten gespeichert sind,
- Regeln, die Daten aus bisher gesammelten Daten ableiten,
- der Benutzer des Systems.

Jeder Regel sind daher Verweise auf solche Regeln zugeordnet, die in ihrem Aktionsteil eine Prämisse der gerade bearbeiteten Regel enthalten. Diese Verweise führen zu der in Abb. 3.17 enthaltenen logischen Struktur der Regeln.

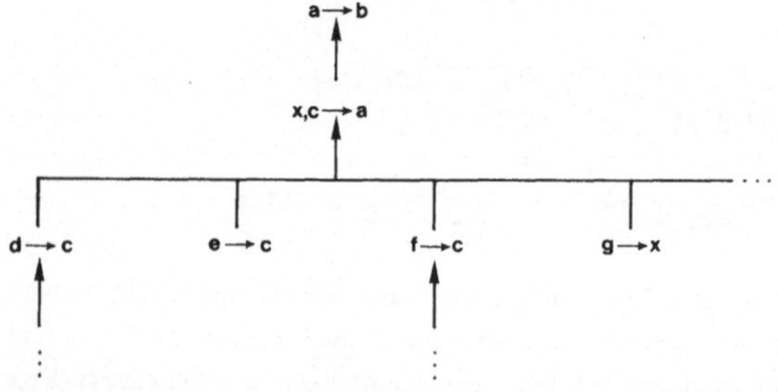

Abb. 3.17: Logische Struktur der Regeln für das Fachwissen, nach [139]

Zu irgendeinem Zeitpunkt während des Dialogs zwischen Arzt und System über einen Patienten sei die in b repräsentierte Information verlangt. Sie erhält man, wenn die Regel a⟶b ausgewertet wird. Dazu ist die Kenntnis von a notwendig, die man bekommt, wenn die Regel c⟶a ausgewertet wird. Um c zu erhalten, muß jedoch eine weitere Regel ausgewertet werden. Ein terminaler Knoten ist dann erreicht, wenn eine Regel ohne weiteren Verweis verarbeitet werden kann (durch Ableiten der Prämisse aus dem Kontextbaum, durch Erfragen der Prämisse vom Arzt oder durch die vom Arzt getroffene Feststellung, daß er die Frage nicht beantworten kann).

In Abhängigkeit von den Daten gibt es daher bei einer "Konsultation" des Systems sehr verschiedene, tatsächlich realisierte Strukturen der Regeln. Sie alle beginnen mit einer "Initialregel", die die Zielentscheidung enthält:

Wenn	es einen Keim gibt, der Therapie erfordert,
und	die Frage eventuell zusätzlich zu therapierender Keime ist entschieden,
dann	erzeuge die Liste möglicher Therapien auf der Basis der Sensibilität der Keime, die Therapie erfordern,
und	bestimme die beste Therapie aus der Liste,
sonst	zeige an, daß der Patient keine Therapie benötigt.

Ausgehend von der Initialregel wird rekursiv ein "reasoning network" dynamisch aufgebaut, und die dabei erzeugten oder erfragten Daten werden im Kontextbaum gespeichert. Dort dienen sie als Grundlage zur Auswertung der Regeln und zur Beantwortung von Fragen des Arztes. Soll eine Regel ausgewertet werden, die einen bestimmten Typ eines Knotens im Kontextbaum verlangt, dann wird ein solcher Knoten angelegt, wenn die Information noch nicht vorhanden ist. Wo dieser Knoten in der Hierarchie steht, ist Teil des Fachwissens.

Die Analogie zur menschlichen Schlußweise, etwa bei Konsultation eines Experten, ist wohl deutlich geworden. Es ist eine Zielentscheidung zu treffen, zu der Informationen notwendig sind, die man aufgrund des Fachwissens (Regeln und deren Verknüpfung) oder vom Ratsuchenden auf Erfragen erhält. Der Weg zur Zielentscheidung ist ein Prozeß, der von den Daten abhängt. Er besteht aus verbundenen Teilentscheidungen, die mit Unsicherheiten behaftet sein können. Die Zielentscheidung wird mit einer Sicherheit gefällt, die von der Sicherheit ihrer Prämissen abhängt.

4. Medizinische Linguistik

Die meisten Daten in der Medizin sind in sprachlicher Form gegeben. Dies gilt für Krankenversorgung, Lehre und Forschung.

In der **Krankenversorgung** bildet das Krankenblatt die Grundlage der Kommunikation und Dokumentation. Es ist auch ein wichtiges Hilfsmittel für Lehre und Forschung. Ziel der **Lehre** ist, den Studenten in die Lage zu versetzen, Gegebenheiten im Rahmen des Fachwissens zu erkennen und Entscheidungen zu treffen. Diese Fähigkeiten werden überwiegend in sprachlicher Form vermittelt, was eine eindeutige Terminologie voraussetzt. In der **Forschung** werden anhand von Daten aus Krankenblättern Hypothesen formuliert, deren Untersuchung und eventuelle Lösung dokumentiert wird und Eingang in das Fachwissen finden muß.

Daher sind Methoden zur automatischen Verarbeitung sprachlicher Nachrichten eine wichtige Grundlage der Informationsverarbeitung in der Medizin (siehe etwa Auswertung von Krankenblättern, Basisdokumentation, Erzeugung und Auswertung von Arztbriefen).

Die Beschäftigung mit formalen Methoden zur Verarbeitung natürlicher Sprache ist entweder durch ein originäres Interesse an der Verarbeitung sprachlicher Nachrichten veranlaßt oder aber mehr technischer Art, wenn sprachliche Daten zur Kommunikation mit einem Computer verwendet werden sollen.

Die Verarbeitung von sprachlichen Nachrichten mehr oder weniger als Selbstzweck gehört in den Bereich der "artificial intelligence" und ist eingebettet in das umfassendere Ziel der Simulation menschlicher Erkenntnisprozesse (siehe Abschnitt 3.5.2.2). Nach den mit großen Hoffnungen begonnenen Projekten der sechziger Jahre hat man erkennen müssen, daß dieses Ziel noch nicht auf einem befriedigenden Niveau erreicht werden kann, da die Forderungen nach Widerspruchsfreiheit, Explizitheit und Vollständigkeit im Gegensatz zur Forderung nach einfachen Modellen stehen. "Verstehen" einer sprachlichen Äußerung setzt weit mehr als die Kenntnis der Sprache voraus. Es ist daher möglich daß etwa ein Psychiater die Unterhaltung zweier Nuklearmediziner in seiner "Muttersprache nicht versteht, daß er aber die Unterhaltung zweier Psychiater in einer Fremdsprache versteht, die er nur unvollständig beherrscht. "Verstehen" beruht also auf einem Hintergrundwissen über die Thematik.

Es herrscht noch keine Klarheit darüber, ob "Wissen" in einem Modell am besten in Form von Algorithmen oder in Form von Daten eingesetzt wird und ob die Analyse einer sprachlichen Äußerung bereits den Einsatz von Wissen voraussetzt bzw. wie weit Analyse und Verstehen unabhängig sind. Wegen dieser noch weitgehend ungelösten Probleme wurden bisher nur für relativ eingeschränkte Anwendungen befriedigende Modelle zur Analyse natürlicher Sprache entwickelt.

Ein mehr technisches Interesse für die Verarbeitung sprachlicher Nachrichten liegt dann vor, wenn etwa ein Dokumentationssystem aufgebaut werden soll. Dann ist das eigentliche Ziel die Speicherung und das Wiederfinden von Daten. In der Medizin sind Dokumentationssysteme aufgrund des Datenumfangs und der Vorkehrungen für Datenintegrität, Datenschutz und Verfügbarkeit meist sehr komplex.

Sprachliche Nachrichten sollten an den beiden Schnittstellen zwischen Mensch und Computer ausgetauscht werden können: Anfragen an ein Dokumentationssystem sollten möglichst in sprachlicher Form gefaßt werden, und Antworten sollten möglichst in sprachlicher Form erfolgen. Die eine Schnittstelle erfordert daher eine **Analyse**, die andere Schnittstelle eine **Synthese** sprachlicher Nachrichten.

Die Unterordnung der Verarbeitung sprachlicher Nachrichten unter das eigentliche Ziel eines Dokumentationssystems und die Erfahrung, daß in diesem Rahmen auch spürbare sprachliche Einschränkungen toleriert werden, vereinfacht das Problem oft sehr stark.

Dokumentationssysteme, oder allgemein Datenverwaltungssysteme, deren Daten selbst in sprachlicher Form anfallen, wie etwa medizinische Diagnosen, sind in beiden Interessenssphären angesiedelt.

Die in den folgenden Abschnitten gewählte Aufteilung in **Morphologie**, **Syntax** und **Semantik** erleichtert die Beschreibung der Methoden. Diese Bereiche sind nicht unabhängig. Eine weitere Einschränkung liegt in der Auswahl der dargestellten Methoden. Sie wurde anhand der subjektiven Beurteilung getroffen, welche Verfahren zur Zeit oder in naher Zukunft so ausgereift sind, daß sie für Lösungen der praktischen Probleme bei der Verarbeitung von Texten in medizinischer Sprache, speziell von Diagnosetexten, von Nutzen sind.

Die durch die Rekursivität der Nachrichtenverarbeitung (siehe Abschnitt 2.2.6.1) bedingte Dualität von Daten und Instruktionen hat zur Folge, daß es aus der Sicht der Algorithmen keine Unterschiede zwischen sprachlich formulierten Instruktionen (etwa Anfragen an ein Dokumentationssystem) und sprachlich formulierten Daten (etwa Diagnosen) gibt.

Wegen der großen Bedeutung der Verarbeitung sprachlicher Daten bei vielen medizinischen Anwendungen nimmt die medizinische Linguistik hier einen relativ breiten Raum ein. Dennoch ist es kaum möglich, auch nur die wichtigsten Ansätze erschöpfend darzustellen. Der interessierte Leser sei daher auf weiterführende Spezialliteratur verwiesen [18,26,41].

4.1 Medizinische Sprache

Die **medizinische Sprache** steht zwischen der natürlichen Sprache und den formalen Sprachen. Mit der **natürlichen Sprache** verbinden sie sprachliche Mittel aus den Bereichen Morphologie, Syntax und Semantik. Unterschiede bestehen im Vokabular (Terminologie), in Schwerpunktverschiebungen bei der Wortbildung und in der Syntax sowie in der Einbeziehung sprachlicher Mittel anderer natürlicher Sprachen als der, in die die medizinische Sprache eingebettet ist (wie etwa lateinische oder griechische Phrasen mit ihren eigenen syntaktischen Regeln oder auch angepaßt an die Regeln der deutschen Sprache). Mit den **formalen Sprachen** verbinden sie die größere Präzision und eine genauere Definition der Begriffe.

4.2 Morphologie

Gegenstand der Morphologie ist die Konstruktion von Wörtern aus Morphemen. Sie wird in der Literatur teilweise unterteilt in "Wortbildungslehre" und "Flexionslehre".

Hier wird unter einem **Wort** eine Zeichenkette verstanden, die durch bestimmte **Trennzeichen**, wie Leerzeichen oder Interpunktionszeichen, begrenzt wird (siehe Abschnitt 2.2.2).

Ein **Morphem** ist die kleinste sprachliche Einheit, die nicht in interpretierbare kürzere Zeichenketten zerlegt werden kann (Mann, Nephr-, Hepat-, unter). Ein Morphem kann in mehreren Wörtern mit ähnlicher Bedeutung oder ähnlicher Funktion auftreten.

Der formalen Definition eines Wortes geht die Zuordnung zu semantischen Einheiten nicht parallel. Folgende Fälle sind für die einem Wort zugeordnete Information I möglich:

(1) Sie ist unabhängig vom Kontext des Wortes.

(1.1) Sie ist die Vereinigung der den Morphemen zugeordneten Informationen (Lungencarcinom).

(1.2) Sie ist ungleich der Vereinigung der den Morphemen zugeordneten Informationen (Zwölffingerdarm).

(2) Sie ist abhängig vom Kontext des Wortes (Dura mater).

Die von (1.1) nach (2) zunehmende formale Komplexität einer Nachricht für eine Informationseinheit nennt man **Idiomatisierung**. Es gibt fließende Übergänge zwischen Morphem, Kompositum und Mehrwortphrase mit fixierter Bedeutung und freier syntaktischer Bildung.

Die morphologische Analyse von Wörtern setzt ein **Wortmodell** voraus, das mittels einer formalen Sprache definiert werden kann. Mit dem Wortmodell ist die Anzahl und Art der benötigten **Lexika** festgelegt. Die Elemente der Lexika hängen von der Menge der zu analysierenden Wörter ab. Der Analyse-**Algorithmus** ist im wesentlichen durch Wortmodell und Inhalt der Lexika festgelegt. Die Trennung und Aufgabenteilung zwischen den drei genannten Komponenten ist jedoch fließend.

4.2.1 Elemente der Wortbildung

Freie Morpheme können als selbständiges Wort auftreten (Haut). **Gebundene** Morpheme treten nur in Verbindung mit anderen Morphemen auf (<u>un</u>klar, zell<u>ig</u>, groß<u>er</u>).

Die Flexibilität der Sprache, historische Entwicklungen und der Einfluß von Fremdsprachen führen zu vielen Spezialfällen, von denen hier nur die wichtigsten genannt sind:

- Das Abtrennen eines Morphems (Fell) von einem Kompositum (Zwerchfell) ergibt eine Restzeichenkette, die nur in wenigen Kombinationen auftritt. Meist ist die Behandlung einer solchen Zeichenkette (Zwerch) als Morphem praktischer als die Einführung eines "zusammengesetzten" Morphems (Zwerchfell).
- Der Umlaut bei Pluralformen (Väter) wird entweder als nichtadditives Morphem behandelt, oder die umgelautete Form selbst wird als Morphem behandelt.
- Ein Morphem hat mehrere orthographische Varianten (Karzinom, Carcinom

Bei der Wortbildung werden unterschieden:

- **Grundmorpheme** sind die wesentlichen Träger der Bedeutung eines Wortes (Verteilungen).
- **Wortbildungsmorpheme** kennzeichnen Klassen von Funktionen und treten in verschiedenen Kombinationen in dieser Funktion auf (Verteilungen).
- **Flexionsmorpheme** kennzeichnen einen syntaktischen Wert (Verteilungen).
- **Fugenmorpheme** haben ausschließlich eine Wortbildungsfunktion und dienen zur Verbindung von Wortteilen (Verteilungsmuster).

Ein Wort ohne Flexionsmorphem ist ein **Stamm**. Ein **Kompositum** ist ein Wort, das mehrere Grundmorpheme enthält.

4.2.2 Wortmodelle

Die wichtigsten Prinzipien der Wortbildung sind Komposition, Präfigierung, Derivation und Flexion.

Die **Komposition** (Aneinanderreihung) von Morphemen ist das am häufigsten verwendete Prinzip der Wortbildung und dient vielfältigen Funktionen wie etwa Verkürzung durch Ersatz längerer syntaktischer Konstruktionen (Oberlappenbronchus), Faktorisierung ("Ausklammern") bedeutungsgleicher Teile (Laryngotracheobronchitis) und Idiomatisierung (Zwölffingerdarm).

Bei der **Präfigierung** tritt ein gebundenes Morphem (**Präfix**) bei der Komposition vor ein Grundmorphem. Präfixe haben nur Wortbildungs- und semantische Funktion und keine syntaktische Funktion. Sie können in Reihen und sogar in Wiederholungen auftreten (Pseudopseudohypoparathyreoidismus).

Ein **Derivationsmorphem** ist ein gebundenes Morphem, das bei der Komposition hinter ein Grundmorphem tritt (zellig). Es hat eine syntaktische Funktion, wenn es am Ende eines Wortstamms auftritt, und legt im allgemeinen Wortart (-ig: Adjektiv, -ung: Substantiv), Genus (-ung: feminin) und Flexionsmorpheme fest (-ung → -ungen). Innerhalb eines Wortes legt es das Fugenmorphem fest (-ung → -ungs-).

Präfixe und Grundmorpheme werden als **Wurzel** und Derivations-, Flexions- und Fugenmorpheme als **Suffixe** bezeichnet.

Die Suffixe können zu hierarchisch geordneten Familien zusammengefaßt werden (siehe Abb. 4.1 bis 4.3). Neben der syntaktischen Funktion haben Derivationsmorpheme häufig auch eine semantische Funktion (Carcinoid, Carcinoma, Carcinose).

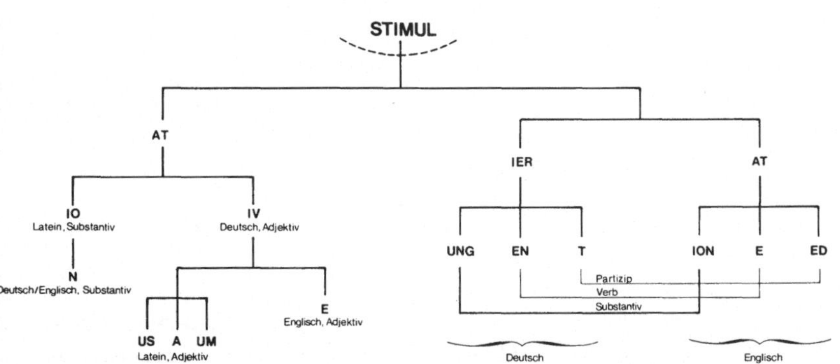

Abb. 4.1: Verschiedene Familien von Suffixen, die an eine Menge von Grundmorphemen (vertreten durch STIMUL) herantreten können

Bei der Komposition von Morphemen kann zwischen zwei Konstruktionen ein **Fugenmorphem** eingeschoben werden. Meist ist das Fugenmorphem durch das vorangehende Grund- oder Derivationsmorphem eindeutig festgelegt (Operationsplan). Es gibt aber auch Grundmorpheme, die mit und ohne Fugenmorphem (Laryngotracheo ..., Laryngectomie) oder mit verschiedenen Fugenmorphemen (kinderleicht, Kindesmutter, kindskopfgroß) auftreten können (siehe Abb. 4.3).

Unter formalen Aspekten kann man die Prinzipien der Wortbildung zu den beiden folgenden Techniken zusammenfassen:

Wiederholung: Aufbau eines Wortes w aus einer Folge von **Wortteilen:** $w = v_1 v_2 \dots v_k \quad (k \geq 1)$.

Strukturierung: Aufbau eines Wortteiles v aus einer Folge von Morphemen, die disjunkten Klassen angehören: $v = m_1 m_2 \dots m_\ell \quad (\ell \geq 1)$.

Von diesen Techniken leiten sich die wichtigsten Wortmodelle zur Zerlegung von Komposita (**Segmentierung**) ab.

In Tab. 4.1 sind fünf Wortmodelle enthalten. Die terminalen Produktionen sind dabei nur angegeben, wenn sie zur Segmentierung des Wortes 'granulosaepitheliome' notwendig sind. In der Praxis steht jede terminale Produktion für ein Lexikon. So werden etwa für Modell III ein Lexikon von Wurzeln und ein Lexikon von Suffixen benötigt.

4.2.3 Lexika

Das Wortmodell (siehe Tab. 4.1) legt Anzahl und Art der benötigten Lexika fest. So benötigt man bei Modell I ein Lexikon mit allen erlaubten Wortteilen, bei Modell IV drei Lexika mit allen Wurzeln, Derivations- und Flexionsmorphemen.

Bei Modell II genügt auch ein Lexikon. Wird ein Lexikon mit Stämmen benutzt, dann ist die auf den Stamm folgende Restzeichenkette eines Wortes definitionsgemäß das Flexionsmorphem. Um Eindeutigkeit zu erreichen, wird der längste Stamm genommen. So wäre etwa 'granulos' ein Stamm und 'aepitheliome' das Suffix. Diese Lösung wird verworfen, wenn der längere Stamm 'granulosaepitheliom' im Lexikon gefunden wird.

Analog kann man auch nur ein Lexikon mit Suffixen benutzen. Dann ist der dem Suffix vorangehende Teil des Wortes definitionsgemäß der Stamm. Bei diesem Verfahren wird ein Wort vom Ende her analysiert, und das Lexikon ist rückwärts sortiert [104,113]. Dabei benötigt man ein wesentlich kleineres Lexikon, erhält aber Kunstprodukte bei den Stämmen, wenn der Stamm mit einer Zeichenkette endet, die Anfang eines Suffix ist (Hamm|er).

Sieht man von dem zuletzt genannten Spezialfall des Modells II ab, dann steigt mit zunehmender Komplexität des Wortmodells die Anzahl der Lexika, der Gesamtumfang der Lexika fällt, und die Gefahr von Mehrdeutigkeiten wächst.

	Syntax des Wortmodells	Wortmodell	Anzahl der Lexika
I	w → vv v → 'granulosa' | 'epitheliome'	Komposition aus Wortteilen	1
II	w → ut u → 'granulosaepitheliom' t → 'e'	Strukturierung in Stamm und Flexionsmorphem (Deflexion, Lemmatisierung) [104,113]	2(1)
III	w → vv v → rx r → 'epi' | 'gran' | 'theli' x → ε | 'ome' | 'ulosa'	Komposition aus Wortteilen, Strukturierung in Wurzel und Suffix [168]	2
IV	w → vv v → rst r → 'epi' | 'gran' | 'theli' s → ε | 'om' | 'ulos' t → ε | 'a' | 'e'	Komposition aus Wortteilen, Strukturierung in Wurzel, Derivationsmorphem und Flexionsmorphem/Fugenmorphem [166]	3
V	w → v*v v* → ε | p | rsf | v*v* v → rst p → 'epi' r → 'gran' | 'theli' s → 'om' | 'ulos' f → ε | 'a' t → ε | 'e'	Komposition aus Wortteilen, Strukturierung in Präfix bzw. Grundmorphem, Derivationsmorphem und Flexionsmorphem bzw. Fugenmorphem	5

Tab. 4.1: Modelle zur Segmentierung von Komposita. Die Abkürzungen bedeuten:

w = Wort	x = Suffix
v = Wortteil	s = Derivationsmorphem
u = Stamm	t = Flexionsmorphem
p = Präfix	f = Fugenmorphem
r = Wurzel	ε = Nullmorphem

Die Modelle III bis V sind für eine morphologische Analyse von Wörtern der medizinischen Sprache besonders gut geeignet (siehe Abb. 4.1 bis 4.3):

- Die häufigste Form der Paraphrasierung durch Substantiv-Adjektiv-Transformationen besteht im Austausch von Suffixen.
- Viele Wortteile sind von lateinischen oder griechischen Wortteilen abgeleitet und werden in der Originalform oder angepaßt an die natürliche Sprache verwendet, in die die medizinische Sprache eingebettet ist. Bei solchen Wortteilen besteht die Übersetzung etwa zwischen Deutsch, Latein, Englisch oder Französisch ebenfalls oft nur im Austausch von Suffixen.

Diese Wortmodelle und vor allem auch die ihnen entsprechenden Lexika sind daher für die morphologische Analyse der internationalen medizinischen Sprache geeignet. Dies ist eine Eigenschaft, die in der Sprachverarbeitung sehr selten ist (siehe Tab. 4.2).

Morphemklasse	Deutsch	Englisch	Deutsch/Englisch	Gesamt
Wurzeln	1844	961	6794	9599
Derivations-morpheme	209	316	241	766
Fugenmorpheme/ Flexionsmorpheme	23	1	26	50
Gesamt	2076	1278	7061	10415

Tab. 4.2: Umfang verschiedener Morphemklassen bei einem zweisprachigen Lexikon zur Segmentierung von Komposita [166]

Die Segmentierung eines Kompositums ist im allgemeinen nicht eindeutig. Legt man etwa Modell V zugrunde, dann kann Myopia zerlegt werden in

$$\underset{r_1}{\text{My}}\ \underset{f_1}{\text{o}}\ \underset{r_2}{\text{p}}\ \underset{s_2}{\text{i}}\ \underset{t_2}{\text{a}} \quad \text{und in} \quad \underset{r_1}{\text{My}}\ \underset{r_2}{\text{op}}\ \underset{s_2}{\text{i}}\ \underset{t_2}{\text{a}} \quad .$$

Der Unterschied besteht darin, ob der Buchstabe o als Fugenmorphem (wie in Myogen) oder als erstes Zeichen des zweiten Grundmorphems interpretiert wird. Für praktische Anwendungen ist es meist uninteressant, alle formal möglichen Segmentierungen eines Wortes zu finden. Interessant ist nur die semantisch richtige Segmentierung. Der Kenner der medizinischen Sprache weiß, daß die erste Segmentierung falsch ist. Eine auf ihr aufbauende semantische Analyse würde auf Pia (Teil der weichen Hirnhaut) hindeuten, während die zweite Segmentierung den richtigen Hinweis auf den Gesichtssinn ergibt. Dieses Wissen des Kenners der Sprache bezieht sich also nicht auf die formale Struktur von Wörtern, sondern auf die Komponierbarkeit spezieller Morpheme.

Ein großer Teil dieses Wissens kann durch eine einfache Erweiterung des Wortmodells berücksichtigt werden. Dazu wird das Modell V (siehe Tab. 4.1) zugrunde gelegt.

Es sollen folgende Wörter segmentiert werden: CARCINOM, CARCINOMS, CARCINOME, CARCINO(. . . GEN), CARCINOSE, CARCINOMATOSE, CARCINOM(. . . OPERATION). Dazu werden die in Modell V vorgesehenen Produktionen ersetzt durch:

$$\begin{aligned}
w &\rightarrow v^*r \\
v^* &\rightarrow \epsilon \mid p \mid r^* \mid v^*v^* \\
r^* &\rightarrow \text{'carcin'}\ f_1 \mid \text{'carcin'}\ s_1^* \mid \ldots \\
r &\rightarrow \text{'carcin'}\ s_1 \mid \text{'carcin'}\ s_2 \mid \ldots \\
s_1^* &\rightarrow \text{'om'}\ f_2 \mid \ldots \\
s_1 &\rightarrow \text{'om'}\ t_1 \mid \ldots \\
s_2 &\rightarrow \text{'omatos'}\ t_2 \mid \ldots \\
f_1 &\rightarrow \text{'o'} \mid \ldots \\
f_2 &\rightarrow \epsilon \mid \ldots \\
t_1 &\rightarrow \epsilon \mid \text{'e'} \mid \text{'a'} \mid \text{'s'} \mid \ldots \\
t_2 &\rightarrow \text{'e'} \mid \text{'us'} \mid \text{'a'} \mid \ldots
\end{aligned}$$

bzw.

$$\begin{aligned}
w &\rightarrow v^*r \\
v^* &\rightarrow \epsilon \mid p \mid r^* \mid v^*v^* \\
r^* &\rightarrow \text{'carcin'}\ (f_1 \mid s_1^* \mid \ldots) \\
r &\rightarrow \text{'carcin'}\ (s_1 \mid s_2 \mid \ldots) \\
s_1^* &\rightarrow \text{'om'}\ (f_2 \mid \ldots) \\
s_1 &\rightarrow \text{'om'}\ (t_1 \mid \ldots) \\
&\ \ \vdots
\end{aligned}$$

Für die Lexika bedeutet diese Erweiterung die Ergänzung der Morpheme durch Verweise auf die erlaubten Nachfolger. Nutzt man aus, daß die Suffixe zu Familien zusammengefaßt und hierarchisch geordnet sind, dann können drei der fünf Lexika für das Modell V durch einen Algorithmus erzeugt werden [166] .

In Abb. 4.2 und 4.3 sind Beispiele für die Relationen zwischen den Produktionen der Suffixe graphisch dargestellt. Zur Vereinfachung sind die Produktionen numeriert. Ein Ausschnitt aus den in Abb. 4.2 dargestellten Produktionen ist:

$$\begin{aligned}
4 &\rightarrow \epsilon(59 \mid 242) \mid \text{'y'} \\
37 &\rightarrow \text{'ion'}\ (88) \\
40 &\rightarrow \text{'it'}\ (4) \\
59 &\rightarrow \text{'a'}\ (\text{'s'} \mid \ldots) \\
88 &\rightarrow \text{'al'}\ (40)\ .
\end{aligned}$$

Über die Produktionen 37,88,40,4,59 wird z.B. das Suffix -ionalitas erzeugt.

Ein Ausschnitt der in Abb. 4.3 dargestellten Produktionen ist:

$$\begin{aligned}
22 &\rightarrow \text{'i'}(58) \mid \epsilon(217) & 213 &\rightarrow \text{'en'} \\
58 &\rightarrow \text{'s'} \mid \text{'d'}\ (229 \mid 233 \mid 253 \mid 255) & 217 &\rightarrow \text{'i'} \\
187 &\rightarrow \text{'it'}\ (22 \mid 108) & 229 &\rightarrow \epsilon(213) \mid \text{'en'}\ .
\end{aligned}$$

Über die Produktionen 187,22,58 wird z.B. das Suffix -itis, über die Produktionen 187,108 224 wird das aus Derivations- und Flexionsmorphem bestehende Suffix -itische erzeugt.

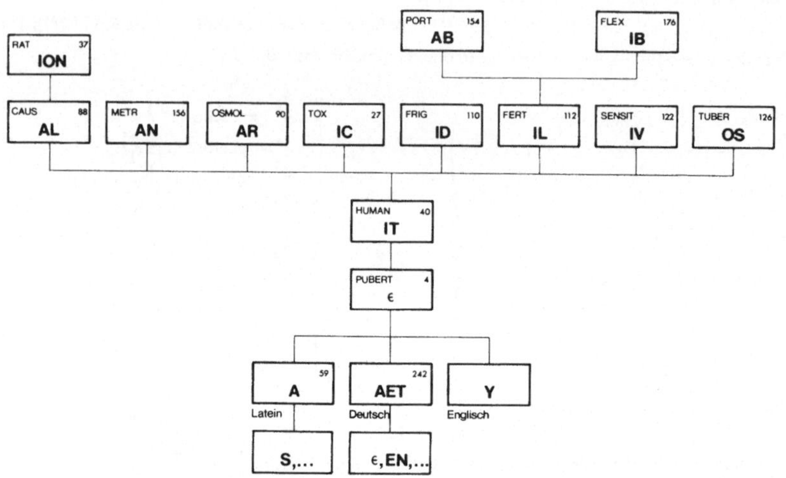

Abb. 4.2: Hierarchische Relationen zwischen Familien von Suffixen (von oben nach unten zu lesen). Jedem Knoten entspricht eine Familie, die an eine Menge von Grundmorphemen (vertreten durch ein Element) herantreten kann. Die terminalen Knoten repräsentieren eine Menge von Flexionsmorphemen (verifizierende Richtung), nach [166]

Die Erweiterung der Lexika um syntaktische und semantische Informationen vereinfacht spätere Phasen der Analyse. Die für die Vorbereitung der syntaktischen Analyse wichtige lexikalische Analyse kann sogar ein Nebenprodukt der morphologischen Analyse sein, wenn die Produktionen durch entsprechende Zusatzinformationen (siehe Abschnit 4.3.1) erweitert werden. Wichtige Informationen können auch für die semantische Analyse gewonnen werden, besonders dann, wenn bei den Produktionen die unterschiedliche Bedeutung homonymer Suffix-Familien berücksichtigt wird (siehe Carcinom/Coelom oder Nephrose/Fructose) (siehe Abschnitt 4.4).

4.2.4 Algorithmen

Bei der morphologischen Analyse wird ein Wort von links nach rechts oder von rechts nach links analysiert. Welche Richtung günstiger ist

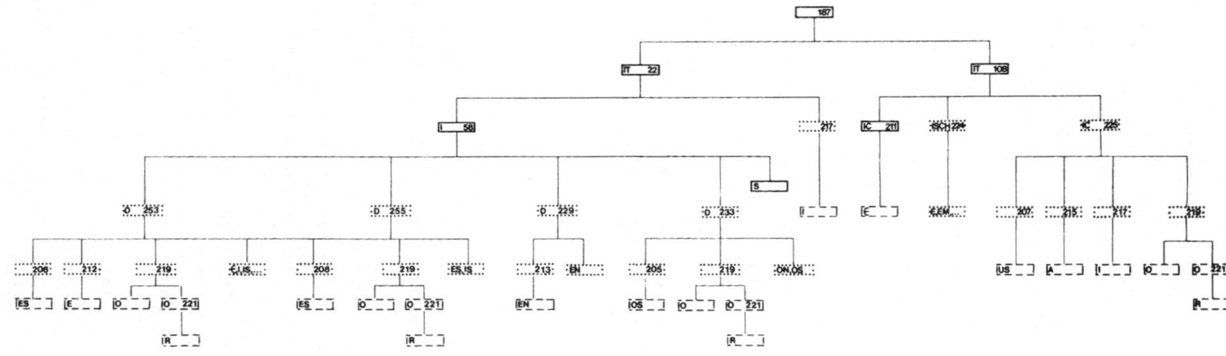

Abb. 4.3: Von der Produktion 187 (Suffixe für "Entzündungen") ausgehende Produktionen (deduzierende Richtung, von oben nach unten zu lesen): Produktionen für Derivationsmorpheme (ausgezogene Linien), Fugenmorpheme (gestrichelte Linien), Flexionsmorpheme (punktierte Linien)

hängt zum Teil vom Wortmodell ab (beim Modell II mit einem Lexikon ist die Richtung durch das Lexikon festgelegt). Bei den Modellen III bis V (siehe Tab. 4.1) ist die Richtung von links nach rechts einfacher als die umgekehrte Richtung, da ein Wort stets mit einer Wurzel beginnt, während am Wortende ein Flexionsmorphem, ein Derivationsmorphem (Nullmorphem als Flexionsmorphem) oder ein Grundmorphem (Nullmorphem als Derivationsmorphem und als Flexionsmorphem) steht.

Die Analyse ist dann einfach und eindeutig, wenn ein Morphem nie Anfang eines anderen Morphems ist (FANO-Bedingung). Diese Bedingung ist bei den Morphemen der medizinischen Sprache nicht erfüllt (Präfix A, Präfix Ab, Grundmorphem Aber, ...).

Wegen des Prinzips der Wiederholung ist die Segmentierung eine rekursive Prozedur: Ist ein Wort (etwa von links nach rechts) so weit analysiert, daß der Wortrest mit einer Wurzel beginnt, dann kann er wie ein vollständiges Wort behandelt werden. Dabei ist nur zu beachten, daß das letzte Morphem eines Wortes ein Flexionsmorphem (einschließlich des Nullmorphems) sein muß.

Die FANO-Bedingung wird durch das sehr wirkungsvolle **principle of longest match** ersetzt:

> Ist X eine Zeichenkette, die mit einem Morphem einer bestimmten Klasse beginnt, und sind α_i (i=1,2,...) Morpheme dieser Klasse mit $X = \alpha_i Y_i$, dann wird X analysiert zu $\alpha_i Y_i$, wenn α_i das längste Morphem ist.
>
> Ist etwa X = ' Ablatio', dann ist α_1='A' (Präfix), α_2='Ab' (Präfix), α_3='Abl' . Da α_3 länger ist als α_1 und α_2, wird 'Abl' als Grundmorphem akzeptiert.
>
> Das principle of longest match kann bei "lokaler" Anwendung zu einem semantisch falschen Segment führen ('Ableitung'). In den meiste Fällen erkennt man dies daran, daß man bei Fortschreiten von links nach rechts auf eine Restzeichenkette X stößt, für die es keine Produktion gibt. Dann muß man den bereits zerlegten Teil erneut analysieren und an mindestens einer Stelle das längste Morphem durch ein kürzeres Morphem ersetzen (**back tracking**). Von dieser Stelle an beginnt dann der Prozeß von neuem.

Zum Verständnis des folgenden, etwas vereinfachten Algorithmus sind verschiedene Begriffe notwendig. Sei w ein Wort, und sei w darstellbar als Folge von Morphemen μ_i (i = 1,2,...,n), die den dem Wortmodell (siehe Tab. 4.1) entsprechenden Klassen angehören:

$$w = \mu_1\mu_2\ldots\mu_n \ .$$

Für Morpheme der gleichen Klasse ist eine Ordnungsrelation definiert. Sind μ_i und μ_j Morpheme der gleichen Klasse, dann gilt $\mu_i < \mu_j$, wenn μ_i bei alphabetischer Sortierung μ_j vorausgeht.

Eine Teilfolge $\mu_i\mu_{i+1}$ ist ein **gültiges Paar**, wenn es eine Produktion gibt, die anzeigt, daß μ_i durch μ_{i+1} fortgesetzt werden darf, oder wenn μ_{i+1} eine Wurzel ist. Eine Teilfolge μ_i bzw. $\mu_i\mu_{i+1}\mu_{i+2}$ ist ein **Wortteil**, wenn μ_i ein Präfix ist bzw. μ_i eine Wurzel, μ_{i+1} ein Derivationsmorphem und μ_{i+2} ein Fugenmorphem ($i+2 < n$) oder Flexionsmorphem ($i+2=n$) ist und wenn $\mu_i\mu_{i+1}$ und $\mu_{i+1}\mu_{i+2}$ gültige Paare sind (das Nullmorphem gehört zu allen Typen von Suffixen!).

Eine Folge $\mu_1\mu_2\ldots\mu_k$ ist eine **gültige Morphemfolge**, wenn sie eine Folge von Wortteilen mit einem Rest ist, der das Nullmorphem, eine Wurzel oder ein gültiges Paar aus einer Wurzel und einem Derivationsmorphem ist.

Y' sei die Zeichenfolge Ya, die aus der Zeichenfolge Y durch Anhängen des Buchstabens a entsteht.

Mit diesen Definitionen wird der folgende Segmentierungsalgorithmus formuliert:

(1) Initialisierung für die Segmentierung:
Setze $Y \leftarrow w$, $i \leftarrow 0$.

(2) Initialisierung für das nächste Morphem:
Setze $\sigma \leftarrow Y'$, $i \leftarrow i+1$.

(3) Auswahl des nächsten Morphems (principle of longest match):
Es ist $w = \mu_1\mu_2\ldots\mu_{i-1}X$, und $\mu_1\mu_2\ldots\mu_{i-1}$ ist eine gültige Morphemfolge. Dann wird das längste Morphem μ_i gesucht derart, daß $\mu_i < \sigma$, $w = \mu_1\mu_2\ldots\mu_{i-1}\mu_i Y$ und $\mu_1\mu_2\ldots\mu_i$ eine gültige Morphemfolge ist. Wird μ_i gefunden, dann gehe zu (4), sonst gehe zu (5).

(4) Endbedingung für erfolgreiche Segmentierung:
Ist $Y = \epsilon$, dann ist w vollständig segmentiert. Sonst gehe zu (2).

(5) Endbedingung für erfolglose Segmentierung:
Ist i = 1, dann kann w nicht segmentiert werden. Sonst setze $i \leftarrow i-1$ und gehe zu (6).

(6) Back tracking:
Ist $\mu_i = \epsilon$, dann gehe zu (5). Sonst setze $\sigma \leftarrow \mu_i$ und gehe zu (3).

Die Tabelle 4.3 enthält die Häufigkeiten der Folgen von jeweils zwei Morphemen (ohne das Nullmorphem) für die Wörter der SNOP [170]. Ist der Vorgänger eine Wurzel r, dann folgt bei 47% ein Derivationsmorphem s, bei 12% ein Fugenmorphem f (also ein Wortteil $r\epsilon f$) und bei 7% ein Flexionsmorphem t (also ein Wortteil $r\epsilon t$). In 9% steht eine Wurzel am Wortende (also ein Wortteil $r\epsilon\epsilon$). Die Tab. 4.3 zeigt auch, daß das Wortmodell V (siehe Tab. 4.1) und der darauf beruhende Algorithmus besonders effizient sind, da die relativen Häufigkeiten der Kombinationen von Vorgänger und Nachfolger genau diesem Modell entsprechen.

Vorgänger \ Nachfolger	r	s	f	t	Wortende	Gesamt
r	4756 24%	9135 47%	2404 12%	1337 7%	1841 9%	19473 100%
s	748 8%		449 5%	4159 46%	3779 41%	9135 100%
f	2853 100%					2853 100%
t					5496 100%	5496 100%

Tab. 4.3: Verteilung der Kombinationen der Morpheme bei 11116 Wörtern der SNOP [170] (r = Wurzel, s = Derivationsmorphem, f = Fugenmorphem, t = Flexionsmorphem)

4.3 Syntax

Ziel der syntaktischen Analyse eines Textes ist die Aufdeckung der formalen Struktur sprachlicher Daten. Bei der automatischen syntaktischen Analyse, auf welche die folgenden Ausführungen beschränkt sind, bieten sich die Verfahren für die syntaktische Analyse formaler Sprachen an (siehe Abschnitt 2.2.6). Dazu ist eine formale Grammatik nötig, die wegen der Komplexität natürlicher Sprachen notwendig zu Einschränkungen führt. Verschiedene praktische Anwendungen haben aber gezeigt, daß es Grammatiken gibt, deren Einschränkungen bei Fachsprachen nicht sehr schwerwiegend sind.

Bei der syntaktischen Analyse von Daten in medizinischer Sprache ist jedes terminale Zeichen ein Wort der verwendeten Sprache und jedes nicht-terminale Zeichen ein **syntaktisches Symbol** (etwa A für Adjektiv).

Ziel der Analyse ist es, eine geordnete Folge von Produktionen zu finden, die die terminalen Zeichen schrittweise durch syntaktische Symbole bis hin zum Axiom ersetzen. Es ist zweckmäßig, die lexikalische Analyse mit der Ersetzung der terminalen Zeichen durch nicht-terminale Zeichen ("syntaktische Grundinformationen") von der syntaktischen Analyse zu trennen. An den Produktionen der Syntax sind dann nur Zeichenketten aus nicht-terminalen Zeichen beteiligt.

4.3.1 Lexikalische Analyse

Für die lexikalische Analyse von Daten in medizinischer Sprache wird der Text in Wörter zerlegt (siehe Abschnitt 4.2), denen syntaktische Grundinformationen zuzuordnen sind. Art und Umfang dieser Grundinformationen hängen vom Anwendungsbereich und vom Algorithmus ab (siehe Tab. 4.4).

Die erste Phase der lexikalischen Analyse, die Zerlegung des Textes in Wörter, bietet im allgemeinen keine Schwierigkeiten, da Wörter durch spezielle Zeichen (Leerzeichen, Interpunktionszeichen) getrennt werden. Sonderfälle, deren Behandlung einen höheren Aufwand erfordert, sind jedoch auch schon in dieser Phase möglich.

So ist der Gebrauch des Zeichens '-' nicht einheitlich (PAGET-Krebs bzw. gemischt groß- und kleinzellige Infiltration). Da die Behandlung dieses Problems nicht mit rein formalen Methoden möglich ist und da der Verzicht auf Auslassungen wie im zweiten Fall keine

syntaktische Information / Wortklasse	Casus	Numerus	Genus	Komparation	Person	Tempus	Modus	Aktiv/ Passiv
Substantiv	*	*	*					
Adjektiv Partizip	*	*	*	*				
Artikel	*	*	*					
Pronomen	*	*	*		[*]			
Verb		*			*	*	*	*

Tab. 4.4: Syntaktische Grundinformationen zu einzelnen Wortklassen. Der für medizinische Diagnosen wichtigste Teil ist schraffiert

schwerwiegende Einschränkung darstellt, sollte die zweite Möglichkeit des Gebrauchs von '-' ausgeschlossen werden.

Die für die syntaktische Analyse wichtigste Information ist die **Wortklasse**. Zusätzlich zu den in Tab. 4.4 angegebenen Wortklassen benötigt man oft noch die Wortklasse "Partikel" (Adverb, Konjunktion, Präposition).

Ziel der zweiten Phase der lexikalischen Analyse ist die Überführung des Textes in eine Zeichenkette aus syntaktischen Symbolen für die syntaktischen Grundinformationen.

Beschränkt man sich etwa auf die Wortklasse, dann ergibt sich mit den syntaktischen Symbolen A = Adjektiv, N = Substantiv und K = Konjunktion:

```
Akute und chronische Entzündung .
  A    K      A          N
```

Das genannte Ziel wird mit verschiedenen Verfahren erreicht, die meist miteinander kombiniert werden müssen. Stets benötigt man Lexika, im einfachsten Fall Listen, die schon aus Gründen der Ökonomie möglichst allgemeingültige Regeln repräsentieren sollten.

Verfahren (1): **Suffix-Analyse**

Die Suffix-Analyse stützt sich auf die Tatsache, daß das Suffix oft Indikator der syntaktischen Grundinformationen ist. Zur Gewinnung dieser Informationen wird eine morphologische Analyse gemacht (siehe Abschnitt 4.2). Sie beschränkt sich im einfachsten Fall auf eine Teilsegmentierung der Wörter auf der Basis des Modells II (siehe Tab. 4.1) mit einem rückwärts sortierten Suffix-Lexikon. Jedes Wort wird von rechts nach links analysiert, und die syntaktischen Informationen werden vom längsten Suffix übernommen, das im Lexikon gefunden wird.

Abb. 4.4 enthält einen Auszug aus einem Baum der Suffixe, die mit dem Buchstaben L enden. Jedem Suffix sind seine möglichen Wortklassen zugeordnet. Ist etwa CORTICAL zu analysieren, dann findet man als längstes Suffix die Zeichenkette -ICAL. Sie wird in der Liste durch I(A) als Endung eines Adjektivs ausgewiesen.

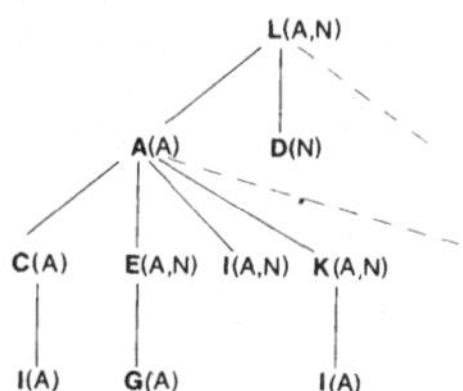

Abb. 4.4: Ausschnitt aus dem Baum der Suffixe auf -L. Die Richtung des Baumes von oben nach unten entspricht bei einem Suffix der Richtung von rechts nach links. In Klammern sind die Wortklassen angegeben (A = Adjektiv, N = Substantiv)

Das Beispiel zeigt, daß bei einer Beschränkung auf Suffixe der Maximallänge von vier Zeichen die Wortklasse noch mehrdeutig sein kann.

Ist die Mehrdeutigkeit durch wenige Wörter erzeugt, dann kann man diese Wörter in ein Wort-Lexikon aufnehmen (siehe unten, Verfahren (2)). Bei der Analyse eines Wortes wird dann zuerst festgestellt, ob das Wort in einer solchen **Negativliste** enthalten ist. Ist dies der Fall, dann werden die dort festgehaltenen syntaktischen Grundinformationen benutzt. Andernfalls wird die allgemeine Regel (Suffix-Analyse) verwendet [69].

So ist das einzige Substantiv, das auf -EAL endet, das Wort AREAL. Wird es in eine Negativliste aufgenommen, dann ist das Suffix -EAL eindeutig für Adjektive.

Die zweite Möglichkeit zur Verringerung der Mehrdeutigkeiten besteht in der Verlängerung der Suffixe im Lexikon. Im Extremfall wird daraus ein rückwärts sortiertes Wort-Lexikon.

Die Teilsegmentierung wird mit Erfolg zur Lemmatisierung [133] und zur Transformation zwischen Adjektiven und Substantiven [104,113] verwendet.

Verfahren (2): **Wort-Analyse**

Die vollständige Auflistung aller Wörter (terminale Zeichen) ist theoretisch am einfachsten. In einem Lexikon wird jedem erlaubten Wort für jede syntaktische Grundinformation ein syntaktisches Symbol zugeordnet. Der Algorithmus besteht in einem einfachen Tabellenzugriff und im Ersatz jedes Wortes durch die Menge der ihm zugeordneten Symbole.

Das Wort-Lexikon kann auch zusätzlichen Funktionen dienen, wie etwa der Lemmatisierung:

Akute	Akut	A
Entzündung	Entzündung	N
Gut	Gut	A N

Wegen des Umfangs eines vollständigen Wort-Lexikons wird dieses Verfahren in der Praxis meist mit einer Suffix-Analyse kombiniert.

Verfahren (3): **Kontext-Analyse**

Die Kontext-Analyse dient in Verbindung mit der Suffix-Analyse und der Wort-Analyse zur Auflösung von Mehrdeutigkeiten. Die möglichen syntaktischen Grundinformationen eines Wortes werden mit den möglichen syntaktischen Grundinformationen der Wörter in der Nachbarschaft verglichen, und alle unverträglichen Kombinationen werden verworfen [20].

Die Analyse nach Verfahren (1) oder (2) führe zu dem folgenden Ergebnis:

Die	arteriosklerotischen	Veränderungen	der	Media	sind	beträchtlich.
D	A	N	D	A,N	F	A, Adv
				X		Y

(A = Adjektiv, Adv = Adverb, D = Artikel, F = Funktionswort, N = Substantiv).

Die Auflösung der Mehrdeutigkeiten von X und Y gelingt dann über folgende Kontext-Regeln:

- Steht vor einem Wort, das Adjektiv oder Substantiv sein kann, ein Artikel und nach ihm ein Funktionswort, dann muß es ein Substantiv sein (D X F ⟶ D N F).

- Steht vor einem Wort, das Adjektiv oder Adverb sein kann, ein Funktionswort, dann muß es ein Adverb sein (F Y ⟶ F Adv).

Der hohe Grad der Abhängigkeit zwischen den drei genannten Verfahren und die dadurch bedingte Flexibilität bei praktischen Anwendungen ist charakteristisch für die Analyse von Texten und ist letztlich Folge der Flexibilität der Sprache.

Die Abhängigkeit zwischen Suffix-Analyse und Wort-Analyse ist methodischer Art, da beide Verfahren auf der Analyse der sprachlichen Daten beruhen und sich nur in der Länge der analysierten Zeichenketten unterscheiden. Macht man die Länge genügend groß, dann geht die Suffix-Analyse in die Wort-Analyse über. Deswegen faßt man beide Verfahren auch oft in einem einzigen Schritt zusammen und verwendet nur ein Lexikon mit (rückwärts sortierten!) Zeichenketten, deren Länge so gewählt wird, daß möglichst eine eindeutige Entscheidung über die syntaktischen Grundinformationen getroffen werden kann.

Die Kontext-Analyse operiert nicht auf den Daten sondern auf syntaktischen Symbolen. Der Vollständigkeit halber sei jedoch erwähnt, daß man auch Kontext-Regeln formulieren kann, in denen terminale Zeichen auftreten (etwa 'sind' Y⟶'sind' Adv). Wegen der formalen Übereinstimmung wird diese Methode von manchen Autoren zur syntaktischen Analyse gerechnet. Sie sollte jedoch begrifflich davon getrennt werden, da das Ziel der Kontext-Analyse die Gewinnung der - einem Wort zugeordneten - syntaktischen Grundinformationen ist, während das Ziel der syntaktischen Analyse die von den Grundinformationen ausgehende Analyse von Aussagen ist.

4.3.2 Syntaktische Analyse

Ein Programm zur syntaktischen Analyse einer sprachlichen Äußerung nennt man einen **Parser**. Bei der **top-down**-Strategie wird vom Axiom ausgegangen, und es wird eine Folge von Produktionen gesucht, die die Folge der Symbole auf der niedrigsten Stufe erzeugt (deduzierende Richtung). Bei der **bottom-up**-Strategie wird von der Folge der Symbole auf der niedrigsten Stufe ausgegangen, und es wird eine Folge von Produktionen gesucht, die die Folge der Symbole schrittweise zum Axiom reduziert (verifizierende Richtung). Beide Strategien können auch gemischt verwendet werden. Ergebnis der Analyse ist ein **Strukturbaum**, an dessen Spitze das Axiom und in dessen terminalen Knoten die Wörter des analysierten Textes stehen. Die Knoten des Strukturbaums entsprechen den für die Analyse verwendeten Produktionen.

Die Syntax enthalte die folgenden Produktionen (siehe Abb. 4.5):

S $\rightarrow$ NP

NP $\rightarrow$ NP NP | D NP | D N | A N | N NP

(S = Axiom, D = Artikel, A = Adjektiv, N = Substantiv, NP = Substantivphrase).

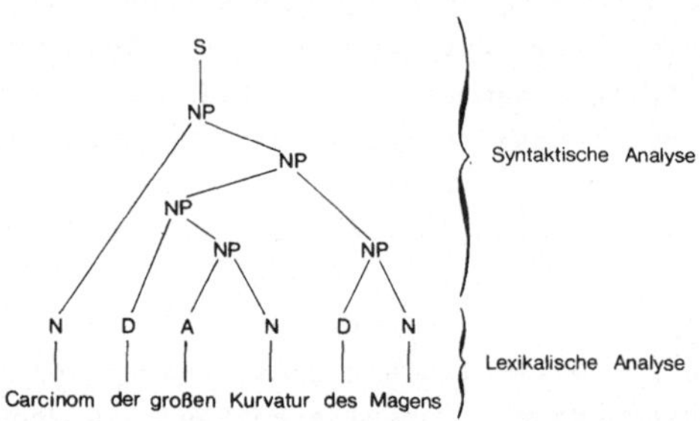

Abb. 4.5: Strukturbaum für die syntaktische Analyse

Wird keine Folge von Produktionen gefunden, die das Axiom mit den terminalen Zeichen verbindet, dann gehört der Text nicht zum Sprachschatz und ist syntaktisch inkorrekt. Eine Syntax ist **mehrdeutig**, wenn es für wenigstens eine sprachliche Äußerung mehr als einen Strukturbaum gibt.

Spezielle Parsing-Algorithmen [1,13] sollen hier nicht näher erläutert werden. Wegen ihrer großen praktischen Bedeutung sei jedoch auf die Klassen der **LR-Parser** (deterministische bottom-up-Parser) und der **LL-Parser** (deterministische top-down-Parser) hingewiesen.

Der Text wird von links nach rechts analysiert. Zu irgendeinem Zeitpunkt während der Analyse habe der Text die Form $\alpha\beta$. Die Folge α sei bereits analysiert, und β sei der noch zu analysierende Text. Ist die Syntax derart, daß die nächste Produktion eindeutig aufgrund der ersten k Symbole (syntaktische Grundinformationen!) von β ausgewählt werden kann, dann ist sie vom Typ LL(k). Der zugehörige Parser heißt LL(k)-Parser. Diese Definition gilt für LR(k)-Parser entsprechend.

Von besonderer Bedeutung sind LL(1)-Parser, bei denen bei gegebenem Zustand $\alpha A\gamma$ (A sei das erste Symbol des noch zu analysierenden Textes) anhand von A die nächste Produktion festliegt. In [13] sind Algorithmen angegeben, mittels derer man eine Syntax darauf überprüfen kann, ob sie vom Typ LL(1) ist. Es gibt zwar keine Methode, jede beliebige Syntax so abzuändern, daß sie (bei gleichem Sprachschatz) vom Typ LL(1) ist. Es gibt aber Methoden, die bei solchen Änderungen eine wichtige Hilfe sind.

4.4 Semantik

Da letztlich das **Verstehen** einer sprachlich formulierten Äußerung das Ziel der Analyse ist, kann man auch den Standpunkt vertreten, daß die bisher besprochenen Methoden zur formalen Analyse nur akademisches Interesse besitzen. Dieser Standpunkt wird durch die Erfahrung unterstützt, daß die zwischenmenschliche Kommunikation ohne formale Verfahren auskommt. So versteht der Mensch bis zu einem gewissen Grad auch unvollständige oder syntaktisch inkorrekte Äußerungen.

Ein vollständiger Verzicht auf morphologische und syntaktische Analyse ist aber zumindest unter dem Gesichtspunkt der Effizienz nicht sinnvoll, da es viele Formulierungen gibt, bei denen die formale Struktur zur Organisation der Semantik und teilweise zu ihrer Bestimmung dient (Beckenniere - Nierenbecken, Unfall durch Blindheit - Blindheit durch Unfall).

Die semantische Analyse benötigt zwei wesentliche Komponenten:

(1) Ein Modell der realen Welt und des darüber vorhandenen Wissens (siehe Abschnitt 3.4).

(2) Formale Methoden zur Analyse sprachlicher Aussagen, bestehend aus einer Folge von Transformationen, die die Aussage in Elemente des Modells zerlegen. Dabei muß die Bedeutung der Aussage erhalten bleiben.

Die in Abschnitt 4.3 dargestellte syntaktische Analyse kann man folgendermaßen beschreiben:

(1) Den Elementen einer Aussage (Wörter) werden lexikalische Symbole zugeordnet.

(2) Es wird eine Folge von Produktionen gesucht, welche die Elemente der Aussage stufenweise zu immer größeren Einheiten zusammenfaßt, bis die gesamte Aussage als Einheit (Axiom) erklärt ist.

Bei dieser Interpretation ist nur die Bedeutung der den Wörtern zugeordneten Symbole spezifisch für die syntaktische Analyse, nicht aber der Prozeß der Erklärung größerer Teile der Aussage aus kleineren Teilen, der für die syntaktische wie für die semantische Analyse notwendig ist. Diese Erkenntnis hat zu einer sehr interessanten Entwicklung geführt, bei der die strenge Trennung von syntaktischer und semantischer Analyse aufgehoben ist [26].

Auch die semantische Analyse hat eine lexikalische Vorstufe, auf der den Elementen einer Aussage Symbole zugeordnet werden. Diese repräsentieren aber semantische Informationen und dienen als terminale Zeichen für eine semantische Ableitungsstruktur. Wegen dieser Übereinstimmung liegt es nahe, syntaktische und semantische Analyse zu vereinigen.

Die Diskussion um geeignete Algorithmen ist noch nicht beendet. Da eine Erläuterung der verschiedenen Standpunkte und Ansätze hier zu weit geht, wird nur das Prinzip an einem Beispiel erläutert.

Es sollen Diagnosen über Entzündungen analysiert werden. Dabei fallen etwa folgende Texte an:

Akute herdförmige Entzündung der Niere,
chronische disseminierte Nephritis,
lokalisierte cortikale Nephritis,
ausgedehnte Entzündung des Cortex der Niere.

Sie können mit der folgenden, vereinfachten Ableitungsstruktur analysiert werden (siehe Abb. 4.6):

$S \rightarrow NP_E$
$NP_E \rightarrow M_T$ 'itis' $|\ A_V\ NP_E\ |\ A_Z\ NP_E\ |$ 'Entzündung' NP_T
$M_T \rightarrow$ 'Nephr' $|\ A_T\ M_T$
$A_T \rightarrow$ 'corticale' $|$ ...
$NP_T \rightarrow D\ NP_T\ |\ D\ N_T\ |\ NP_T\ NP_T$
$N_T \rightarrow$ 'Niere' $|$ 'Cortex'
$D \rightarrow$ 'der' $|$ 'des'
$A_Z \rightarrow$ 'akute' $|$ 'chronische' $|$ ...
$A_V \rightarrow$ 'herdförmige' $|$ 'lokalisierte' $|$ 'disseminierte' $|$ 'ausgedehnte' $|$ ...

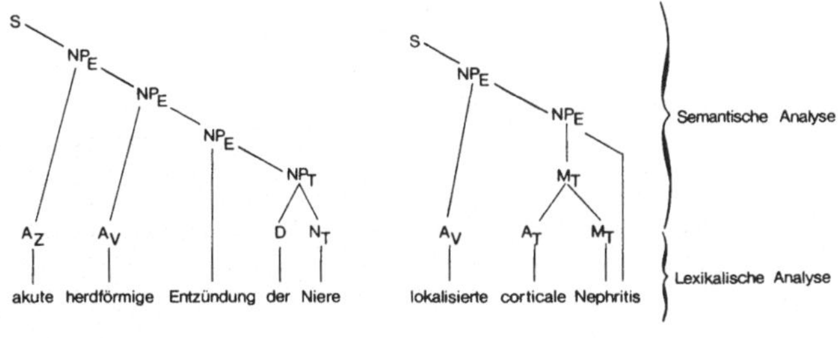

Abb. 4.6: Strukturbäume für die semantische Analyse

Im Gegensatz zu einer rein syntaktischen Ableitungsstruktur haben die nicht-terminalen Symbole semantische Indices. Sie verhindern z.B. die Zusammenfassung topographischer Adjektive und morphologischer Substantive zu Substantivphrasen.

4.5 Metasprachen in der Medizin

Die in den vorangehenden Abschnitten erläuterten Probleme bei der Analyse medizinischer Sprache haben zu Bemühungen geführt, formale Sprachen für spezielle Anwendungen oder auch für den gesamten Bereich der klinischen Medizin zu entwickeln und einzuführen. Die wichtigsten Vorzüge formaler Sprachen, wie explizite Ableitungsstruktur und Eindeutigkeit sowie die daraus resultierende Verarbeitbarkeit durch Algorithmen bzw. durch Computerprogrammme, wurden ermöglicht durch Restriktionen bezüglich der erlaubten Formulierungen.

In der Praxis ist die Toleranz gegenüber Restriktionen von vielen Faktoren abhängig wie Interesse an späterer (EDV-) Auswertung von Daten bei wissenschaftlichen Arbeiten, Erleichterung der Routinetätigkeit, Druck von "oben", etc. Sie ist aber nur äußerst selten bedingt durch das Interesse an einer allgemeinen Verbesserung der Qualität von Forschung, Lehre und Krankenversorgung, gerade die Gründe also, die zu den Bemühungen um solche Sprachen geführt haben.

Sieht man von sehr speziellen Forschungsprojekten und von eng begrenzten Sprachgemeinschaften mit nahezu identischen Interessen ab, dann besteht eine realistische Chance für eine formale Sprache in der Medizin nur, wenn diese der medizinischen Sprache möglichst nahe kommt. Aussagen in dieser Sprache müssen auch von einem Arzt verstanden werden, der ihre Restriktionen nicht kennt. Damit scheiden Sprachen mit stark formalisierter Notation aus, wie sie etwa in [60] beschrieben werden. Trotzdem ist die Beschäftigung mit solchen Sprachen sinnvoll, weil sie Probleme und Struktur medizinischer Aussagen erkennen läßt.

Die Restriktionen bezüglich des **Sprachschatzes** sind nach einer Präzisierung der Terminologie (siehe Abschnitt 3.4.1) nicht sehr schwerwiegend. Zudem wird bei automatischen Verfahren die Synonymbehandlung leicht durch Lexika gelöst, ohne den Arzt zu belasten.

Die Restriktionen bezüglich der **Syntax** hängen wesentlich von der Leistungsfähigkeit einer semantischen Analyse ab. Eine semantische Analyse setzt aber ein Aussagenmodell voraus. Je besser dieses Modell der **semantischen** Struktur medizinischer Aussagen gerecht wird, desto mehr kann syntaktische Analyse durch semantische Analyse ersetzt werden und desto geringer sind syntaktische Restriktionen.
Je allgemeingültiger dieses Modell ist, desto größer ist die Chance der Akzeptanz einer auf seiner Basis beruhenden formalen Sprache (siehe Abschnitt 5.1.3.7.2).

Da die Information sprachlich formulierter Aussagen im allgemeinen nicht gleich der Vereinigung der Informationen der an der Aussage beteiligten Wörter ist, besteht im Extremfall der Sprachschatz einer formalen Sprache aus allen erlaubten Formulierungen medizinischer Aussagen. In diesem Fall ist die Analyse einer Aussage auf einen Listenvergleich beschränkt, dessen Ergebnis "Aussage gefunden" oder "Aussage nicht gefunden" ist. Im Prinzip legt die ICD [22] eine solche formale Sprache fest. Das andere Extrem besteht in einer Liste erlaubter Zeichen auf sehr viel niedrigerem Niveau, im äußersten Fall auf Buchstabenebene, und einer Analyse ausschließlich anhand von Regeln. Die beiden Extreme zeigen die Dualität von Daten und Algorithmen. In beiden Formen kann medizinisches Wissen niedergelegt sein. Optimal ist ein Verfahren, bei dem die "Summe" aus Daten und Regeln minimal wird.

Als Untermenge A medizinischer Aussagen werden Diagnosen über Entzündungen betrachtet. Die Menge E der Entzündungen bestehe aus den Begriffen

- akute Entzündung,
- subakute Entzündung,
- chronische Entzündung.

Die Menge K der Körperteile bestehe aus n Begriffen. Dann enthält die Menge A der Aussagen mindestens $3 \cdot n$ Begriffe, wenn man davon ausgeht, daß jeder Körperteil von jeder Entzündungsform betroffen sein kann. Man kommt aber mit wesentlich weniger Elementen, nämlich $3+n$ Elementen, aus, wenn jede Aussage in die Form der Entzündung und den betroffenen Körperteil zerlegt wird. Zusätzlich benötigt man einen Operator 'im', der etwa der semantischen Dimension 'Topographie' (siehe Abschnitt 3.4.2.1.1) entspricht:

$$a = e \text{ 'im' } k, \; a \in A, \; e \in E, \; k \in K .$$

Das Aussagenmodell E 'im' K ermöglicht also eine sehr weitgehende Reduktion des Lexikons, die noch verstärkt wird, wenn man einen anderen Gesichtspunkt beachtet.

So sind durchaus Diagnosen möglich, in denen eine Entzündung an mehreren Körperteilen beschrieben wird, wie etwa "akute Entzündung der Leber und des Pankreas". Läßt man auch solche Aussagen in A zu, dann benötigt man sehr viel mehr Begriffe (Größenordnung $3 \cdot n^n$). Das Aussagenmodell ermöglicht dagegen eine Analyse ohne zusätzliche Begriffe, wenn die folgende Regel eingeführt wird:

$$e \text{ 'im' } k_1 \text{ 'und' } k_2 \longrightarrow e \text{ 'im' } k_1 \wedge e \text{ 'im' } k_2 \text{ bzw. } f(e,k_1 \text{ 'und' } k_2) = f(e,k_1) \wedge f(e,k_2).$$

Die Relationen zwischen den Klassen einer auf das Aussagenmodell bezogenen Klassifikation sind:

- Explizit im Modell ("semantische Relationen" wie e 'im' k) (siehe Abschnitt 5.1.3.7.2),
- explizit in der Kategorisierung der Nomenklatur (siehe Abb. 3.9 in Abschnitt 3.4.2.2) und damit leicht auf Codes abbildbar (siehe Abschnitt 3.4.4),
- implizit und müssen für die jeweilige Anwendung speziell formuliert werden (siehe Abschnitt 5.1.2.3 und 5.1.3.7.3).

Dem Aussagenmodell entspricht die **Metasprache** zur Beschreibung der Struktur von Aussagen.

Die Struktur einer Metasprache auf der Basis einer durch SNOMED [32] festgelegten formalen Sprache sei hier nur angedeutet. Legt man die nicht-terminalen Symbole P,D,T,M,E,F für die semantischen Dimensionen zugrunde (siehe Abschnitt 5.1.3.7.2), dann ergeben sich z.B. die folgenden Produktionen der Metasprache für eine Aussage A:

A ⟶ X0
X0 ⟶ X1 | P 'für' X1
X1 ⟶ D | X2
X2 ⟶ X3 | X3 'verbunden mit' F
X3 ⟶ X4 | X4 'bedingt durch' E
X4 ⟶ M 'im' T.

5. Teilbereiche der Medizinischen Informatik

Bisher gibt es infolge der kurzen Entwicklungszeit des Faches noch keine allgemein anerkannte Einteilung der Medizinischen Informatik.

Die in der Literatur übliche Einteilung nach dem betroffenen medizinischen Spezialfach ist für eine Übersicht und eine Einführung kaum geeignet, weil sie nur schwer die Gemeinsamkeiten erkennen läßt und zu einer Sammlung von Beispielen führt, die zwar in ihrer Vielfalt beeindruckend ist, den Anfänger aber verwirren muß. Die große Redundanz und die vielen Einzelheiten bei der Beschreibung der Lösung untergeordneter Probleme lassen in der Literatur leider oft die Beschreibung der Algorithmen in den Hintergrund treten.

Hier wird eine stärkere Systematisierung von Problemen und Lösungsmöglichkeiten auf der Grundlage einer logischen Abfolge einzelner Phasen der Datenverarbeitung angestrebt. Die Komplexität der Medizin bedingt, daß eine solche Darstellung nicht erschöpfend sein kann und daß es neben der gewählten Systematik auch andere Einteilungen gibt, die unter bestimmten Gesichtspunkten vorzuziehen sind.

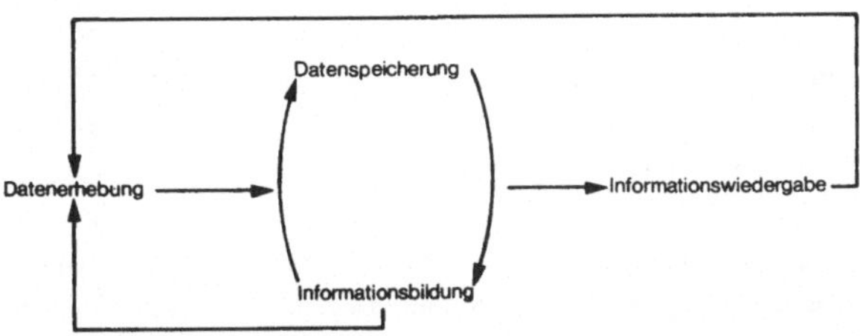

Abb. 5.1: Zusammenhang zwischen einzelnen "Phasen" der Datenverarbeitung

Der menschliche Datenverarbeitungsprozeß (siehe Abb. 5.1) beginnt mit der **Datenerhebung**. An sie schließt sich die **Datenspeicherung** im Speicher "Gehirn" und eventuell in externen Speichern wie Merkzettel, Karteikarten oder Protokolle an. Aus den gespeicherten Daten werden aufgrund des allgemeinen und des Fachwissens **Informationen** gebildet, die ebenfalls gespeichert werden. Bei einer zielgerichteten Informationsverarbeitung kann eine Information auch sein, daß neue Daten gewonnen werden müssen. Die gespeicherten Daten bilden die Grundlage der **Informationswiedergabe**.

Dieses Schema wird hier zur Einteilung in einzelne große Bereiche der elektronischen Datenverarbeitung (EDV) verwendet. Da in den EDV-Systemen Mensch und Computer miteinander kommunizieren, muß es Schnittstellen für die Verbindung der beiden Partner geben. Die "Datenerhebung" eines Computers bezeichnet man meist als **Dateneingabe** und unterscheidet sie so von der **Datengewinnung** durch den Menschen.

Zwei miteinander kommunizierende Partner müssen sich gegenseitig "verstehen". Da der Mensch Nachrichten anders codiert, als dies für einen Computer notwendig ist, muß der eine Partner die Sprache des anderen lernen, oder beide müssen sich in einer Sprache verständigen, die einen Kompromiß darstellt.

Die Entwicklung von Computern als mathematische Maschinen hat dazu geführt, daß die Bedeutung der Sprache zur Kommunikation mit einem EDV-System lange unterbewertet wurde. In den letzten Jahren wächst jedoch aus den Erfahrungen vieler Mißerfolge die Erkenntnis, daß die Sprache um so bedeutsamer wird, je stärker EDV-Systeme in die Erledigung von Routineaufgaben eingeschaltet werden. Da der menschliche Partner zunehmend kein EDV-Spezialist ist und die Akzeptanz eines EDV-Systems eine menschliche Entscheidung darstellt, muß der Kompromiß so nahe wie möglich an der natürlichen Sprache liegen. Dies gilt besonders dann, wenn der menschliche Partner in diesem Dialog der Patient ist, wie etwa bei der computerunterstützten Anamneseerhebung (siehe Abschnitt 5.1.3.5).

Da es bisher keine Algorithmen gibt, die natürliche Sprache hinreichend gut verarbeiten, muß die Kommunikation in einer formalen Sprache erfolgen, für die allerdings viele Fachsprachen wegen ihrer weitgehenden Formalisierung gute Voraussetzungen haben.

Die Übersetzung der Kommunikationssprache in die interne Sprache des Computers gehört zur Sprachanalyse (siehe Kapitel 4). Die Übersetzung der internen Sprache des Computers in die Kommunikationssprache gehört zur Sprachsynthese (siehe Abschnitt 5.5.1). Trotz der Symmetrie sind die technischen Probleme verschieden schwierig, weil der Mensch besser in der Lage ist, eine Nachricht in einer formalen Sprache zu verstehen als eine Nachricht in eine formale Sprache zu übersetzen. Daher ist die "Ausgabesprache" eines Computers meist stärker formalisiert, als es die Eingabesprache ist oder sein darf.

Von der Dateneingabe ist die **Datenerfassung** zu unterscheiden. Sie umfaßt alle Aktivitäten, die zu einer Fixierung der Daten auf maschinenlesbaren **Datenträgern** führen. Datenerfassung und Dateneingabe sind im wesentlichen durch die Art der Daten, die Organisationsform der Datenerhebung und die verwendeten technischen Mittel bestimmt.

An die Dateneingabe schließt sich die **Datenspeicherung** an. Die den erfaßten Daten zugrunde liegende Tiefenstruktur wird durch **Datenmodell** und logische **Datenstruktur** so formuliert, daß sie auf die zur Datenspeicherung verwendete physische Datenstruktur abgebildet werden kann.

Zur **Informationsbildung** müssen die Daten aus durch Störungen überlagerten Nachrichten herausgefiltert und auf Fehler geprüft werden. In diese Phase gehören auch viele Methoden zur Kompression von Daten etwa durch Extraktion von Parametern, die Zusammenführung von Informationen und die Bildung komplexer Daten zur Informationsgewinnung auf semantisch übergeordneten Ebenen.

Die Informationen müssen einem Benutzer zur Verfügung gestellt werden, wobei Umfang und Art der Informationen möglichst gut an seinen Bedarf angepaßt werden müssen. Zu viele Daten sind dabei ebenso schädlich wie unzureichende Informationen. Die Methoden der **Informationswiedergabe** hängen vom Benutzerbedarf und den vorhandenen technischen Mitteln ab.

Zwischen diesen vier Hauptbereichen gibt es viele Übergänge, die oft die Zuordnung von Algorithmen erschweren. Je nach Problem können die Hauptbereiche auch in Zyklen angeordnet sein.

5.1 Datenmodelle, Datenstrukturen

In mehreren vorangegangenen Abschnitten wurden Beobachtungseinheiten, Merkmale und Relationen behandelt. Den Anfänger muß verwirren, daß die Nomenklatur nicht einheitlich ist und sich die Begriffe teilweise überlappen. In der Statistik gibt es "Merkmale", "Ausprägungen" und "Daten" (siehe Abschnitt 3.1), in der Theorie der formalen Sprachen, etwa bei den Programmiersprachen, gibt es "Objekte", "Werte" und "Bezeichnungen" (siehe Abschnitt 2.2.6.1).

In diesem Abschnitt werden die wichtigsten Grundbegriffe definiert. Die Beziehungen zwischen "analogen" Begriffen aus der Statistik und aus verschiedenen Teilbereichen der Informatik werden erläutert, und die "Relation" wird definiert. Sie ist ein geeignetes Mittel zur Formulierung von Wissen. Dies gilt sowohl für das in der Merkmalsstruktur (**Tiefenstruktur**) repräsentierte "Fachwissen" als auch für das im Objekttripel (siehe Abschnitt 3.1) repräsentierte spezielle Wissen über die Beobachtungseinheit.

Mit den Grundbegriffen werden Datenmodelle (siehe Abschnitt 5.1.1) und Datenstrukturen (siehe Abschnitt 5.1.2) erläutert.

Der Ausgangspunkt ist das **Objekttripel** als Modell zur Formulierung von Wissen über Beobachtungseinheiten. Es besteht aus den drei Komponenten **Beobachtungseinheit, Merkmal** und **Ausprägung.** Jede Informationsverarbeitung beruht auf dieser Grundeinheit. Alle drei Komponenten des Objekttripels müssen bezeichnet werden. Solche Bezeichnungen sind Namen in ihrer allgemeinsten Form (siehe auch "Codierung" in Abschnitt 2.2.2).

Ein Name für eine Realisation der Beobachtungseinheit "Patient" kann sowohl 'Meier' als auch '7700123' (Krankenblattnummer) oder '240631124' (I-Zahl, siehe Abschnitt 5.1.3.7.1) sein.

Der Begriff "Wert" kennzeichnet den Zusammenhang zwischen Merkmal und Ausprägung. "Nachricht" und "Datum" sind im wesentlichen synonym zueinander. Sie beziehen sich auf Träger von Informationen zum Zweck der Weitergabe (Nachricht) bzw. zum Zweck der Verarbeitung (Datum) (siehe DIN 44300). Der Begriff "Objekt" ist im wesentlichen identisch mit der Realisation des Objekttripels und muß vom "Objekt" in der Systemanalyse unterschieden werden.

Objekttripel können verschieden dargestellt werden. Die in einer Theorie gewählte Form wäre an sich von zweitrangiger Bedeutung, wenn sie nicht so enge Beziehungen zu den Operatoren hätte, daß die Darstellung die Formulierungsmöglichkeiten und damit die Klasse der zu lösenden Probleme beeinflussen würde. In diesem Sinn haben die Darstellungsmöglichkeiten als Teil der Sprache einer Theorie einen ähnlichen Einfluß auf das Denken wie die natürliche Sprache.

Eine häufig verwendete Darstellungsform, die der prädikatenlogischen

Funktion entspricht (siehe Abschnitt 3.3.1.2.2), ist die **Liste:**

(Beobachtungseinheit, Merkmal, Ausprägung).

Ein Objekt ist etwa (Meier, RR_{syst}, 210) (RR_{syst} = systolischer Blutdruck).

Eine andere Darstellungsform leitet sich von der Graphentheorie ab:

MERKMAL: BEOBACHTUNGS-EINHEIT → AUSPRÄGUNG RR_{syst}: Meier → 210

Sie besteht aus **Knoten**, die bezeichnet oder unbezeichnet sein können und aus gerichteten **Kanten** (Pfeile), die bezeichnet sind. In dieser Darstellung nennt man "Merkmal" meist **Relation** (siehe Abschnitt 5.1.2.3).

Die "Relation" ist in verschiedenen Bereichen fest eingeführt, steht aber auch für verschiedene Begriffe (siehe Abschnitt 5.1.1.1). Die Informatik hat in dieser Beziehung der Medizin nicht viel voraus. Es ist zwar wünschenswert, besonders dem Anfänger eine eindeutig definierte Terminologie zu präsentieren. Die Standardisierung der Terminologie der Informatik ist aber nicht Zweck dieses Buches. Da es für den interessierten Leser noch verwirrender ist, wenn eine standardisierte Terminologie benutzt wird, die von der Terminologie in der Spezialliteratur stark abweicht, wird hier nur auf die Probleme aufmerksam gemacht.

Merkmale können in Beziehungen zueinander stehen, die in der Tiefenstruktur festgelegt sind.

Werden etwa die Merkmale RR_{syst} (systolischer Blutdruck) und RR_{diast} (diastolischer Blutdruck) bei verschiedenen Patienten beobachtet, dann erhält man Realisationen der Objekttripel

$$\left\{\begin{array}{l}(\text{Beobachtungseinheit}, RR_{syst}, \text{Ausprägung})\\(\text{Beobachtungseinheit}, RR_{diast}, \text{Ausprägung})\end{array}\right\} .$$

Eine wichtige Beziehung ist dann gegeben, wenn beide Objekttripel die gleiche Realisation der Beobachtungseinheit enthalten.

Die medizinisch bedeutsame Beziehung zwischen den Merkmalen "RR_{syst}" und "RR_{diast}" ist enger als die Beziehung etwa zwischen "RR_{syst}" und "Augenfarbe". Sie läßt sich mit den bisher eingeführten formalen Mitteln noch nicht darstellen, da die Relationen zwischen Realisationen der Beobachtungseinheit und Ausprägungen definiert sind und es sich bei der Beziehung zwischen "RR_{syst}" und "RR_{diast}" um eine Relation zwischen Merkmalen handelt (bei dem genannten Beispiel um die generische hierarchische Relation zwischen "RR_{syst}" bzw. "RR_{diast}" und dem Merkmal "Blutdruck", siehe Abschnitt 3.4.2.2).

Die Verbindung von Objekttripel mit Relationen zwischen Merkmalen läßt sich herstellen, wenn man zuläßt, daß die Ausprägungen eines Merkmals wieder Merkmale sein können (Merkmal "Blutdruck" mit den Ausprägungen "RR_{syst}" und "RR_{diast}"). Solche Merkmale werden im Gegensatz zu **primitiven** Merkmalen **zusammengesetzte** Merkmale genannt.

Bei der Benutzung der Objekttripel ergibt dies

(*,Blutdruck,RR_{syst}) bzw. (*,Blutdruck, RR_{diast}).

Dabei zeigt die Beobachtungseinheit '*' an, daß es sich um ein Objekttripel der Tiefenstruktur handelt.

Wegen der Dualität von Merkmalen und Beobachtungseinheiten (siehe Abschnitt 3.2) kann man "Blutdruck" auch als Beobachtungseinheit interpretieren, an der die Merkmale "RR_{syst}" und "RR_{diast}" beobachtet werden:

(Blutdruck, RR_{syst},*) bzw. (Blutdruck, RR_{diast},*).

Die Zusammenführung der Objekttripel der Tiefenstruktur mit den Objekttripeln für die Beobachtungseinheiten ist wegen der unterschiedlichen Interpretationsmöglichkeiten auf zwei Arten möglich.

Hat man bei einem Patienten Meier einen systolischen Blutdruck von 210 mm Hg beobachtet,

(Meier, RR_{syst}, 210),

dann erhält man bei Interpretation von "Blutdruck" als Merkmal das zusammengesetzte Objekttripel

(Meier, Blutdruck, (RR_{syst}, 210)):

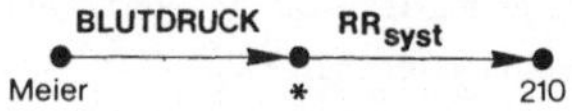

BLUTDRUCK RR_{syst}
Meier * 210

Bei Interpretation von Blutdruck als Beobachtungseinheit erhält man

((Meier, Blutdruck), RR_{syst}, 210):

* RR_{syst}
Meier Blutdruck 210

Damit gibt es keinen Unterschied zwischen den beiden Typen der Relationen mehr. Beide sind gleichartig auf den Kombinationen von Merkmalsausprägungen definiert.

Mit diesen Mitteln wird also die Tiefenstruktur mit den Objekttripeln verbunden, so daß das spezielle Wissen über Beobachtungseinheiten sinnvoll interpretiert werden kann.

5.1.1 Datenmodelle

Die Menge aller im Rahmen eines Anwendungsbereichs in einem Computer gespeicherten und zusammengehörigen Daten ist die **Datenbasis.** Da für eine sinnvolle Verarbeitung aber nicht nur Daten, sondern auch Relationen gespeichert werden müssen, muß die Datenbasis geordnet sein. Das zur Ordnung, d.h. zur Formalisierung verwendete Konzept ist das **Datenmodell.** Sein wichtigster Teil ist die Definition der Operatoren, mittels derer die Datenbasis von einem Zustand in einen anderen Zustand überführt wird. Die Konkretisierung des Datenmodells durch Festlegung der in der Datenbasis enthaltenen Objekte ist das **Datenbasisschema.** Es wird mittels einer **Datenbeschreibungssprache** (Data Description Language, DDL) formuliert. Die **Datenmanipulationssprache** (Data Manipulation Language, DML) enthält die sprachlichen Mittel zum Einsatz der Operatoren.

5.1.1.1 Relationenmodell

Das Relationenmodell [29,30,130,160] beruht auf dem in Tab. 3.3 eingeführten Modell der Beschreibung einer Beobachtungseinheit durch einen Merkmalsvektor. Eine Anordnung dieser Vektoren in einer Tabelle wird **Relation** genannt und mit einem Namen bezeichnet (siehe Tab. 5.1).

Jede Spalte einer Relation entspricht einem Merkmal (**Attribut**) und jede Zeile einer Beobachtungseinheit (**Tupel**) (in Tab. 5.1 ist jedes Tupel ein Tripel). In jeder Relation muß ein Attribut oder eine Kombination von Attributen identifizierend sein (**Schlüssel**). Der Schlüssel repräsentiert die Beobachtungseinheit. Daraus folgt, daß je zwei Tupel verschieden sind.

Die **Relationenalgebra**, die hauptsächlich auf der Mengenlehre beruht, enthält Operationen und Regeln zum "Rechnen" mit solchen Relationen.

DATUM	ZEIT	TEMP
3.7.78	8.00	36.8
3.7.78	12.00	37.4
3.7.78	16.00	38.1
4.7.78	8.00	36.9
⋮	⋮	⋮
⋮	⋮	⋮

Tab. 5.1: Darstellung der Relation KÖRPERTEMPERATUR

Es gibt auch Programmiersprachen, die die Formulierung von Operationen mit solchen Relationen sehr erleichtern (etwa SEQUEL [11,24], ALPHA [29]).

In Abschnitt 3.2 ist auf die Symmetrie der Darstellung von Beobachtungseinheiten und Merkmalen hingewiesen worden. Sie äußert sich hier darin, daß man die Tabelle sowohl als Feld von Verbunden (Tupel) als auch als Verbund von Feldern (Attribute) interpretieren kann (siehe Abschnitt 5.1.2.2).

5.1.1.2 Hierarchisches Modell

Beim **hierarchischen** Modell wird die Hyponymie-Relation zwischen Objekten besonders einfach dargestellt.

So ist im Beispiel der Tab. 5.1 der Zeitpunkt der Temperaturmessung dem Kalenderdatum untergeordnet. Eine äquivalente Darstellung für diese Relation ist der folgende Verbund aus einem primitiven Objekt (DATUM) und einem Feld aus Verbunden (links die Struktur, rechts eine Realisation):

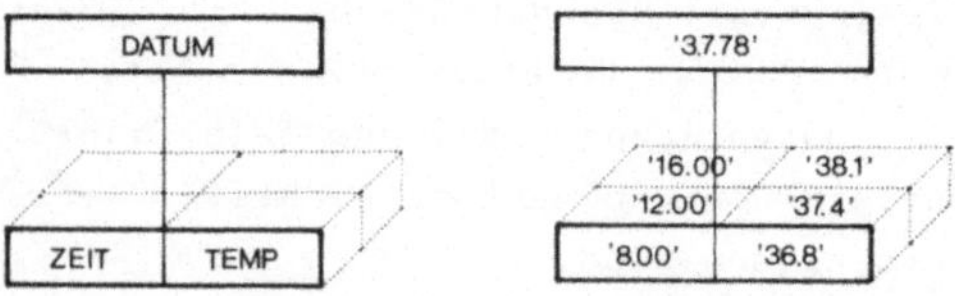

Bei hierarchischen zusammengesetzten Objekten bezeichnet man Teilverbunde als **Segmente** und nennt untergeordnete Segmente auch **abhän-**

gige Segmente. Wie bei einem Baum darf jedes Segment von höchstens einem Segment abhängig sein. Das Segment, das von keinem anderen Segment abhängig ist, ist das **Wurzelsegment**. Es muß in einer Datenbasis identifizierend sein (d.h. unter allen Exemplaren des hierarchischen Objekts gibt es keine zwei, die den gleichen Wert des Wurzelsegments besitzen). Das Wurzelsegment hat also die Funktion eines identifizierenden Namens oder **Schlüssels** des Objekts.

Zu einem Segment kann es mehrere abhängige Segmentmengen geben. Um diese zu unterscheiden, müssen alle Elemente einer Segmentmenge Exemplare des gleichen Verbunds sein. Dieser muß von dem im Vater (siehe Abschnitt 5.1.2.2) enthaltenen Verbund und von den in den Brüdern (Segmentmengen, die vom gleichen Segment abhängen) enthaltenen Verbunden verschieden sein.

Die konkrete Realisierung eines hierarchischen Datenmodells beinhaltet die Definition der Segmentinhalte und der hierarchischen Beziehungen.

Ein hierarchisches Datenmodell liegt etwa dem Information Management System (IMS) der IBM zugrunde.

5.1.1.3 Netzwerkmodell

Das Netzwerkmodell stellt eine Erweiterung des hierarchischen Modells dar, bei dem von der Forderung abgegangen wird, daß jedes Segment nur einen Vater hat. Die Datenbasis besteht aus **Ketten** (engl. **set**). Jede Kette hat einen **Anker** und eine Menge von **Gliedern**. In Abb. 5.2 ist ein einfaches Beispiel für ein Netzwerk dargestellt.

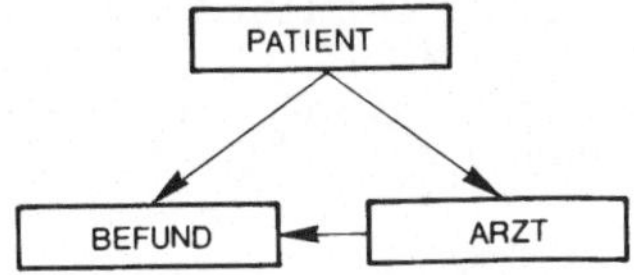

Abb. 5.2: Netzwerk aus einem Anker (PATIENT) und aus zwei Gliedern (BEFUND, ARZT). Jedes Glied repräsentiert eine Menge von zusammengesetzten Objekten

5.1.2 Datenstrukturen

Die (logische) Datenstruktur ist eine konkrete Anordnung der Daten, zu der ein Algorithmus formuliert werden kann, der die Beziehungen zwischen Daten und Objekttripeln herstellt.

Eine Realisation der Datenstruktur ist ein **Objekt**. Es enthält die Daten für eine Realisation der Beobachtungseinheit (also nur die Komponente "Ausprägung" des Objekttripels).

Bei stationären Patienten werden die Daten zu folgenden primitiven Merkmalen beobachtet (siehe Abb. 5.3):

> Name, Klinik, Tagesdatum, Uhrzeit_1, Uhrzeit_2, Uhrzeit_3 und zu den drei verschiedenen Uhrzeiten Körpertemperatur und Pulsfrequenz. Dann gibt es folgende Relationen:
>
> (1) Der Patient "Name" liegt in "Klinik".
>
> (2) In "Klinik" werden zu Zeitpunkten, bestimmt durch "Tagesdatum" und "Uhrzeit", Daten gewonnen.
>
> (3) Die Daten zu den Merkmalen "Körpertemperatur" und "Pulsfrequenz" beziehen sich auf den gleichen Zeitpunkt.

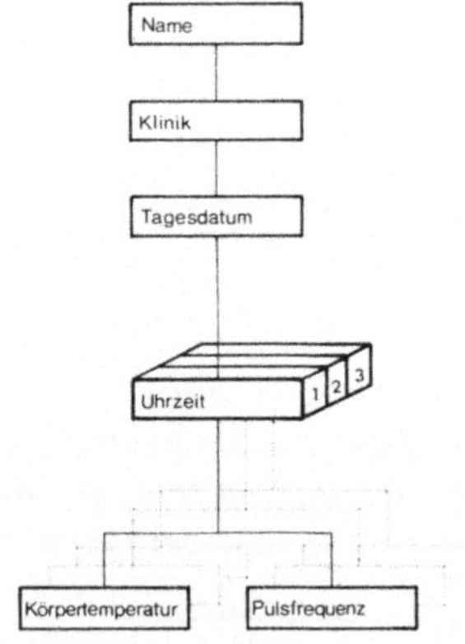

Abb. 5.3: Datenstruktur mit verschiedenen primitiven Merkmalen, die bei stationären Patienten beobachtet werden

Zu einer vollständigen Beschreibung eines Knotens der Struktur gehören der Name des Merkmals und die Stellung in der Struktur. Zur Beschreibung eines Objekts gehören zusätzlich die Bezeichnungen und die Interpretationsvorschriften für die Daten zur Gewinnung des Wertes (siehe Abschnitt 2.2.6.1).

Ist der Name des Merkmals "Körpertemperatur" TEMP, die Bezeichnung der Ausprägung "36.8" und die Interpretationsvorschrift "Dezimalzahl", dann erhält man den Wert "sechsunddreißig punkt acht".

5.1.2.1 Primitive Objekte

Besteht die Datenstruktur aus einem einzigen Merkmal, dann nennt man die zugehörigen Objekte **primitive** Objekte. Sie werden nach den Operationen (siehe Abschnitt 2.2.6.1), die für sie definiert sind, in **Arten** eingeteilt. Alle Objekte, für welche die gleiche Menge von Operationen definiert ist, sind von der gleichen Art. Hier soll nicht näher auf die feinen Unterscheidungen in der Informatik eingegangen werden, die auch von der gewählten Programmiersprache abhängig sind.

5.1.2.2 Zusammengesetzte Objekte

Bei vielen Anwendungen ist es bequem, sinngemäß zusammengehörende Merkmale als zusammengesetztes Merkmal zu behandeln und mit einem gemeinsamen Namen zu bezeichnen. Das dadurch gebildete **zusammengesetzte** Objekt besteht aus mehreren **Komponenten**.

Bei einem **Feld** sind alle Komponenten von der gleichen Art. Es genügt daher, ein Feld mit dem Namen zu versehen und die Komponenten durch ihre laufende Nummer zu spezifizieren.

So kann man etwa die Körpertemperatur eines Patienten, die zu drei verschiedenen Zeitpunkten gemessen wurde, in dem Feld TEMP zusammenfassen:

TEMP	36.8	37.4	38.1

Numeriert man die Komponenten von 1 an laufend durch, dann erhält man den Wert der dritten Komponente des Feldes TEMP(3) durch Abzählen als 38.1.

Bei einem **Verbund** (**record**, **Struktur**) können die Komponenten von verschiedener Art sein.

Will man Zeitpunkt einer Körpertemperaturmessung und gemessenen Wert zusammenfassen, dann erhält das zusammengesetzte Objekt den Namen KTEMP, und die jeweiligen Komponenten erhalten individuelle Namen (links die Struktur, rechts eine Realisation):

KTEMP	DATUM	ZEIT	TEMP
	3.7.78	8.00	36.8

Zusammengesetzte Objekte kann man auf höheren Stufen nochmals zusammensetzen. So werden etwa die Daten zur Körpertemperatur eines Patienten in einem Feld von Verbunden angeordnet (siehe Tab. 5.1).

Enthält ein zusammengesetztes Objekt paarweise zusammengehörige primitive Objekte derart, daß das eine primitive Objekt die Bezeichnung für das Merkmal und das andere primitive Objekt das Datum enthält, dann nennt man eine solche Datenstruktur auch **selbstbeschreibend**. Bei einer selbstbeschreibenden Datenstruktur ist das Merkmal nicht implizit durch die Position in der Struktur festgelegt sondern explizit in der Struktur enthalten. Jedes beobachtete Merkmal wird daher als Ausprägung eines zusammengesetzten Merkmals behandelt.

Bei entsprechender Vereinbarung bezüglich der Zeichenketten 'PAT_NAME', 'KAL_DAT' und 'KÖ_TEMP1' ist die Struktur in Abb. 5.4 selbstbeschreibend. Dabei ist zu beachten, daß 'PAT_NAME' eine Konstante und NAME eine Variable für das primitive Objekt ist.

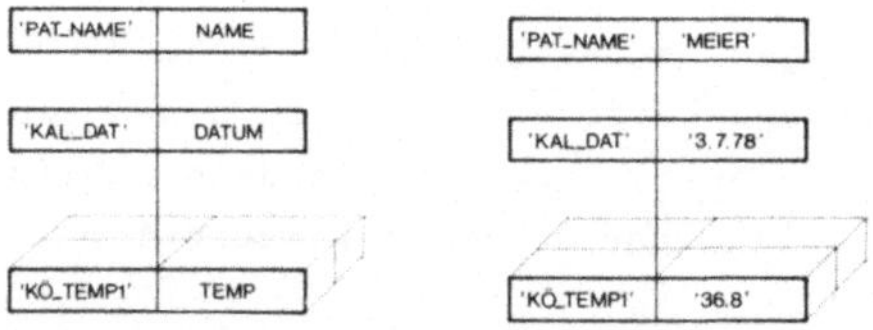

Abb. 5.4: Feld von Verbunden mit den Daten zur Körpertemperatur eines Patienten (links) und Realisation dieser Struktur (rechts)

Bezeichnet man die Komponenten eines Objekttripels entsprechend, dann kann man dafür selbst eine Datenstruktur definieren (siehe Abb. 5.5).

IDENT	MERKMAL	AUSPRÄGUNG

Abb. 5.5: Objekttripel mit den primitiven Merkmalen IDENT (Identifikation der Beobachtungseinheit), MERKMAL und AUSPRÄGUNG

Da Verbunde als Komponenten (**Knoten**) wieder Verbunde enthalten können, kann man komplizierte **Geflechte** aufbauen [77]. Die wichtigsten Operationen im Zusammenhang mit Geflechten sind Einfügen, Verändern und Streichen von Knoten und Suche nach bestimmten Knoten in Abhängigkeit von Position oder Inhalt. Zur Durchführung dieser Operationen müssen die Knoten verkettet sein.

Eine **Liste** enthält als Strukturinformation nur die relative Position der Knoten. Numeriert man die Knoten durch, dann kann man ein vorderes Ende und ein hinteres Ende der Liste unterscheiden.

In der Praxis benötigt man oft Listen, bei denen die Veränderungen nur an einem oder an beiden Enden stattfinden. Solche speziellen Listen sind:

Keller (engl. **stack**): Alle Einfügungen und Streichungen finden am gleichen Ende statt ("first in - last out") (blind endendes Abstellgleis auf einem Rangierbahnhof).

Schlange (engl. **queue**): Alle Einfügungen finden an einem Ende und alle Streichungen finden am anderen Ende statt ("first in - first out") (Warteschlange an einem Schalter).

Ein **Baum** besteht aus Knoten, die zu anderen Knoten verzweigen können. Da die Struktur sehr anschaulich ist, wird hier auf eine strenge Definition verzichtet (siehe etwa Abb. 4.1 bis 4.6). Jeder Knoten (außer der **Wurzel**) hat genau einen **Vater** und bis zu m **Söhne** (**m-Baum**). Ist m gleich 2, dann nennt man einen solchen Baum einen **Binärbaum**.

Das **Netz** (siehe Abb. 5.2) unterscheidet sich vom Baum dadurch, daß jeder Knoten mehrere Väter haben kann.

Die genannten drei Geflechttypen werden auch durch die Anzahl der Knoten charakterisiert, die in direkter Beziehung zueinander stehen:

- 1-1-Beziehung bei der Liste (Relationenmodell, siehe Abschnitt 5.1.1.1),
- 1-m-Beziehung beim Baum (hierarchisches Modell, siehe Abschnitt 5.1.1.2),
- n-m-Beziehung beim Netz (Netzwerkmodell, siehe Abschnitt 5.1.1.3).

5.1.2.3 Repräsentation von Wissen

In diesem Abschnitt werden nicht alle Möglichkeiten zur Repräsentation von Wissen dargestellt, sondern verschiedene Richtungen angedeutet, die zur Zeit Gegenstand der Forschung sind und zu Modellen für die Repräsentation komplexer Sachverhalte ("Fakten") führen. Diese Modelle können als "Gedächtnismodelle" interpretiert werden, wobei unter "Gedächtnis" etwa das Langzeitgedächtnis des Menschen verstanden wird. Die Repräsentation von methodischem Wissen in Algorithmen (etwa die Formel zur Berechnung eines Mittelwerts) ist nicht Gegenstand dieses Abschnitts.

In Abschnitt 3.3.1.2.2 wurde mit der Prädikatenlogik eine mathematische Theorie eingeführt, die sowohl über Komponenten zur Repräsentation von Fakten (Ausdrücke), als auch über Methoden zur Folgerung verfügt. Eine Anwendung, die zum Teil auf diesem Modell beruht, wurde in Abschnitt 3.5.2.2 vorgestellt.

Andere Modelle gehen von der tabellarischen Darstellung von Daten aus, wie sie in Tab. 3.3 in Abschnitt 3.2 bei der Einführung in die Klassifikationsprobleme verwendet wurde (siehe Abschnitt 5.1.1.1).

Für die Speicherung von Wissen zur semantischen Analyse (siehe Abschnitt 4.4) hat sich ein Modell als attraktiver als die genannten Modelle erwiesen, das als **semantisches Netz** [136,164,173] bezeichnet wird. In seiner einfachsten Form ist ein semantisches Netz eine Menge von **Knoten**, in denen jeweils ein semantisches Konzept repräsentiert wird. Jeder Knoten kann durch eine Bezeichnung benannt werden. In unbenannten Knoten werden im allgemeinen komplexe Fakten repräsentiert (ausgedehntes Magencarcinom mit Beteiligung des Pankreas, der regionalen Lymphknoten und des großen Netzes). Jeder Knoten kann mit jedem anderen Knoten durch eine **Relation** verbunden werden (siehe Abschnitt 5.1). Relationen sind nicht notwendig umkehrbar.

So wird das Objekttripel (PATIENT, BEF, NIERENBLUTUNG) dargestellt als (BEF △ Befund):

Die Aufteilung des zusammengesetzten Merkmals BEF in die beiden Merkmale LOC (Lokalisation) und MORPH (Morphologie) ergibt das semantische Netz:

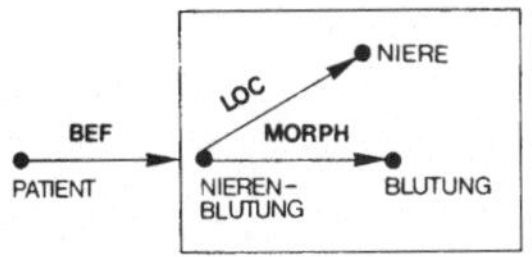

Die große Freiheit in der Definition der Knoten und der Relationen ermöglicht auch die Darstellung komplizierter Fakten.

"Herdförmige akute Entzündung der Niere" enthält die Ausprägung des zusammengesetzten Merkmals "Entzündung". Die Aussage kann dargestellt werden als:

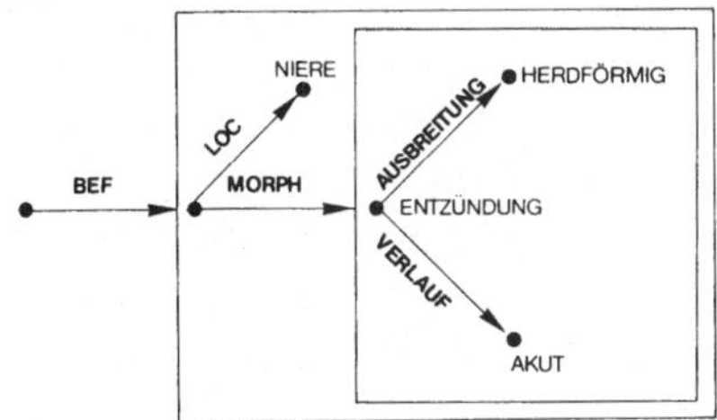

Die beiden letzten Beispiele zeigen, wie die Tiefenstruktur auf **hierarchische** semantische Netze übertragen wird. In den Knoten stehen jeweils komplexe semantische Konzepte, die sich ihrerseits so zerlegen lassen, daß jeder "Knoten" wieder ein semantisches Netz ist.

Die Erweiterung zu hierarchischen semantischen Netzen ist eine Verallgemeinerung der zur Darstellung hierarchischer Relationen verwendeten Bäume (siehe Abb. 3.9 und 3.10 in Abschnitt 3.4.2.2). Während bei den Bäumen die einzige zugelassene Relation die Hyponymie-Relation ist und auf jeden Knoten genau eine Relation zeigen darf, können bei semantischen Netzen auf jeden Knoten mehrere Relationen unterschiedlicher Art zeigen.

Semantische Netze sind gut zur Verknüpfung von Fachwissen mit speziellem Wissen über eine Beobachtungseinheit geeignet.

Ist etwa die anatomische Struktur des Urogenitalsystems als semantisches Netz dargestellt, dann läßt sich aus "Glomerulitis" sehr einfach folgern, daß es sich um eine spezielle Form einer Entzündung der Niere handelt:

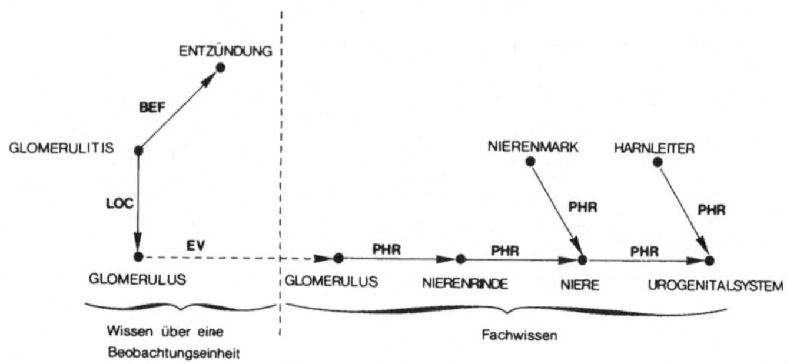

Dazu benötigt man die Relationen PHR (partitive hierarchische Relation) und EV (Exemplar von). Die Relation EV verbindet das semantische Netz für die Repräsentation des speziellen Wissens über eine Beobachtungseinheit mit dem semantischen Netz für das Fachwissen und bewirkt die Unterscheidbarkeit von Knoten für Daten und Knoten für Fachwissen. Die Relation EV wird dahingehend interpretiert, daß "Glomerulus" ein spezieller Fall des Konzepts 'Glomerulus' ist.

So ist bei dem folgenden Netz nicht klar, wieviele maligne Tumoren beschrieben werden, wenn nicht die Relation EV eingeführt wird (GHR = generische hierarchische Relation):

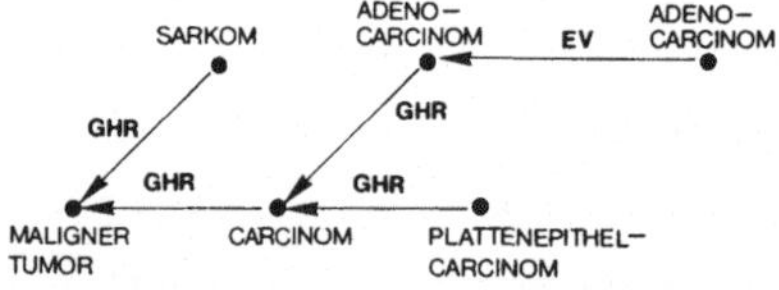

Folgt man der Relation EV und anschließend der Relation GHR bis zum Ende, dann findet man einen malignen Tumor.

Die Relation EV dient damit zur **Aktivierung** von Wissen. "Lernt" das Modell, daß bei einer Beobachtungseinheit ein Adenocarcinom gefunden wurde, dann wird das Wissen aktiviert, daß es sich um ein Carcinom und um einen malignen Tumor handelt, ohne daß dies besonders erwähnt wurde.

Anmerkung: Die Verknüpfung des Fachwissens mit dem speziellen Wissen kann sofort bei Erwerb des speziellen Wissens hergestellt werden. Ein System, dem dieses Modell zugrunde liegt, wird daher Fragen schnell beantworten. Ein Nachteil ist jedoch, daß die Anzahl möglicher Verknüpfungen sehr groß werden kann und von diesen nur wenige zur Beantwortung von Fragen notwendig sind. Welche Untermenge bei einem offenen System benötigt wird, ist bei der Speicherung der Daten aber nicht vorhersehbar. Stattdessen kann man die Verknüpfungen auch erst dann herstellen, wenn sie zur Beantwortung von Fragen benötigt werden. Dies belastet jedoch die Antwortzeiten. Die Entscheidung, welche Verknüpfungen sofort bei Erwerb des Wissens, und welche erst bei Bedarf hergestellt werden, setzt eine sorgfältige Analyse der zu erwartenden Fragen voraus.

Damit semantische Netze richtig interpretiert werden, muß man die Forderungen an die Liste der Ausprägungen eines Merkmals beachten (siehe Abschnitt 3.1). So läßt das folgende Netz verschiedene Interpretationen zu, wie etwa

- Carcinom der Niere und Entzündung der Leber,
- Carcinom der Leber und Entzündung der Niere,
- Carcinom und Entzündung von Leber und Niere.

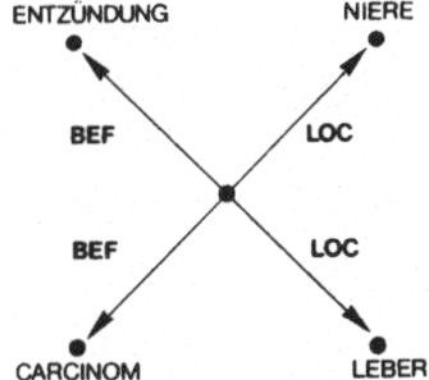

Dies liegt daran, daß etwa zum Merkmal LOC der in dem unbenannten Knoten repräsentierten Beobachtungseinheit mehr als eine Ausprägung zugeordnet werden kann. Dies muß bei semantischen Netzen nicht grundsätzlich ausgeschlossen werden. Es muß aber stets dann ausgeschlossen werden, wenn von der Beobachtungseinheit noch andere Relationen ausgehen, die untereinander kombiniert werden können.

Die Interpretation wird eindeutig, wenn die beschriebene Veränderung und die Lokalisation dieser Veränderung als Einheit betrachtet werden, auf die die Relation BEF verweist:

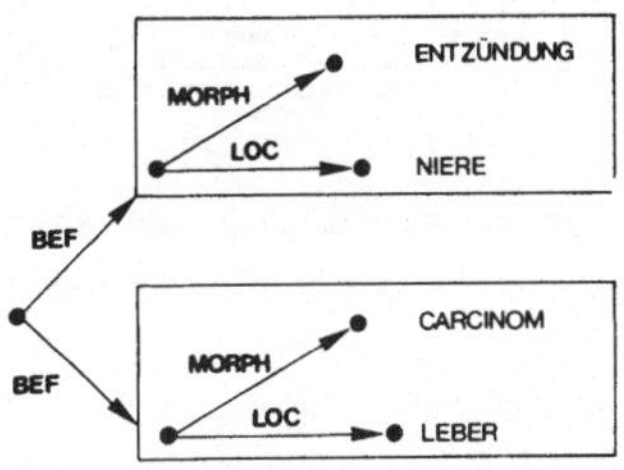

Die im Beispiel repräsentierte Aussage beschreibt also zwei Befunde. Eine auch bei Hinzufügung neuer Relationen sichere Differenzierung wird nur durch Unterscheidung der beiden Befunde (etwa in BEF_1 und BEF_2) gewährleistet.

Zur Beantwortung einer Frage nach allen Lokalisationen pathologische Veränderungen folgt man der Relation BEF und anschließend der Relation LOC bis zum jeweiligen Knoten. Zur Beantwortung einer Frage nach allen pathologischen Veränderungen folgt man der Relation BEF und anschließend der Relation MORPH bis zum jeweiligen Knoten.

Das gleiche Problem liegt vor, wenn man Nekrosen in Nierencarcinom durch das folgende Netz darstellt:

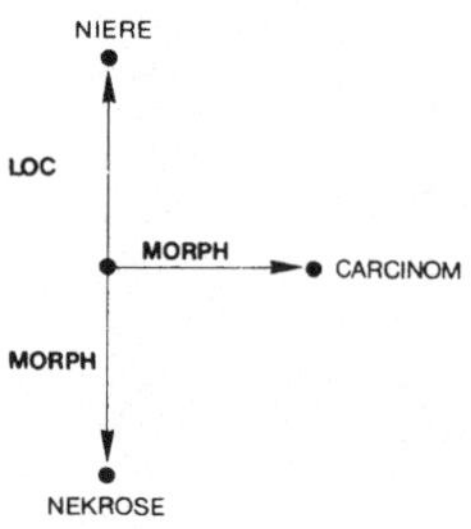

Es kann auch dahingehend interpretiert werden, daß es Nekrosen in der Niere gibt. Dies weist auf einen anderen medizinischen Sachverhalt hin als die Tatsache, daß sich die Nekrosen in einem Tumor befinden. Das Problem wird dadurch gelöst, daß man die oben eingeführt Relation PHR verwendet:

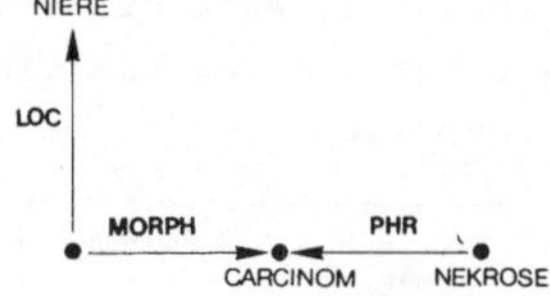

In dieser Struktur wird jetzt deutlich, daß Nekrosen und Carcinom zusammengehören und diese Einheit in der Niere lokalisiert ist.

Ein semantisches Netz kann durch zusätzliche Relationen erweitert werden. So läßt sich die Aussage Pyelonephritis durch E.coli mit Fieber darstellen mit Hilfe der semantischen Relationen MORPH, LOC, FUNC (Funktion) und ÄTIO (Ätiologie) (siehe Abschnitt 5.1.3.7.2):

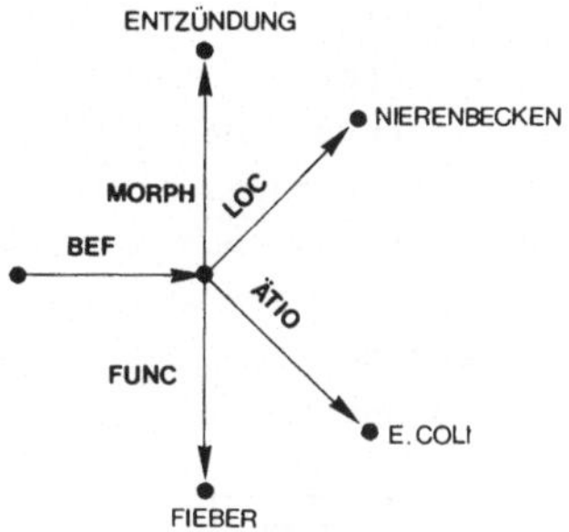

Semantische Netze sind gut zur Darstellung **pathogenetischer** Relationen geeignet. Dies ist besonders wichtig, weil praktisch keine der gängigen Klassifikationen diese für die Beurteilung medizinischer Fakten wesentliche Komponente berücksichtigt.

Führt man die Relation PATHO ein, dann erhält man etwa das folgende semantische Netz:

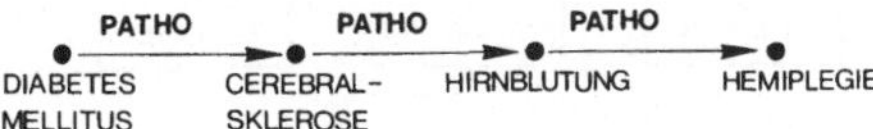

Diese komprimierte Form kann in einem hierarchischen semantischen Netz weiter aufgeschlüsselt werden:

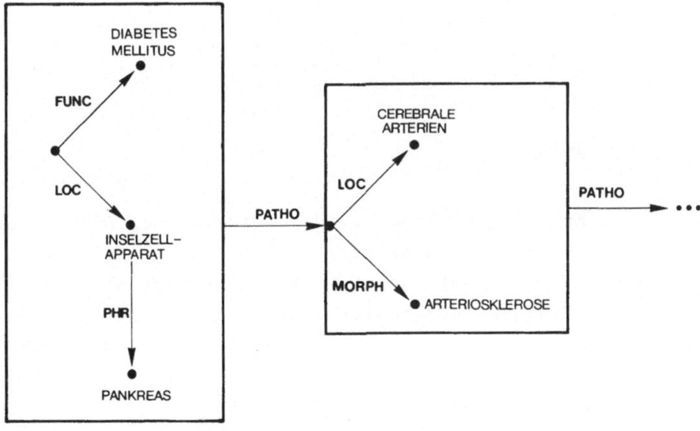

5.1.3 Datenstrukturen in der Medizin

In diesem Abschnitt werden einige typische Datenstrukturen in der Medizin erläutert. Dabei bedeutet "typisch", daß die Datenstruktur häufig oder in vielen Bereichen der Medizin zu finden ist, nicht aber, daß sie in ihrem Aufbau streng definiert ist. Die Reihenfolge der Beispiele wurde so gewählt, daß man das Wesen der rekursiven Definition zusammengesetzter Objekte erkennt (siehe Abb. 5.6). Die Variabilität der Feinstruktur der "gleichen" Datenstruktur zeigt die durch viele Faktoren bedingten Standardisierungsprobleme.

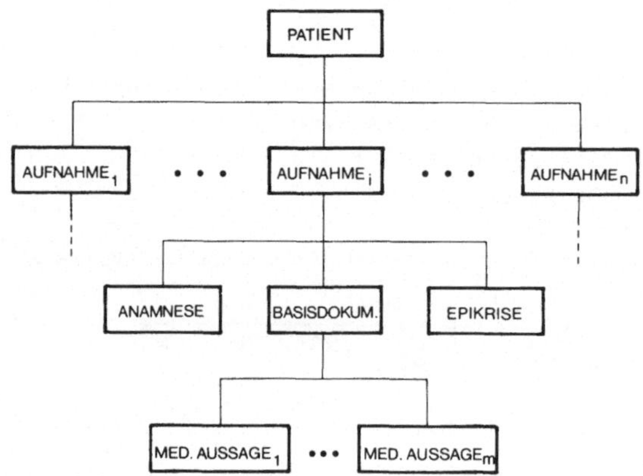

Abb. 5.6: Datenstruktur für das Krankenblatt aus der Sicht einiger Anwendungen

5.1.3.1 Krankenblatt

Der Begriff der **Krankengeschichte** wird nicht einheitlich verwendet. Einerseits versteht man darunter alle im Leben eines Patienten für medizinische Probleme bedeutsamen Fakten und andererseits die auf dauerhaften Datenträgern festgehaltene Auswahl von Fakten, Interpretationen, etc.; man benutzt den Begriff also synonym zum **Krankenblatt**.

Die Führung des Krankenblatts dient verschiedenen Zielen:

- Unterstützung des Gedächtnisses des behandelnden Arztes,
- Kommunikationsmedium zwischen verschiedenen an Diagnose und Therapie beteiligten Personen und Institutionen,
- Dokument zur Rechtfertigung der Ausführung oder Unterlassung von Manipulationen,
- Hilfsmittel bei der Ausbildung der Ärzte,
- Urliste bei Forschungsprojekten mit retrospektiver Fragestellung,
- Dokument zur Erledigung administrativer Aufgaben.

Von seiner medizinischen Bedeutung her enthält das Krankenblatt das allgemeinste Modell des Patienten. Wegen der vielen Personen, die Daten zum Krankenblatt liefern oder Daten aus dem Krankenblatt benötigen, wären Übereinkünfte über die zu beobachtenden Merkmale, ihre Ausprägungen, Codierungen und Relationen dringend notwendig. Es gibt jedoch für keinen einzigen der angesprochenen Punkte Standardisierungen, die mehr als lokale Anerkennung gefunden haben.

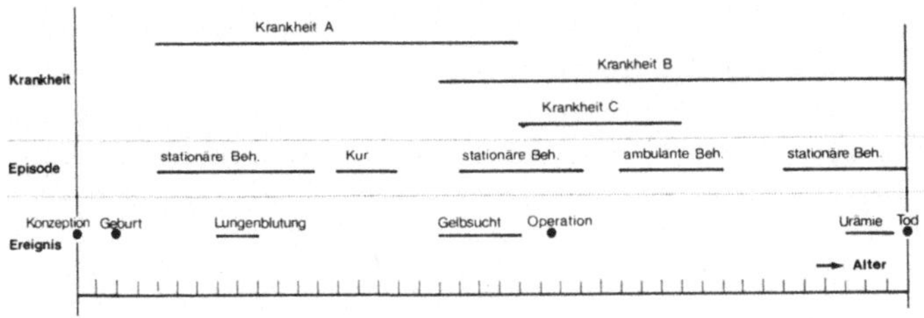

Abb. 5.7: Krankheiten, Episoden und Ereignisse im Leben eines Menschen. Geändert nach [5,121]

Abb. 5.7 enthält ein Schema der Krankengeschichte mit medizinisch relevanten Vorkommnissen, Zeiträumen und Bezeichnungen im Leben eines Menschen. Eine "integrierte", zentral verwaltete Speicherung aller Daten müßte die unterschiedlichsten Datenquellen umfassen, wie etwa praktizierende Ärzte, Ambulanzen, Kliniken und Einrichtungen des öffentlichen Gesundheitswesens. Diesem Ziel stehen jedoch juristische und technische Schwierigkeiten entgegen. Statt eines persönlichen Krankenblatts gibt es daher für jeden Menschen mindestens soviele Krankenblätter, wie er Einrichtungen des Gesundheitswesens in Anspruch genommen hat. Ihre Struktur und ihr Inhalt hängen wesentlich stärker vom Typ der medizinischen Einrichtung, der jeweiligen Einrichtung selbst und den zum Krankenblatt beitragenden Personen ab als von allgemein akzeptierten Modellen.

Die Einteilung der Merkmale im Krankenblatt in Familienanamnese, persönliche Anamnese, derzeitige Beschwerden, Befunde, Diagnosen und Epikrise führt noch nicht zu einer hinreichend guten Struktur, zumal auch diese Einteilung nicht überall eingehalten wird.

Das Krankenblatt enthält zwar im allgemeinen die umfangreichste Datensammlung über einen Patienten, liefert aber oft kaum nennenswerte Informationen. Die Suche nach bestimmten Daten in einem Krankenblatt oder gar die Suche nach allen Patienten, deren Daten bestimmten Bedingungen genügen, ist derart aufwendig und mit Fehlern behaftet, daß viele wissenschaftlich arbeitende Ärzte sich für die sie interessierenden Fälle Spezialkarteien anlegen, was seinerseits wieder zur Unvollständigkeit des Krankenblatts und seiner damit verbundenen Abwertung beiträgt.

Es wäre vorschnell, daraus zu schließen, nur übertriebener ärztlicher Individualismus oder mangelnde Ernsthaftigkeit bei Sammlung und Dokumentation der Daten seien für das weitgehende Chaos maßgebend. Läßt man jede denkbare medizinische Fragestellung zu, dann ist es unmöglich, ein konkretes Modell zu definieren. Die Anzahl der dazu notwendigen Merkmale, ihrer Ausprägungen und Relationen würde jedes praktisch sinnvolle Maß überschreiten, da die genannten Funktionen, die von wissenschaftlichen Datensammlungen bis hin zu einem Ordner für Arztbriefe, Befunde und Fieberkurven reichen, unterschiedliche Anforderungen an den Umfang der Merkmalsmenge und die Vollständigkeit der Daten stellen.

Es wird wohl auch in Zukunft retrospektive Erhebungen anhand von Daten des Krankenblatts zur Hypothesengenerierung geben müssen. Eine Standardisierung des Krankenblatts mit dem Ziel einer für alle denkbaren Erhebungen vollständigen Merkmalsmenge ist jedoch unmöglich.

Zudem sind die Personen, die die Daten erheben und erfassen müssen, nicht notwendig identisch mit denjenigen, die damit wissenschaftliche Fragestellungen bearbeiten wollen, was zu ernsten Motivationsproblemen führen kann. Dieser Aspekt erklärt schon allein, warum Krankenblätter für wissenschaftliche Arbeiten kaum geeignet sind. Für retrospektive Erhebungen darf das Krankenblatt daher nicht mit einem wissenschaftlichen Protokoll verglichen werden, das eine prospektive Untersuchung begleitet. Es wäre unsinnig, seine Qualität unter diesem Aspekt zu messen.

Da jede Information über einen Patienten in Zukunft von Bedeutung sein kann, wurde bereits gefordert, alle Daten zu erfassen: "My definition of the medical record is all alphabetic and numeric characters of any meaning to the individual, the patient and the doctor" [4, S. 26]. Dabei wird jedoch Krankengeschichte und Krankenblatt verwechselt, und es wird der Unterschied zwischen Daten und Informationen übersehen. Fehlt eine geeignete Struktur des Krankenblatts, dann verringert die Vermehrung der Daten eher die Menge der Informationen, als daß sie sie erhöht.

Die Einsicht in diese unbefriedigende Situation hat zu Versuchen und Empfehlungen zur Verbesserung geführt [10,23,99,135,150], die im wesentlichen auf ein zusätzliches zusammenfassendes Schema zielen, in dem einige wenige Merkmale operational definiert und vollständig erfaßt werden (siehe den nächsten Abschnitt).

5.1.3.2 Allgemeiner Krankenblattkopf

Mit dem Aufkommen einer maschinellen Unterstützung der Dokumentation in der Medizin sind die Bemühungen verstärkt worden, das Krankenblatt durch Strukturierung oder durch Zusätze für eine faktenorientierte Auswertung brauchbarer zu machen (siehe Übersicht in [67]). Bekanntestes Ergebnis dieser Bemühungen ist in Deutschland der "allgemeine Krankenblattkopf" [10].

Die in dieser Empfehlung vorgeschlagenen Merkmale sind: Laufende Krankenblattnummer, Geschlecht, Mehrlingseigenschaft, Geburtsdatum, Name, Familienstand, Adresse, Nationalität, Kostenträger, laufende Nummer des Krankenblattkopfes (für den gleichen Patienten), Aufnahmedatum, Aufnahmeanlaß, Pflegeklasse, Entlassungsdatum, Entlassungsart, Entlassungsarzt, Klinik, Diagnosen.

Diese Merkmale lassen sich in einer Struktur anordnen, die die wichtigsten Relationen berücksichtigt (siehe Abb. 5.8). Die Daten zu den Merkmalen auf der ersten Stufe sind während einer stationären Aufnahme unveränderlich. Je nach Krankenhausorganisation können die Merkmale auf der zweiten Stufe mehrmals beobachtet werden.

Dies ist z.B. der Fall, wenn mehrere Kliniken eine gemeinsame Verwaltungsaufnahme mit einer gemeinsamen "Aufnahme-Nummer" haben. So kann ein in der Chirurgischen Klinik aufgenommener Patient vor einer Operation zur Behandlung einer Herzinsuffizienz in die Medizinische Klinik aufgenommen werden. Ist dies mit einer erneuten Aufnahme und der Anlage eines neuen Krankenblatts verbunden, dann muß auch ein neuer Krankenblattkopf angelegt werden.

Schließlich ist das Merkmal "Diagnosen" einer "Aufnahme" untergeord net, da es im Verlauf jeder Aufnahme mehrere Diagnosen geben kann.

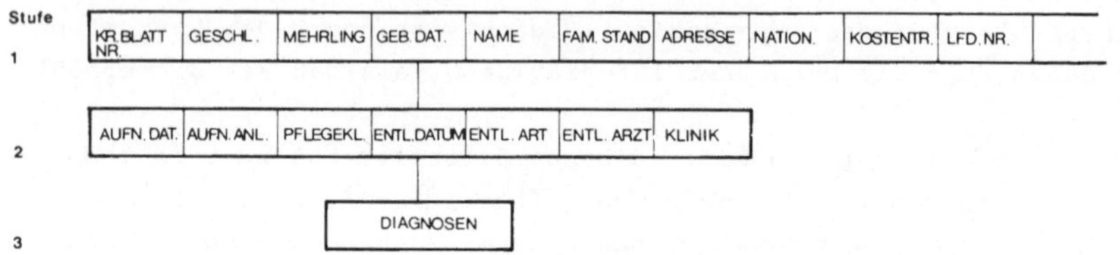

Abb. 5.8: Datenstruktur für die Merkmale des "allgemeinen Krankenblattkopfes"

Die Daten werden zur Berechnung verschiedener medizinischer oder administrativer Kenngrößen herangezogen, wie etwa:

- Saisonale Schwankungen der Krankheitshäufigkeiten (genauer: der Einweisungshäufigkeiten wegen einer Krankheit),
- Verweildauer (in Abhängigkeit von Erkrankung, Geschlecht, Alter, Aufnahme-Anlaß, ...),
- Häufigkeit von Erkrankungen (in Abhängigkeit von Geschlecht, Alter, Wohnsitz, ...),
- Einzugsgebietestatistik.

Die Liste der Merkmale für die Dokumentation bei stationären Patienten ist auch für poliklinische Patienten verwendbar. Dort treten jedoch noch gravierende organisatorische Probleme auf [106].

5.1.3.3 Problemorientiertes Krankenblatt

Das problemorientierte Krankenblatt [162] zielt auf eine Verbesseru der Krankenversorgung und der Ausbildung der Ärzte durch eine Struk turierung nach **Problemen**. Die allgemein verbreitete chronologische Niederschrift von Daten soll abgelöst werden durch die Identifikation von Problemen des Patienten und die systematische Zuordnung zu Diagnostik und Therapie. Diese Zuordnung entspricht dem Vorgehen des erfahrenen Arztes und erzwingt gleichzeitig die geistige Disziplinierung und die konsequente Verfolgung des Ziels, die Probleme zu lösen, was wieder die ärztliche Ausbildung verbessert.

Nach [162] besteht das problemorientierte Krankenblatt aus:

- **Datenbasis** (Beschwerden, Befunde, soziale Daten, gegenwärtige Erkrankung, Anamnese, Labordaten),
- **Problemliste** mit den durchnumerierten früheren oder gegenwärtigen Problemen,
- **Behandlungsplan** mit den diagnostischen und therapeutischen Manipulationen und den Zuordnungen zu den Problemen,
- **Verlauf** mit den ebenfalls den Problemen zugeordneten Beobachtungen, "Flußdiagramme" mit den zeitabhängigen Parametern und einer Zusammenfassung bei der Entlassung, die den Zustand eines jeden Problems beschreibt.

5.1.3.4 Basisdokumentation

Die Bezeichnung "Basisdokumentation" hat sich für die Dokumentation und Auswertung der Daten des "allgemeinen Krankenblattkopfes" eingebürgert. Die wesentlichen Gedanken, die dieser Empfehlung zugrunde liegen, sind immer noch gültig. Der Fortgang der technischen Entwicklung läßt jedoch einige Erweiterungen zu, wobei aber dem verständlichen Wunsch, die Daten möglichst vieler Merkmale zu erfassen, nur mit großer Vorsicht nachgegeben werden sollte.

Die Wünsche verschiedener Kliniken oder Ärzte decken sich nicht. Der Umfang der Daten wächst daher sehr schnell, und häufig sind die Merkmale nur unzureichend definiert. Der Umfang der Daten führt dann nach kurzer Zeit - besonders wenn das Interesse an gewissen Fragestellungen abnimmt - zu einer als Belastung empfundenen Datenerfassung. Am schnellsten leidet darunter die Kontrolle der Daten, so daß die Fehlerrate steigt. Dann sinkt die Vollständigkeit. Arbeitsbelastung, hohe Fehlerrate und Unvollständigkeit sind letztlich der Anlaß, die Dokumentation ganz aufzugeben oder sie nur noch dem Dokumentationspersonal zu überlassen.

Basisdokumentation wird heute an vielen Krankenhäusern betrieben, und die ihr zugrunde liegenden Datenstrukturen sind sehr unterschiedlich. Gemeinsame Kennzeichen sind:

- Die Datenstruktur ist für alle Fachrichtungen eines Krankenhauses einheitlich.
- Die erfaßten Daten bilden eine Untermenge der im Krankenblatt enthaltenen Daten.
- Die Basisdokumentation ersetzt nicht einen Teil eines strukturierten Krankenblatts, sondern wird **zusätzlich** durchgeführt.

Daraus folgen verschiedene Eigenschaften:

- Die Datenerfassung ist retrospektiv anhand des Krankenblatts.
- Die Daten werden meist nicht von demjenigen erfaßt, der das Krankenblatt führt, sondern von speziellem Personal.
- Es besteht eine (unter Umständen sehr große) zeitliche Verzögerung zwischen Beobachtung der Merkmale und Erfassung der Daten für die Basisdokumentation.
- Eine Kontrolle auf Relevanz und Vollständigkeit der Daten durch qualifiziertes Personal findet meist nicht statt, da die Daten erfaßt werden, wenn der Patient bereits entlassen ist.

Die Beachtung dieser Eigenschaften schützt vor einigen oft anzutreffenden Mißverständnissen, die schwerwiegende Folgen haben können. Das wichtigste Mißverständnis besteht in der Meinung, daß eine technisch aufwendigere und elegantere Möglichkeit der Datenerfassung und Datenpräsentation (etwa über Terminals mit Direktzugriff auf die gespeicherten Daten) und die Erweiterung der Merkmalsmenge bereits einen Übergang von der Basisdokumentation zu einem "Krankenhaus-Informationssystem" erlaubt. Einen solchen Übergang gibt es nicht, da man den Anforderungen an ein Krankenhaus-Informationssystem nur gerecht wird, wenn Datengewinnung und Datenerfassung organisatorisch anders eingebettet sind, als dies bei der Basisdokumentation nötig und der Fall ist. Solange die Datenerfassung durch spezielles Personal erfolgt, damit der Arzt seine Gewohnheiten zur Führung des Krankenblatts nicht ändern muß, und solange das Krankenblatt nicht hinreichend gut strukturiert ist, haben aufwendigere Verfahren die gleichen Probleme wie das Krankenblatt und verlieren auch noch das günstige Aufwand/Leistungs-Verhältnis der Basisdokumentation. Solche Mißverständnisse sind daher geeignet, die Verfahren der Informationsverarbeitung in der Medizin in Verruf zu bringen.

Unter Beachtung der erwähnten Einschränkungen gibt es jedoch einige Erweiterungsmöglichkeiten, die einerseits die Datenstruktur nicht wesentlich komplizieren, die aber andererseits bei einer sorgfältigen Planung und Handhabung die Basisdokumentation zu einem Hilfsmittel machen, das nicht nur zur Erzeugung von Tabellen für einen Vortrag oder eine Publikation verwendbar ist (siehe Abschnitt 5.1.3.7).

5.1.3.5 Anamnese

Die Anamnese (Erhebung der medizinischen Vorgeschichte eines Patienten) ist oft die wichtigste Informationsquelle im diagnostischen und therapeutischen Prozeß [57]. In ihr kristallisieren sich die bereits beim Krankenblatt diskutierten Probleme am deutlichsten heraus. Meist findet sie in einem Gespräch zwischen Arzt und Patient statt ("Interview"). Diese Parallelität zu anderen Befragungssituationen, etwa bei der Meinungsforschung, führt leicht zu dem Fehlschluß, für andere Situationen erprobte Techniken ließen sich problemlos auf die Anamnese übertragen. Dem steht jedoch entgegen:

- Bei der Meinungsforschung und bei epidemiologischen Befragungen sind die Hypothesen selbst, die Beziehungen zwischen den Merkmalen und den Hypothesen und die Ausprägungen der Merkmale definiert, und ihre Anzahl ist gering. Bei der Anamnese ist im allgemeinen die Menge der Hypothesen offen, und Ziel der Anamnese ist unter anderem, diese Menge einzuschränken, also den Informationsstand zu erzeugen, der bei üblichen Befragungssituationen a priori gegeben ist.

- Bei der Meinungsforschung stehen sich zwei gleichberechtigte Partner gegenüber. Bei der Anamnese haben beide Partner aber sehr unterschiedliche Rollen: Der Patient als Hilfe suchender Partner gegenüber dem Arzt als helfen wollender Partner.

- Die Anamnese ist wegen der etwa durch Erinnerungslücken oder bewußte Auslassungen bedingten Unsicherheit keine Befragung mit einem definierten Abschluß. Im Verlauf der Diagnostik oder Therapie auftauchende Fragen können stets zur Wiederaufnahme der Anamnese führen.

- Ziel der Anamnese ist die Klärung der individuellen Probleme des Patienten. Damit steht der Arzt in einer Konfliktsituation. Er muß die Ursache der Beschwerden des Patienten finden und behandeln, und er darf nichts "Wichtiges" übersehen. Er muß also auch Störungen der Gesundheit finden, die dem Patienten noch keine Beschwerden machen und nicht Anlaß der Anamnese sind. Das erste Ziel verlangt eine sich auf den noch unbekannten Ausgang möglichst stark konzentrierende Anamnese unter Vernachlässigung der Nebenwege. Das zweite Ziel verlangt Vollständigkeit. Diese Diskrepanz zwischen Klärung und Behandlung individueller Beschwerden und Überprüfung des Gesundheitszustands ("health check-up") wird in der Medizin immer bedeutsamer.

- Die Anamnese dient nicht nur der Informationsgewinnung, sondern auch der Herstellung des Vertrauens zwischen Patient und Arzt. Zusätzlich kann sie eine belehrende und eine psychisch erleichternde (kathartische) Funktion haben.

Für die Anamnese gibt es daher keine allgemeingültige Detailstruktur.

"Standardisierungen" zusammengesetzter Merkmale, die es vor allem im Bereich der Inneren Medizin gibt [55,58,94], ersetzen die für eine Computerunterstützung notwendigen operationalen Definitionen nicht. Wegen der nicht-formalisierbaren Funktionen der Anamnese ist es auch für viele Ärzte sehr fraglich, ob ein Ersatz des Gesprächs überhaupt wünschenswert ist [55].

Eine Computerunterstützung kann in zwei besonderen Situationen sinnvoll sein:

- Allgemeine Übersicht durch Fragen, die ein möglichst umfassendes Spektrum von Krankheiten überdecken, mit dem Ziel einer Einengung der in Frage kommenden Krankheiten und des Hinweises auf oder des Ausschlusses besonders wichtiger Krankheiten (Frage nach Leitsymptomen). Dieser Bereich entspricht im wesentlichen dem in seinem Umfang immer stärker zunehmenden Screening das auch unter anderen Aspekten nicht unbedingt vom Arzt übernommen werden sollte (siehe Abschnitt 1.1).
- Spezialanamnesen bei stark eingeschränktem Krankheitsspektrum als Diagnostikunterstützung.

Für allgemeine Übersichten sind bereits sehr umfangreiche Fragensammlungen notwendig [33,94]. Die Art der Verarbeitung hängt in erster Linie davon ab, ob die auf eine Frage möglichen Antworten fest vorgegeben sind ("geschlossene" Frage, multiple-choice-Prinzip) oder nicht ("offene" Frage). Die restriktivste Form der geschlossenen Frage läßt nur die Antworten "ja" und "nein" zu. Erfahrungen haben jedoch gezeigt [140], daß zusätzlich wenigstens die Antworten "weiß nicht" und "bitte erklären" vorgesehen werden sollten.

Die erste Stufe der Standardisierung ist die Enumeration aller Fragen und aller möglichen Antworten. Die Fragen werden alle und immer in der gleichen Reihenfolge gestellt (siehe Abb. 5.9).

Der wohl bekannteste Katalog dieser Art ist der CORNELL MEDICAL INDEX HEALTH QUESTIONNAIRE [21] mit 195 Fragen.

Typisch für solche Kataloge ist ihre im Vergleich zu persönlichen Anamnesen größere Vollständigkeit bezüglich allgemeiner Befunde und geringere Vollständigkeit bezüglich Detailbefunden. Diese Tatsache ist nicht weiter überraschend, da es sich bei der Anamnese um ein sequentielles Entscheidungsproblem handelt (siehe Abschnitt 3.5).

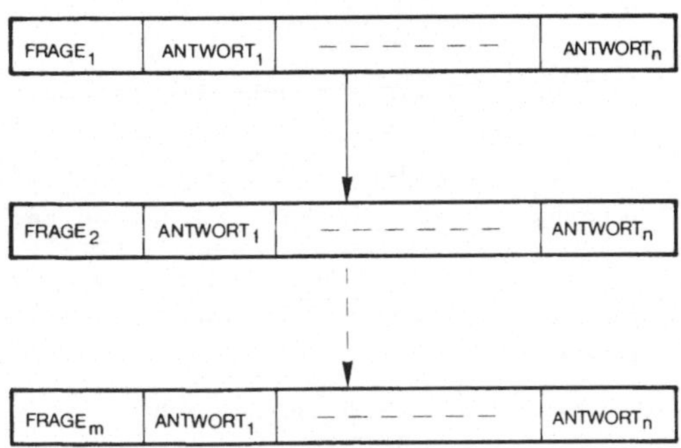

Abb. 5.9: Struktur eines linearen Fragenkatalogs. Für jede FRAGE sind $ANTWORT_1$ bis $ANTWORT_n$ möglich

Die nächste Stufe der "Standardisierung" [94] besteht daher im Einsatz eines der Modelle zur Entscheidungsunterstützung. Das prädikatenlogische Modell führt zu einem hierarchischen Fragenkatalog, bei dem den einzelnen Antworten "Sprungadressen" zugeordnet werden, die auf die nächste Frage verweisen (siehe Abb. 5.10).

So können etwa Detailfragen nach Art, Lokalisation und Häufigkeit von Schmerzen übergangen werden, wenn eine "Initialfrage" nach Schmerzen negativ beantwortet wurde.

Wesentlich schwieriger zu behandeln als geschlossene Fragen sind offene Fragen mit frei formulierbaren Antworten. Ihre Verarbeitung setzt Methoden der Medizinischen Linguistik voraus (siehe Kapitel 4).

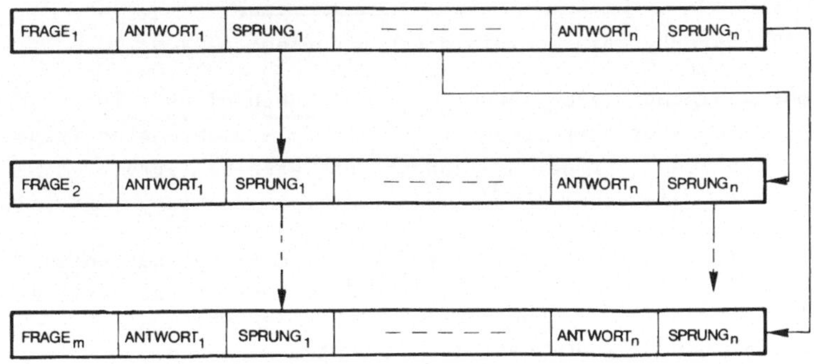

Abb. 5.10: Struktur eines hierarchischen Fragenkatalogs

5.1.3.6 Epikrise

Die Epikrise ist der Abschluß eines Krankenblatts und stellt eine Zusammenfassung und Wertung des Krankheitsverlaufs dar. Sie ist praktisch identisch mit dem "Arztbrief" (siehe Abschnitt 5.5.1.1). Eine allgemeine Übereinkunft über Inhalt und Aufbau der Epikrise gibt es nicht.

Nach einem Vorschlag [16] sollte die folgende Struktur eingehalten werden (fakultative Teile sind in Klammern gesetzt):

Patientenidentifikation
Behandlungszeitraum
Diagnosen
(Differentialdiagnose)
(Aufnahme-Anlaß)
(Aufnahme-Befund)
(Entlassungs-Befund)
Therapie
(Verlauf, Komplikationen, Nebenwirkungen)
Art der Entlassung
Behandlungsergebnis
Prognose

Im konkreten Fall wird der Inhalt wesentlich vom Krankheitsfall abhängen, zumal dann, wenn Schreibkapazität knapp ist oder der Arztbrief mit großer Verspätung geschrieben wird.

5.1.3.7 Medizinische Aussage

Dieses zusammengesetzte Objekt enthält vier Objekte (siehe Abb. 5.11): Bei wem (PATIENT), was (MERKMAL), wann (ZEIT), von wem (QUELLE). MERKMAL kann dabei nur die Ausprägung oder auch eine Bezeichnung für das Merkmal selbst enthalten (siehe Abschnitt 5.1.2.2). Die Objekte PATIENT und MERKMAL entsprechen dem Objekttripel.

PATIENT	MERKMAL	ZEIT	QUELLE

Abb. 5.11: Struktur einer medizinischen Aussage

Relationen zwischen verschiedenen Realisationen eines solchen Objekts sind formaler oder semantischer Art. Die wichtigsten **formalen** Relationen beruhen auf der Gleichheit von Daten bei verschiedenen Realisationen, wie etwa:

- PATIENT: alle Aussagen zum gleichen Patienten,
- MERKMAL: alle Patienten, bei denen das gleiche Merkmal beobachtet wurde,
- PATIENT und MERKMAL: Längsschnittsuntersuchungen,
- ZEIT und QUELLE: alle "Leistungen" einer medizinischen Leistungsstelle zu gegebener Zeit.

Die Grundform in Abb. 5.11 kann nun je nach Anwendung feiner unterteilt und strukturiert werden.

Die Codierung der ZEIT wird in der Praxis im allgemeinen keine Schwierigkeiten bieten. Meist genügt bereits ein Kalenderdatum, allenfalls wird noch die Uhrzeit notwendig sein (Untersuchung tageszeitabhängiger Merkmale, wie etwa das Glukose-Tagesprofil). Bei manchen Anwendungen ist eine doppelte Zeitangabe notwendig (Anfang/Ende der Gültigkeit einer Aussage).

Die QUELLE ist eine Klinik (etwa beim Merkmal "Überweisung von"), eine Leistungsstelle (etwa EKG-Abteilung), eine Verwaltungsstelle (etwa Aufnahme-Abteilung) oder ein ärztlicher oder paramedizinischer Mitarbeiter. Auch diese Daten werden meist ohne Schwierigkeiten zu codieren sein.

Mehr Aufwand verlangt die Patientenidentifikation PATIENT (siehe Abschnitt 5.1.3.7.1) und das MERKMAL (medizinische Information, siehe Abschnitt 5.1.3.7.2).

5.1.3.7.1 Patientenidentifikation

Die Identifikation PATIENT ist im einfachsten Fall ein numerischer Code. Kriterien für die Qualität der Codierung sind:

- **Redundanz** (Stellenanzahl bzw. Besetzungsdichte),
- Identifizierungsgrad, und zwar
  - **Selektivität** (Wahrscheinlichkeit, daß zwei verschiedene Personen nicht den gleichen Code erhalten),
  - **Spezifität** (Wahrscheinlichkeit, daß die gleiche Person zu verschiedenen Zeitpunkten den gleichen Code erhält),
- **Selbstgenerierbarkeit** (Ableitung des Code aus Merkmalen der Person).

Zum Identifizierungsproblem gibt es eine umfangreiche Literatur (siehe etwa [157]), was auf die zentrale Bedeutung einer praktischen Lösung hinweist. Ohne sie ist die Zusammenführung von Daten über den gleichen Patienten oder die Zuordnung von Daten und Patienten nicht mit hinreichender Sicherheit möglich.

Der Vorteil laufend **zugeteilter** Codes (etwa Krankenblattnummer) ist die fehlende Redundanz (Bei gleicher Anzahl zu identifizierender Personen ist die Code-Länge am kleinsten). Bei manueller Vergabe der Codes gibt es jedoch mit einer nicht vernachlässigbaren Häufigkeit Lücken (Codes, die nicht vergeben wurden, was eine Vollständigkeitskontrolle erschwert) oder Doppelvergabe des gleichen Code an verschiedene Personen. Die Häufigkeit der beiden Fälle kann je nach Qualität einer Aufnahme-Abteilung die Größenordnung von 2% erreichen. Ein weiterer Vorteil der laufenden Nummer ist, daß sie immer - also auch bei bewußtlosen Patienten - vergeben werden kann. Den Vorteilen steht der Nachteil gegenüber, daß kaum jemand solche Nummern behält. Die daher notwendigen aufwendigen Karteien zum Aufsuchen der Nummer bei Wiederaufnahme eines Patienten haben eine Reihe von Fehlerquellen, die häufig dazu führen, daß der gleiche Patient zu verschiedenen Zeitpunkten verschiedene Nummern erhält. Zudem ist die Zusammenführung von Daten aus Quellen, die unabhängig solche laufenden Nummern vergeben, unmöglich. Dieses Problem kennen viele Universitätskliniken mit einer eigenen Aufnahme-Abteilung für jede Fachklinik.

Die genannten Schwierigkeiten werden um so besser behoben, je mehr der Code aus identifizierenden Merkmalen des Patienten **generiert** wird. Ihr Nachteil ist die Redundanz, also die Verlängerung des Code. Man kann sie zwar leichter behalten, bei der Rekonstruktion ist man aber auf Angaben des Patienten angewiesen (bewußtloser Patient). Die Autoren des "allgemeinen Krankenblattkopfes" (siehe Abschnitt 5.1.3.2) haben eine 9-stellige **I-Zahl** vorgeschlagen. Sie besteht aus dem Geburtsdatum, einer Stelle für das Geschlecht und einem 2-stelligen numerischen Code für den Geburtsnamen [158].

Sind die in der I-Zahl codierten Merkmale unabhängig und sind die einzelnen Merkmale gleichverteilt, dann ist die Anzahl der möglichen I-Zahlen gleich

$$365 \cdot 100 \cdot 2 \cdot 100 = 7.3 \cdot 10^6 .$$

Die tatsächlich bestehende Ungleichverteilung und die Anwendung der Regeln der Kombinatorik lassen eine relativ große Wahrscheinlichkeit für das Auftreten der gleichen I-Zahl bei verschiedenen Patienten erwarten. Nach Untersuchungen [158] wurden unter 20.000 Patienten etwa 65 Doppelnummern gefunden.

Ein Ausweg ist ein einheitliches **Personenkennzeichen.** Die durch das Personenkennzeichen ermöglichte Vereinfachung der Zusammenführung von Daten ist aber gerade der Grund, warum seine Einführung politisch z.Zt. nicht möglich ist.

Das Risiko von Fehlzuordnungen infolge Schreibfehler bei der Identifikation kann nur durch Erhöhung der Redundanz gesenkt werden. Bei numerischen Codes erreicht man dies im allgemeinen durch Anhängen eines **Prüfzeichens.**

Die Code-Zahl sei $n = n_m \, n_{m-1} \ldots n_1$, und es gebe eine geordnete Zeichenmenge $C = \{c_1, c_2, \ldots, c_k\}$. Dann ergibt sich das Prüfzeichen p durch

$$p = c_j, \text{ mit } j = \sum_{i=1}^{m} i \cdot n_i \text{ modulo } k \quad (k > m) .$$

Besteht etwa die Zeichenmenge C aus den Ziffern 0 bis 9 ($c_1=0$, $c_2=1, \ldots, c_{10}=9$) und ist n = 32745, dann ist

$$j = \sum_{i=1}^{5} i \cdot n_i \text{ modulo } 10 = 5+8+21+8+15 \text{ modulo } 10 = 57 \text{ modulo } 10 = 7,$$

und die **Prüfziffer** $p = c_7$ ist gleich 6.

Bei medizinischen Daten wird oft eine Erweiterung der Patientenidentifikation durch Name, Geburtsdatum (falls nicht bereits Teil des Code) und Geburtsname zu einem zusammengesetzten Merkmal notwendig sein.

5.1.3.7.2 Medizinische Information

Dieses Objekt besteht nach dem Vorschlag des "allgemeinen Krankenblattkopfes" (siehe Abschnitt 5.1.3.2) nur aus den Diagnosen. Die Leistungsfähigkeit der Dokumentation wird jedoch wesentlich verbessert, wenn es neben Diagnosen auch Symptome, Befunde und die für die operativen Fächer besonders interessanten Therapien umfaßt und wenn verschiedene grundlegende Relationen berücksichtigt werden. Diese Relationen ermöglichen die Erweiterung der chronologischen Liste medizinischer Aussagen zu einem semantischen Netz (siehe Abschnitt 5.1.2.3) und verlangen eine Struktur der medizinischen

Aussage wie in Abb. 5.12. Sie läßt die Datenerfassung für prospektiv Erhebungen und Experimente ("kontrollierte klinische Studien") zu.

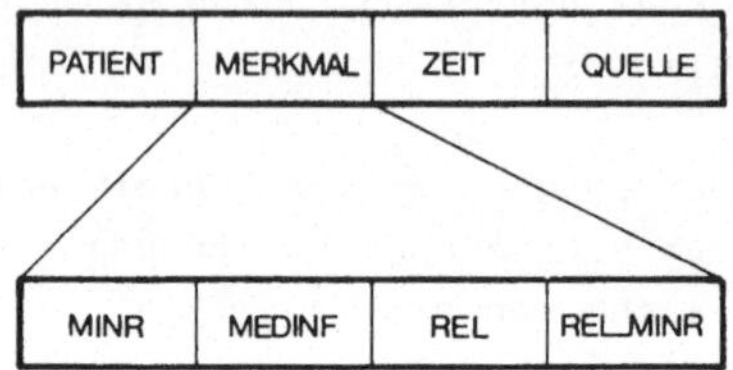

Abb. 5.12: Struktur einer medizinischen Aussage bei Berücksichtigung von Relationen. Die Namen bedeuten:

MINR: Laufende Nummer der medizinischen Information.

MEDINF: Medizinische Information (Diagnose, Therapie, Befund, Symptom).

REL: Relation zu der medizinischen Aussage mit der laufenden Nummer REL_MINR

Die Struktur in Abb. 5.12 ist für ein problemorientiertes Krankenblatt (siehe Abschnitt 5.1.3.3) anwendbar. "Datenbasis" und "Problemliste" entsprechen einer Liste medizinischer Aussagen. Der "Behandlungsplan" entspricht einer Liste von therapeutischen/diagnostischen Prozeduren mit den entsprechenden Relationen. Durch die Berücksichtigung der ZEIT kann ein Verlauf wiedergegeben werden. Die Datenstruktur bildet somit eine Grundlage zur Beschreibung des ärztlichen Entscheidungsprozesses.

Mit der SNOMED [32] (siehe Abschnitt 3.4.5.4) ist eine Nomenklatur entwickelt worden, deren semantische Struktur eine für viele Bereiche der Medizin brauchbare Struktur der medizinischen Information festlegt (siehe Abb. 5.13).

Die vollständige Struktur einer medizinischen Information wird je nach Anwendung oder medizinischem Teilbereich modifiziert.

Die Aussagen in der **Pathologie** liegen in den Dimensionen T, M und E. In der **klinischen** Pathologie kommt die Dimension F, bei Miterfassung der Art der Materialgewinnung oder der Art der Untersuchung die Dimension P hinzu.

In der **Mikrobiologie/Bakteriologie** werden die Dimensionen P, T, M und E benötigt.

Im **klinisch-chemischen Labor** werden die Dimensionen P (Materialentnahme und Unter-

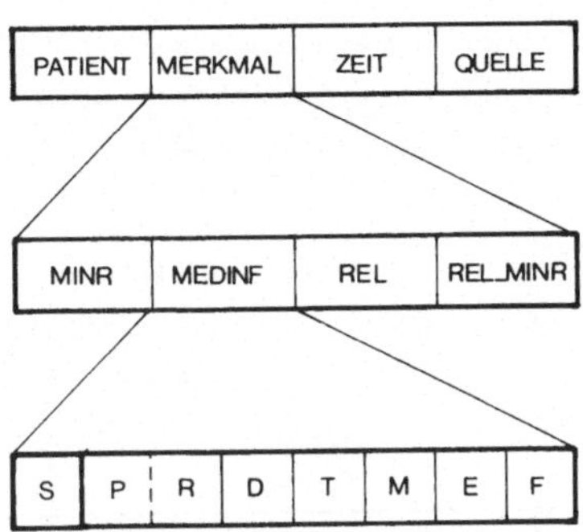

Abb. 5.13: Struktur einer medizinischen Aussage auf der Grundlage der Struktur medizinischer Informationen nach SNOMED [32] (S=Sicherheit, P=Prozeduren, R=Resultat, D="diseases", T=Topographie, M=Morphologie, E= Ätiologie, F=Funktion)

suchungsmethode) und M (Ergebnisse) benötigt. Zur Dimension M gibt es jedoch verschiedene Standpunkte. Der eine Standpunkt ist, daß das Labor ausschließlich Resultate zu liefern hat und sich jeder diagnostischen Wertung enthalten muß. Der andere Standpunkt ist, daß zu einer verantwortlichen Beurteilung eines Resultats im Labor eine diagnostische Wertung gehört.

In der **klinischen Medizin** werden alle Dimensionen in wechselnden Kombinationen benötigt.

In der Grundstruktur gibt es - je nach Inhalt von P - zwei wichtige Relationen zwischen der Dimension P und den anderen Dimensionen. Die eine Relation ist "Therapie wegen", die andere Relation ist "Untersuchung ergibt Befund". Die SNOMED enthält als Nomenklatur für viele diagnostische Merkmale nicht die Ausprägungen. Da es aber für die meisten Fragestellungen sinnvoll ist, nicht nur die Wertung eines Untersuchungsergebnisses, sondern das Ergebnis selbst zu erfassen, muß das Objekt "Prozedur" (P) um ein "Resultat" (R) ergänzt werden (siehe Abb. 5.13).

Spezielle Ergänzungen können bei **Verordnungen** notwendig sein, wie etwa Häufigkeit und Menge einer medikamentösen Therapie. Zusätzlich können Wertungen einer medizinischen Information notwendig sein, wie etwa "Verdacht auf", "Differentialdiagnose", "Sicherheit der Aussage" oder auch "explizite Verneinung", "Risiko".

Innerhalb der semantischen Dimensionen der SNOMED gibt es viele explizite und im Code repräsentierte Unterstrukturen, von denen hier zwei für die Praxis besonders wichtige Beispiele aus der Morphologie erläutert werden.

Das zusammengesetzte Merkmal "Entzündung" (siehe Abb. 3.10 in Abschnitt 3.4.2.2) hat die Ausprägungen "Verlauf", "Ausbreitung" und "Kreislaufveränderungen" (siehe Tab. 5.2). Das zusammengesetzte Merkmal "Neoplasma" hat die Ausprägungen "Verhalten", "Differenzierung" und "Ausbreitung" (siehe Tab. 5.3).

Verlauf	**Ausbreitung**	**Kreislaufveränderungen**
akut subakut chronisch ...	focal diffus multifocal ...	serös exsudativ fibrinös ...

Tab. 5.2: Struktur des zusammengesetzten Merkmals "Entzündung" nach der SNOMED [32]

Verhalten	**Differenzierung**	**Ausbreitung**
benigne maligne	gut mäßig wenig nicht	in situ primär sekundär

Tab. 5.3: Struktur des zusammengesetzten Merkmals "Neoplasma" nach der SNOMED [32]

Noch deutlicher als an diesen Beispielen werden Notwendigkeit und Problematik der Feinstruktur von Daten bei klinischen Symptomen, da diese oft vielfältige und selten operational definierbare Relationen zu Diagnosen und Therapien haben [51].

5.1.3.7.3 Relationen

Neben den in der Struktur der zusammengesetzten Merkmale enthaltenen Relationen gibt es viele Relationen zwischen einzelnen Objekten, deren Bedeutung anwendungsabhängig ist und die explizit dargestellt werden müssen. Relationen, die für die Darstellung medizinischer Informationen von sehr allgemeiner Bedeutung sind, sind etwa:

- "Therapie" **wegen** "Diagnose",
- "Diagnose" **Komplikation** von "Diagnose" oder "Therapie",
- "Diagnose" oder "Befund" **Nebenwirkung** von "Therapie",
- "Untersuchung" **ergibt** "Befund".

Eine **Nebenwirkung** (einer Therapie!) ist ein Ereignis, das nicht Ziel der Therapie ist und dessen bedingte Wahrscheinlichkeit unter der Therapie wegen kausaler Abhängigkeit größer ist als seine Wahrscheinlichkeit in der Grundgesamtheit. Der Begriff der **Komplikation** wird verschieden benutzt. Einmal versteht man darunter ein unerwünschtes Ereignis als Folge einer Therapie (Infektion einer Operationswunde, Knochenmarkserkrankung bei Behandlung mit Zytostatika), nach der oben gegebenen Definition also eine Nebenwirkung. Zum anderen versteht man darunter bestimmte Folgeerscheinungen einer Erkrankung (Magenperforation als Folge eines Ulcus ventriculi).

Teil einer Krankengeschichte seien die folgenden Aussagen:

20.1.78 Beginn einer Therapie mit Corticoiden wegen Colitis ulcerosa.
5.3.78 Stationäre Notaufnahme wegen therapiebedingtem perforierten Ulcus ventriculi.
5.3.78 Übernähen des Defekts.
6.3.78 Therapie mit Cephalosporin wegen beginnender Peritonitis.
20.3.78 Entlassung nach Heilung.

MINR	ZEIT	P	D	T	M	E	F	REL	REL_MINR	Text
1	20.1.78			T67000	M41030	E8510				Colon, akut ulcerierende Entzündung, Corticoide
2	5.3.78	P0030		T63000	M38000			N	1	Notaufnahme, Magen, Ulcus
3	5.3.78			T63230	M14700			K	2	Magenwand, Perforation
4	5.3.78	P1600		T63230				Th	3	Naht, Magenwand
5	6.3.78			TY4400	M40000	E7216		K	3	Peritoneum, Entzündung, Cephalosporin
6	20.3.78	P0100					F02450			Entlassung, Heilung

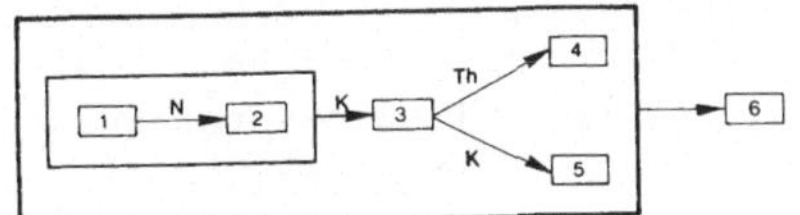

Abb. 5.14: Tabellarische Darstellung und semantisches Netz eines formalisierten Krankenblatts. Zur Struktur der medizinischen Information siehe Abb. 5.13. Relationen (REL): N=Nebenwirkung, K=Komplikation, Th=Therapie wegen

Legt man die Struktur der SNOMED zugrunde, dann ergibt sich daraus ein formal darstellbares Krankenblatt (siehe Abb. 5.14). Die expliziten Relationen verweisen bei der Einheit Nr. 2 auf die Nebenwirkung von Nr. 1 und bei Einheit Nr. 3 auf eine Komplikation von Einheit Nr. 2. Die Relation Th weist die Einheit Nr. 4 als Therapie der Einheit Nr. 3 aus.

5.2 Datenerfassung und Dateneingabe

Die **Datenerfassung** kann in drei Phasen geteilt werden.

Die **Datenerhebung** liefert durch Beobachtung der interessierenden Merkmale die Rohdaten, die als Protokoll oder als Urliste festgehal ten werden. Die **Datenaufbereitung** führt die Rohdaten über in die in der Datenbasis verlangte Form. Dazu gehören etwa Codierung und einfache arithmetische Operationen (Berechnung von relativen Häufigkeiten beim Differentialblutbild). Die Ergebnisse werden meist wieder schriftlich fest gehalten. Bei der **Datenfixierung** werden die aufbereiteten Daten auf maschinenlesbare **Datenträger**, wie etwa Lochkarten oder Lochstreifen übertragen.

5.2.1 Organisationsformen

Die genannten Arbeitsabläufe sollen an der häufig anzutreffenden Organisationsform bei der Krankenblatt-Dokumentation erläutert werden (siehe Tab. 5.4).

Phase	Quelle	Datenerfasser	Datenträger
Datenerhebung	Patient/Probe	Arzt/Krankenschwester	Krankenblatt
Datenaufbereitung	Krankenblatt	Dokumentationsassistent(in)	Ablochbeleg
Datenfixierung	Ablochbeleg	Locher(in)	Lochkarte

Tab. 5.4: Organisationsform der Datenerfassung zur Krankenblatt-Dokumentation, nach [80]

Das Krankenblatt enthält Rohdaten und aufbereitete Daten (siehe Abschnitt 5.1.3.1). Aus ihm entnimmt die Dokumentationsassistentin die Daten für die Ergänzung der Datenbasis. Die aufbereiteten Daten werden auf einem Ablochbeleg (siehe Abb. 5.15) festgehalten, der der Locherin als Vorlage für die Übertragung der Daten auf einen maschinenlesbaren Datenträger dient.

Die wichtigsten Kriterien zur Beurteilung der Organisation der Datenerfassung sind Aktualität, Zuverlässigkeit und Kosten. Sie sind in hohem Maße voneinander abhängig. Die **Aktualität** ist ein Maß für den zeitlichen Abstand zwischen "Entstehung" eines Datums bei der Beobachtungseinheit und seiner Speicherung in der Datenbasis. Die **Zuverlässigkeit** ist ein Maß für die Wahrscheinlichkeit, mit der ein Datum in der Datenbasis richtig ist. Die **Kosten** der Datenerfassung enthalten die Kosten für Beobachtung der Merkmale, Aufbereitung und Fixierung der Daten, Fehlerprüfungen und Korrekturen. Streng genommen müssen auch die "Kosten" falscher Daten in der Datenbasis berücksichtigt werden. Da diese jedoch nur selten gemessen werden können, werden sie in der Praxis meist vernachlässigt, obwohl sie gelegentlich alle anderen Kosten übersteigen.

Die Einteilung der verschiedenen Organisationsformen erfolgt nach dem **Ort**, an dem die einzelnen Phasen ablaufen, und nach dem Grad der **Integration** der Phasen.

Für die Organisationsform der Datenerfassung in Tab. 5.4 gilt: Je früher die Phase ist, desto weniger ist die Gewinnung der Daten operational definierbar, desto höher muß der Beobachtende medizinisch qualifiziert sein, desto aktueller und zuverlässiger ist ein Datum. Diese Organisationsform ist personalintensiv, zeitraubend und unzuverlässig.

Einen großen Einfluß auf die Zuverlässigkeit haben Form und Gestaltung eines Erfassungsbelegs. Daher muß in den Entwurf eines solchen Belegs sehr viel Überlegung einfließen. Wichtige Gesichtspunkte sind etwa Struktur zusammengesetzter Merkmale, Häufigkeiten von Merkmalsausprägungen, logische Verbindungen zwischen den Ausprägungen verschiedener Merkmale (Abhängigkeit, Unabhängigkeit), Codelänge, Codierung fehlender Daten und Reihenfolge der Beobachtung der Merkmale.

Erfassungsbelege sind Ablochbeleg, Markierungsbeleg und Klartextbeleg.

Ein **Ablochbeleg** (siehe Abb. 5.15) ist ein Bild einer oder mehrerer

Lochkarten. Jeweils ein Kästchen entspricht einer Spalte der Lochkarte. Die Kästchen sind daher numeriert und enthalten eine Ziffer, einen Buchstaben oder ein Sonderzeichen. Weitere mögliche Datenträger für eine Erfassung sind Magnetband oder Magnetplatte.

Klinischer Vergleich der Medikamente Miraculin und Ocultan
Daten von Patienten mit Glaucoma acutum congestivum

Nr.	Merkmal	Spalte	Eintrag
1.	Laufende Nummer	1	0 1
2.	Tropftherapie (Ocultan = 1. Miraculin = 2)	3	1
3.	Krankenblattnummer	4	0 9 3 5 6 8
4.	Aufnahmedatum	10	1 8 1 1 6 8
5.	Geburtsdatum	16	1 5 0 3 9 4
6.	Geschlecht (männlich = 1, weiblich = 2)	22	2
7.	Körpergröße in cm	23	1 6 8
8.	Körpergewicht in kg	26	0 7 5
9.	Blutdruck (RR) in mm Hg bei der Aufnahme – systolisch	29	2 2 5
10.	Blutdruck (RR) in mm Hg bei der Aufnahme – diastolisch	32	1 3 0

Abb. 5.15: Ausschnitt aus einem Ablochbeleg zur Datenerfassung [61]

Eine Verbesserung der Organisationsform ist dann gegeben, wenn einzelne Phasen (siehe Tab. 5.4) vereinigt werden. Für die **Integration** gibt es verschiedene Möglichkeiten [80] :

- Der "Ablochbeleg" bei der Datenaufbereitung wird durch einen vom Computer lesbaren Beleg ersetzt. Daher kann eine getrennte Datenfixierung entfallen. Solche maschinenlesbaren Belege sind Markierungsbeleg und Klartextbeleg.

  Bei **Markierungsbelegen** werden vorgedruckte Positionen durch einen Strich markiert. Markierungsbelegleser können solche Markierungen "lesen".

  Da nur die beiden Ausprägungen "markiert" und "nicht markiert" möglich sind, müssen alle Merkmale in binäre Merkmale umgewandelt werden (siehe Abschnitt 3.1). Dies führt oft zu sehr unübersichtlichen Belegen und bedingt hohe Fehlerraten [167]. Wegen der relativ geringen Kosten werden Markierungsbelege dennoch häufig zur Datenfixierung benutzt.

  Klartextbelege müssen auf Schreibmaschinen mit einer besonderen Schrift (OCR-Schrift = Optical Character Reader) ausgefüllt werden. Manche Geräte lesen auch handgeschriebene Ziffern und wenige handgeschriebene alphabetische Zeichen und Markierungen.

- Der "Ablochbeleg" bei der Datenaufbereitung wird durch eine Schablone auf einem Terminal ersetzt (siehe Abb. 5.16); daher entfällt wieder eine getrennte Datenfixierung. Da eine sofortige Fehlerkontrolle durch ein Computer-Programm möglich ist und die zeitliche Verzögerung zwischen Datenfixierung und Dateneingabe entfällt, sind die Daten in der Datenbasis aktueller und zuverlässiger. Nachteilig ist, daß die benötigte Ausrüstung teurer ist.

- Die Teile des Krankenblatts, die erfaßt werden sollen, werden bei der Datenerhebung direkt in eine Schablone an einem Terminal eingegeben. Dann entfallen eine getrennte Datenaufbereitung und Datenfixierung.

Für die Erfassung von Daten, die von Analysegeräten erzeugt werden, gibt es weitere Möglichkeiten [110] (siehe Abschnitt 6.1):

- Die Daten werden vom Analysegerät auf maschinenlesbare Datenträger (Lochkarte, Lochstreifen, Magnetband) ausgegeben und ohne manuelle Datenübertragung später in den Computer eingegeben. Diese Lösung ist technisch relativ einfach. Sie hat den Vorteil, daß die Analysegeräte von der Verfügbarkeit des Computers unabhängig sind, hat aber den Nachteil, daß der zeitliche Abstand zwischen Entstehung und Kontrolle der Daten sehr groß werden kann.

- Die Daten werden vom Analysegerät direkt oder unter Zwischenschaltung eines "Interface" in einen Computer eingegeben. Diese technisch aufwendigere Lösung hat den Vorteil, daß geeignete Computer-Programme die erfaßten Daten sofort kontrollieren können.

```
EINGANGSNUMMER: I E 2851/73 , ABSCHNITT: A I

 1 ADRESSE          MEDIZ.POLI/ENDO
 2 NAME, VORNAME    ██████████████
 3 EINGANGS-DATUM   09.02.73
 4 GESCHLECHT       M
 5 MATERIAL/KENNUNGPE
 6 IDENTIF. - ZAHL  16.03.07 8910
 7 ALTER            65 J 10 M 25 T
 8 BERUF
 9 VORBEFUND        E 3083/73
10 OPTION
```

Abb. 5.16: Eingabe von Identifikationsdaten (dunkler) in eine vom Computer projizierte Schablone (heller) [171]

Bezüglich des **Ortes** der Entstehung unterscheidet man **zentrale** und **dezentrale** Organisationsform. Die Datenerhebung findet immer dezentral statt. Allgemeine Aussagen darüber, ob die Dateneingabe zentral oder dezentral sein sollte, sind nicht möglich. Für eine dezentrale Dateneingabe spricht, daß die drei Phasen der Datenerfassung am stärksten integriert werden können, wodurch Aktualität und Zuverlässigkeit verbessert werden. Dezentrale Dateneingabe ist jedoch nicht immer möglich. So kann etwa die Datenaufbereitung derart spezielle Fachkenntnisse voraussetzen, daß das notwendige Personal nur zentral verfügbar ist.

5.2.2 Fehlerkontrolle

Die Definition des "Fehlers" ist schwieriger, als dies auf den erste Blick scheinen mag. Der Begriff reicht von menschlichen Fehlleistungen bis zu verschiedenen statistischen Fehlern (Fehler 1. und 2. Art beim statistischen Test, zufälliger Fehler, systematischer Fehler, ...). In [155] ist zu den Fehlerquellen bei medizinischen Daten eine aufschlußreiche Zusammenstellung enthalten.

Fehler bei der **Datenerhebung** entstehen durch Irrtümer, Fehlinterpretationen oder fehlerhafte technische Hilfsmittel. Die häufigsten Fehler liegen wohl bei anamnestischen Angaben [34,176], wenn nach länger zurückliegenden Kalenderdaten gefragt wird oder wenn psychische Faktoren eine Rolle spielen, wie etwa bei häufig als diskriminierend empfundenen Fakten (Erbleiden, Anfallsleiden oder psychiatrische Probleme).

Fehlinterpretationen gibt es besonders bei nicht-operational definierten zusammengesetzten Merkmalen (Perkussion, Palpation, psychiatrische Untersuchungen). Je nach Untersuchung werden Fehlerraten von 15% bis 50% angegeben [155].

Fehler bei der **Datenfixierung** und bei der **Dateneingabe** sind die nächste größere Fehlergruppe. Hier spielt die Klarheit des Erfassungsbelegs eine nicht zu unterschätzende Rolle. Von großer Bedeutung ist auch die Motivation. So haben verschiedene Untersuchungen gezeigt, daß Ärzte bei der Datenerfassung oft wesentlich größere Fehlerraten haben als etwa Dokumentationsassistentinnen [71,167]. Diese Erfahrung konkurriert mit der Forderung, die Daten stets von dem erfassen zu lassen, der sie gewinnt, um die Wahrscheinlichkeit von Fehlern bei der Übertragung zu reduzieren, und sie weist auf die Notwendigkeit hin, einen möglichst naheliegenden Gewinn für jede Art von Datenfixierung zu bieten (die Datenerfassung ist z.B. deutlich zuverlässiger, wenn daraus ein Vortrag oder eine wissenschaftliche Publikation resultieren soll). Das Problem läßt sich jedoch nicht so leicht bereinigen und ist nicht erst mit der Einführung computerunterstützter Verfahren entstanden.

Übertragungs- und **Schreibfehler** treten naturgemäß häufiger bei Zahlen auf. Dies ist ein gravierendes Problem bei Labordaten und Identifikationscodes. Sie bilden eine Ursache von Befundverwechslungen, die zu schwerwiegenden Sekundärfehlern führen können. Untersuchungen an Labordaten haben ergeben, daß im konventionellen Labor mit einer Fehlerrate in der Größenordnung von 10% gerechnet werden muß [17].

Wie problematisch manche Daten auch in Krankenblättern sind, haben systematische Untersuchungen ergeben. So wird in [71] berichtet, daß in 1022 Krankenblättern in 2/3 der Fälle die Diagnose nicht an der vorgesehenen Stelle eingetragen war und in keinem einzigen Fall die zu erfassenden Daten lückenlos vorhanden waren. Ein interessantes Beispiel **fiktiver** Daten wird in [155] berichtet, wo bei 575 Patienten mit zweimaliger stationärer Aufnahme in fast 1/3 der Fälle gefunden wurde, daß ein bestimmtes Datum beim zweiten Mal nicht neu erhoben, sondern abgeschrieben worden war.

Codierungsfehler sind um so häufiger, je umfangreicher und je unsystematischer das Lexikon ist.

Der große Bereich von Fehlern in der **Versuchsplanung** sei hier nur erwähnt [80]. Sie führen meist direkt zu falschen Schlußfolgerungen und sind verantwortlich für einen großen Teil der "wissenschaftlichen" Meinungsverschiedenheiten.

Über die Auswirkungen von Fehlern sind keine pauschalen Aussagen möglich. Sie sind abhängig von Art und Schwere eines Fehlers und von seinem Einfluß auf Entscheidungen. Durch Kumulation von Fehlern, sowohl bezogen auf den einzelnen Patienten, als auch auf Stichproben bei statistischen Untersuchungen, können erhebliche Risiken entstehen. Oft sind die Kosten einer nachträglichen Korrektur, gemessen an Zeit, Geld und Aufwand, so hoch, daß selbst bei Verdacht auf fehlerhafte Daten die Überprüfung und die Korrektur unterlassen werden.

Der größte Teil der Fehler entsteht in der Phase vor jeder Datenverarbeitung im engeren Sinn. Ihrer Verminderung sollte daher größte Aufmerksamkeit gewidmet werden, zumal viele Fehler nachträglich kau noch erkannt werden können.

5.2.2.1 Fehlererkennung und Fehlervermutung

Neben den Vorkehrungen zur Vermeidung von Fehlern sind für die Medizinische Informatik vor allem die Algorithmen zur Kontrolle von Fehlern interessant. Das Problem kann als Klassifikationsproblem formuliert werden (siehe Kapitel 3):

> Es werden die Daten zu einem Vektor **X** von Merkmalen erhoben. **X** spannt einen k-dimensionalen Raum R auf. Die für eine Beobachtungseinheit gefundenen Ausprägungen stellen eine Realisation **x** von **X** dar. Sei $\tilde{R}$ ein Unterraum von R und sei $\alpha = P(\mathbf{X} \varepsilon \tilde{R})$. Ist $\alpha = 0$, dann "muß" **x** für $\mathbf{x} \varepsilon \tilde{R}$ einen Fehler enthalten (**Fehlererkennung**). Ist α kleiner als ein vorgegebenes α_0, dann wird für $\mathbf{x} \varepsilon \tilde{R}$ ein Fehler **vermutet** (**Ausreißer**).

Die Verfahren zur Fehlerkontrolle (**Plausibilitätsprüfung**) werden danach eingeteilt, ob $\tilde{R}$ ein- oder mehrdimensional ist und ob sie zur Fehlererkennung oder zur Fehlervermutung dienen. Im Prinzip geh man vor wie beim statistischen Test mit der Nullhypothese

H_0 : Der Datenvektor ist fehlerfrei.

Der **Verwerfungsbereich** $\tilde{R}$ wird so gewählt, daß das Ereignis $\{\mathbf{X} \varepsilon \tilde{R}\}$ unter der Nullhypothese eine kleine (vorgegebene) Wahrscheinlichkeit und unter der Alternativhypothese eine möglichst große Wahrscheinlichkeit hat. Da die Verteilung von **X** im allgemeinen nicht bekannt ist, werden die Quantile aus einer zufälligen Stichprobe geschätzt.

5.2.2.1.1 Univariate Verfahren

Eine **Fehlererkennung** bei einem eindimensionalen Verwerfungsbereich bedeutet, daß das Datum x keine Ausprägung des Merkmals X ist. Zu diesen Verfahren gehören insbesondere syntaktische Kontrolle (Überprüfung auf zulässigen Aufbau der Nachricht, z.B. nur Ziffern), Vollständigkeitskontrolle (Kontrolle auf fehlende Daten), Extremwertkontrolle und Schreibfehlerkontrolle (vor allem bei Texten).

Zur **Fehlervermutung** geht man von der Wahrscheinlichkeitsfunktion bzw. von der Dichte aus und definiert einen Verwerfungsbereich (siehe Abb. 5.17)

$$\tilde{R} = \{ x \mid x < x_{\alpha_u} \vee x > x_{1-\alpha_o} \}.$$

Dann ist die Wahrscheinlichkeit, mit der ein Fehler vermutet wird, obwohl das Datum richtig ist ("Fehler 1. Art"), höchstens gleich $\alpha = \alpha_u + \alpha_o$. Der Bereich zwischen x_{α_u} und $x_{1-\alpha_o}$ wird oft auch **Normalbereich** genannt. In der Praxis werden α_u und α_o vorgegeben, und die Quantile werden durch die empirischen Quantile geschätzt.

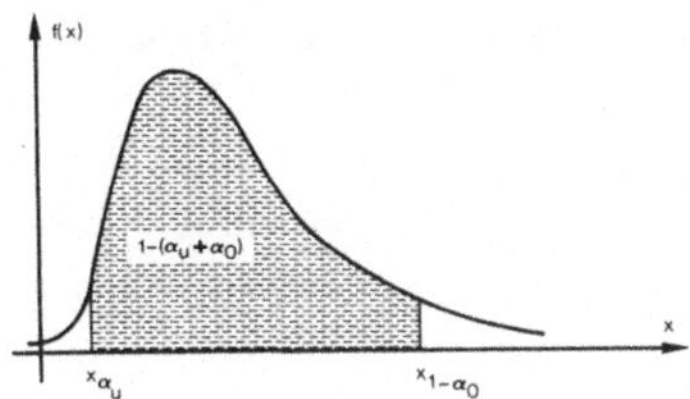

Abb. 5.17: Definition eines Verwerfungsbereichs, in dem eine Ausprägung mit der Wahrscheinlichkeit $\alpha_u + \alpha_o$ liegt. Der "Normalbereich" ist schraffiert

5.2.2.1.2 Multivariate Verfahren

Theoretisch sind die univariaten Verfahren direkt auf multivariate Verfahren übertragbar.

Beispiele für die Fehlererkennung sind etwa die Überprüfung auf Übereinstimmung von Geschlecht und Erkrankung (Prostata-Karzinom bei Frauen) oder Alter und Erkrankung (Scharlach bei 80-Jährigen). Hier wird also "natürliche" Redundanz ausgenutzt. Redundanz wird auch künstlich zur Fehlerkontrolle erzeugt (die Erhebung des Alters zusätzlich zu Aufnahmedatum und Geburtsdatum, Prüfzeichen).

Häufig werden vermutlich falsche Daten im k-dimensionalen Fall gesucht, indem eine k-dimensionale Kugel so berechnet wird, daß außerhalb dieser Kugel nur der Anteil α der Daten liegt. Diese Daten werden dann gesondert überprüft. Das Verfahren wird dadurch verfeinert daß man bei unterschiedlichen Varianzen nicht eine Kugel, sondern ein k-dimensionales Ellipsoid berechnet, dessen Hauptachsen proportional den empirischen Varianzen sind.

Für komplizierte Verteilungen kann man die empirische Dichte auch dadurch schätzen, daß man eine Distanzfunktion definiert und für jede Beobachtungseinheit, repräsentiert als Punkt im k-dimensionalen Merkmalsraum, den Wert d_n bestimmt, bei dem genau n Nachbarn eine Distanz von höchstens d_n haben. Überschreitet d_n für eine Beobachtungseinheit eine gewisse Grenze, dann wird ein Fehler vermutet [44].

Da multivariate Verfahren meist sehr aufwendig sind, benutzt man verschiedene Techniken zur Überführung in univariate Verfahren. Dazu kann z.B. die Hauptkomponentenanalyse dienen (siehe Abschnitt 3.3.1.1.3). Im Extremfall führt sie zu einer oder mehreren Zufallsvariablen, die den zufälligen Fehler repräsentieren und deren Varianz hinreichend klein ist. Berechnet man für eine Beobachtungseinheit die einer solchen Zufallsvariablen entsprechende Realisation und weicht diese zu stark von Null ab, dann wird ein Fehler vermutet.

In die gleiche Richtung geht die Ausnutzung der funktionalen **Abhängigkeit** zwischen Merkmalen. Gibt es eine Abhängigkeit zwischen quantitativen Merkmalen, dann kann diese oft erfolgreich zur Fehlerkontrolle eingesetzt werden. Besteht etwa zwischen dem Merkmal Y und dem Vektor $\mathbf{X} = (X_1, X_2, \ldots, X_k)$ eine funktionale Abhängigkeit

$$Y = f(\mathbf{X}) + E$$

mit dem zufälligen Fehler E, dann können die Parameter der Funktion f durch eine Regressionsanalyse geschätzt werden. Wegen $E = Y - f(\mathbf{X})$ wird das Problem der simultanen Fehlerkontrolle für die Merkmale $Y, X_1, X_2, \ldots, X_k$ auf ein 1-dimensionales Problem für E zurückgeführt.

Dieses Prinzip ist in Abb. 5.18 anhand einer linearen Abhängigkeit zwischen zwei Merkmale X und Y schematisch dargestellt:

$$Y = a \cdot X + b + E \quad \text{bzw.} \quad E = Y - a \cdot X - b .$$

Der durch * bezeichnete Punkt ist bei isolierter Betrachtung der Daten von X oder Y nicht auffällig. Die Vermutung eines Fehlers kommt erst durch simultane Berücksichtigung beider Merkmale bzw. durch Berechnung der Realisation von E auf.

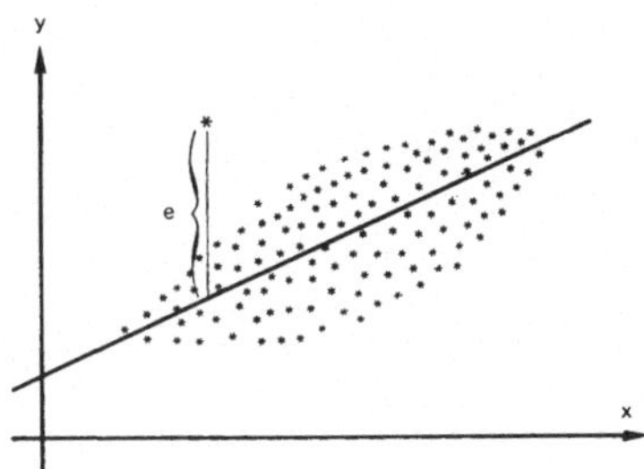

Abb. 5.18: Lineare Regression zur Fehlerkontrolle

Abhängigkeit von Merkmalen gibt es auch bei verbundenen Stichproben. Für die Praxis besonders interessant ist der **natürliche Block** [80], wenn etwa das gleiche Merkmal zu verschiedenen Zeiten an der gleichen Beobachtungseinheit beobachtet wird. Diese Tatsache kann vor allem im klinisch-chemischen Labor zur Fehlerkontrolle eingesetzt werden.

Eine praktische Anwendung zur Kontrolle auf Befundverwechslung ist in [111] beschrieben.

Sei X_t eine Zufallsvariable, die das Merkmal X beim gleichen Patienten zu einem Zeitpunkt t beschreibt. Aus den Daten eines Jahrgangs werden die Realisationen der Zufallsvariablen $D_t = X_a - X_{a+t}$ gewonnen. Für verschiedene Werte von t werden die empirischen Dichten der Zufallsvariablen berechnet, und es werden Verwerfungsbereiche festgelegt, indem die Wahrscheinlichkeit α für den Fehler 1. Art vorgegeben wird (siehe Abb. 5.19). Da die Streuung der Zufallsvariablen $Y = X^{(1)} - X^{(2)}$ für zwei verschiedene Beobachtungseinheiten größer ist als die Streuung von D_t, fällt ein größerer Teil der Verteilung von Y in den Verwerfungsbereich. Liegt also eine Befundverwechslung vor, dann ist die Wahrscheinlichkeit β, daß diese auch vermutet wird, größer als α. Ein Merkmal ist zur Kontrolle auf Befundverwechslung um so besser geeignet, je größer die Differenz $\beta - \alpha$ ist.

Noch größere Sicherheit erhält man, wenn man einen simultanen Vergleich mit k Merkmalen vornimmt. Zur Transformation in den univariaten Fall wird dazu eine **Distanz** zwischen den beiden Realisationen im k-dimensionalen Raum definiert.

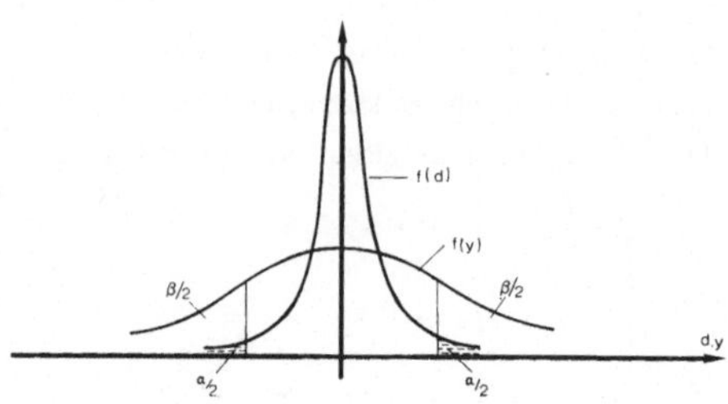

Abb. 5.19: Wahrscheinlichkeitsdichten der intraindividuellen Differenz D_t zwischen zwei im Abstand t erfolgten Beobachtungen und der interindividuellen Differenz Y des gleichen Merkmals

5.2.2.2 Fehlerkontrolle im klinisch-chemischen Labor

In einem klinisch-chemischen Labor gibt es umfangreiche Vorschrifte zur Fehlerkontrolle, die zum Teil gesetzlich geregelt sind [110]. Dabei wird unterschieden zwischen:

- **Richtigkeitskontrolle**, bei der Kontrollseren mit bekanntem Sollwert analysiert werden, und
- **Präzisionskontrolle**, bei der Kontrollseren mit unbekanntem Sollwert analysiert werden.

Zusätzlich sind die Labors verpflichtet, an **Ringversuchen** teilzunehmen, bei der die gleiche Substanz von verschiedenen Labors analysiert wird.

Bei der **Richtigkeitskontrolle** wird ein Quotient

$$Y = \frac{X-\mu}{\sigma}$$

aus der Messung X, dem Sollwert μ und der Standardabweichung σ gebildet. Die Standardabweichung ist jedoch im allgemeinen von μ abhängig. Als "Warngrenze" dient je nach Labor ein Quotient von 2 bis

Die **Präzisionskontrolle** unterscheidet sich von der Richtigkeitskontrolle nur dadurch, daß μ und σ unbekannt sind und durch den Mittelwert $\bar{x}$ und die empirische Standardabweichung s aus einer Meßserie bei Einführung des Kontrollserums geschätzt werden. Die Ergebnisse späterer Messungen werden auf **Kontrollkarten** über einer Zeitachse festgehalten, so daß man nicht nur Abweichungen von $\bar{x}$, sondern auch Trends erkennt.

Zusätzliche Kontrollmöglichkeiten ergeben sich dadurch, daß die Präzisionskontrolle mehrmals am Tag wiederholt wird. Varianzanalysen zeigen, daß im allgemeinen die Streuung von Tag zu Tag etwa doppelt so groß ist wie die Streuung innerhalb eines Tages, bedingt etwa durch den Einfluß der Eichung der Geräte und der Ungenauigkeiten beim Ansetzen der Lösungen.

5.2.2.3 Schreibfehler in Texten

Die Erkennung und Korrektur von Schreibfehlern in Texten ist ein semantisches Problem und gehört zur Medizinischen Linguistik (siehe Kapitel 4). Wegen der großen Bedeutung von Texten in der medizinischen Informationsverarbeitung ist man an leistungsfähigen, einfachen Algorithmen interessiert, die bei der Überprüfung von Massendaten eingesetzt werden können, selbst wenn diese nicht in der Lage sind, besonders schwierige Fälle zu behandeln (etwa Fehler, die nur durch Kontextanalyse entdeckt werden).

Die Erkennung von Schreibfehlern kann vereinfacht werden, wenn sie auf formale Fehler in Wörtern beschränkt wird, da dann alle zugelassenen Wörter in eine Liste aufgenommen werden können. Ein in dieser Liste nicht gefundenes Wort des zu analysierenden Textes ist entweder fehlerhaft oder muß in der Liste ergänzt werden.

Auch die in Abschnitt 4.2.4 dargestellte Segmentierung kann zur Fehlerkontrolle eingesetzt werden. Dabei wird ausgenutzt, daß ein fehlerhaftes Wort mit einer hohen Wahrscheinlichkeit nicht segmentiert werden kann. Der Vorteil der Segmentierung liegt in dem kleineren und damit seltener zu ergänzenden Lexikon. Ihm steht der Nachteil gegenüber, daß der Algorithmus komplizierter ist.

Die Organisation einer automatischen Erkennung von Schreibfehlern in Texten ist abhängig von der Organisationsform der Datenerfassung (siehe Abschnitt 5.2.1).

Werden die Daten an einem Terminal unter Kontrolle eines Programms eingegeben, dann können sie vor der weiteren Verarbeitung auf Schreibfehler überprüft, und fehlerhafte Daten können vom Datenerfasser sofort korrigiert werden. Dadurch entfällt der sonst übliche Überhang an Korrekturen, der einen Routinebetrieb sehr stark belasten kann. Bei entsprechend eingeschränktem Anwendungsbereich können zur Dateneingabe auch Kleinstcomputer eingesetzt werden [126].

Werden Texte, etwa von Klartextbelegen, im batch-Betrieb verarbeitet dann entfällt die Möglichkeit der manuellen Korrektur von Schreibfehlern. Da die meist unter Zeitdruck geschriebenen, schwierigen Texte häufig Schreibfehler aufweisen, sollte die Fehlerkontrolle im batch-Betrieb durch eine automatische **Fehlerkorrektur** ergänzt werden. Dazu wird ein fehlerhaftes Wort durch ein im Lexikon enthaltenes Wort ersetzt, das dazu eine möglichst geringe Distanz hat. Die in der Literatur angegebenen Distanzfunktionen gehen meist von der HAMMING-Distanz (siehe Abschnitt 3.3.2.2.1.1) aus. In [45] ist neben einer umfassenden Literaturübersicht ein Algorithmus angegeben der relativ leicht implementiert werden kann und wohl die meisten in Routinetexten auftretenden Schreibfehler korrigiert.

Größere Probleme wirft die Kontrolle von Schreibfehlern in Namen auf. Bei vielen automatisch geführten Registern gehört der Name zu den Identifikationsdaten (siehe Abschnitt 5.1.3.7.1). Die einzige, noch sehr unsichere Kontrolle ist hier die Überprüfung von Buchstabenkombinationen (**n-gramme**). Dabei nutzt man aus, daß die Wahrscheinlichkeiten der Folgen von n Buchstaben ungleich sind. Trifft man bei der Überprüfung eines Namens auf eine Folge, die eine sehr kleine Wahrscheinlichkeit hat, dann wird ein Fehler vermutet.

5.2.2.4 Störung analoger Nachrichten

Ein **Signal** $Y(t)$ (siehe Abschnitt 2.2.1) enthält - neben der die Information repräsentierenden **Nachricht** $f(t)$ - die **Störung** $E(t)$, die die Gesamtheit der Fehler repräsentiert:

$$Y(t) = f(t) + E(t) .$$

Die Ursachen der Störung sind physikalischer Art (Gerätefehler, falsche Applikation von Sensoren, Schwankung der Netzspannung) oder biologischer Art (Muskelpotentiale im EEG), die Art der Störung ist systematisch (falsche Geräteeinstellung, paroxysmale Veränderung des EKG-Signals) oder unsystematisch (Muskelpotentiale). Bei unsystematischen Störungen kann man weiter das **Rauschen** von diskreten Störungen unterscheiden.

Das Rauschen ist mit der Brown'schen Molekularbewegung vergleichbar. Es entsteht durch die Summation vieler einzelner unabhängiger Einflüsse, die alle den Erwartungswert 0 und eine endliche Varianz besitzen. Seine Verteilung kann daher nach dem zentralen Grenzwertsatz [80] durch eine $N(0, \sigma^2)$-Verteilung approximiert werden.

Die Methoden zur Extraktion der Nachricht f(t) aus dem Signal werden als **Filter** bezeichnet. Sie können eingeteilt werden in allgemeine Methoden und in spezielle Methoden, die auf die Natur eines Fehlers ausgerichtet sind. Je genauer man Ursache und zeitlichen Verlauf eines Fehlers kennt, desto besser kann der Filter sein. Auf die speziellen Filter wird hier nicht näher eingegangen, da sie zum großen Teil mathematisch aufwendig sind [63]. Einige Beispiele sollen jedoch einen Eindruck von den verschiedenen Prinzipien geben (siehe auch Abschnitt 6.1.2.1.1).

Beim **Schwellenwert**-Filter werden alle Werte von Y(t) oberhalb einer Schwelle λ abgeschnitten:

$$Y(t) \leftarrow \begin{Bmatrix} Y(t), & Y(t) \leq \lambda \\ \lambda, & \text{sonst} \end{Bmatrix} .$$

Beim **Fenster** wird die Funktion Y(t) außerhalb eines Intervalls ausgeblendet. Bei der **Glättung** wird die Funktion Y(t) intervallweise approximiert. Dazu werden meist Polynome verwendet. Der Glättung entspricht als statistisches Verfahren die **Regressionsanalyse**, bei der Y(t) stückweise (oder auch im gesamten Verlauf) durch eine Regressionsfunktion (im einfachsten Fall durch den Mittelwert) approximiert wird.

Bei der Methode der **gleitenden Durchschnitte** werden nach Digitalisierung die Daten y_i (i=1,2,...,n) durch den Mittelwert von k Nachbardaten ersetzt:

$$y_i \leftarrow \frac{1}{k} \cdot \sum_{j=i}^{i+k-1} y_j \quad , \quad i=1,2,\ldots,n-k+1 \; .$$

Die Daten $y_{n-k+2}, y_{n-k+3}, \ldots, y_n$ werden meist vernachlässigt. Analog dieser "rechten" Durchschnittsbildung kann man eine "linke" Durchschnittsbildung und eine "zentrale" Durchschnittsbildung vornehmen. Bei der zentralen Durchschnittsbildung wird y_i durch den Mittelwert der Daten von $y_{i-(k-1)/2}$ bis $y_{i+(k-1)/2}$ ersetzt (k ungerade!):

$$y_i \leftarrow \frac{1}{k} \cdot \sum_{j=i-(k-1)/2}^{i+(k-1)/2} y_j \; , \; i = (k+1)/2, \ldots, n-(k-1)/2 \; .$$

Ein statistisches Verfahren bei periodischen Funktionen f(t) (wie etwa beim EKG) liegt der Ermittlung einer **repräsentativen Periode** zugrunde. Durch eine Voranalyse werden die Grenzen t_i der einzelnen Perioden geschätzt. Setzt man den Anfangswert $t_0 = 0$, dann erhält man mit der Periodendauer λ_i und der mittleren Periodendauer λ:

$$Y_i(t) = f(t) + E_i(t), \quad t_{i-1} \leq t \leq t_i, \; i = 1,2,\ldots,n \; .$$

Die repräsentative Periode ist der Mittelwert:

$$Y(t) \leftarrow \frac{1}{n} \cdot \sum_{i=1}^{n} Y_i \left(t_{i-1} + \frac{\lambda_i}{\lambda} \cdot t \right), \; 0 \leq t \leq \lambda \; .$$

Ein Filter wird in einem Programm (Software) oder in einem Gerät (Hardware) realisiert. Der Vorteil der Realisierung in einem Program ist die größere Flexibilität. Algorithmen können schneller entwickelt eingesetzt und modifiziert werden, können aber viel Verarbeitungszeit beanspruchen. Ist ein Algorithmus hinreichend einfach und stabilisiert, dann kann man ihn durch elektrische Schaltungen realisieren und in ein Gerät einbauen. Den höheren Kosten steht der Vorteil der größeren Verarbeitungsgeschwindigkeit gegenüber.

5.3 Datenspeicherung

Von der logischen Datenstruktur (siehe Abschnitt 5.1.2) ist die physische Datenstruktur zur Implementierung auf einem speziellen Speichermedium begrifflich zu trennen. Bei gegebener logischer Datenstruktur ist die physische Datenstruktur u.a. abhängig von

- Art des Speichermediums (Hauptspeicher, Magnetband, Magnetplatte, ...),
- Betriebssystem des Computers,
- Programmiersprache,
- Effizienzüberlegungen im Zusammenhang mit Zugriffsform (sequentiell, direkt) und Zugriffshäufigkeit.

Bezüglich der verschiedenen Techniken sei auf [77] verwiesen.

5.4 Informationsbildung

Informationsbildung umfaßt die Methoden zur Ableitung der Daten aus den erfaßten Daten, die Ausprägungen der das Modell konstituierenden Merkmale sind. Der elementare Schritt der Informationsbildung ist also die Bildung eines Objekttripels. **Informationsintegration** umfaßt die Methoden zur Verknüpfung von Objekttripeln durch modellabhängige Relationen zu Informationen "höherer Ordnung". Die Unterscheidung zwischen den beiden Begriffen ist jedoch nicht sinnvoll, da die rekursive Definition des Objekttripels die Erklärung der "Informationsintegration" als "Informationsbildung" zuläßt (siehe Abschnitt 5.1).

Die Grundlage der Informationsbildung ist die Speicherung und der Einsatz von Wissen (siehe Abschnitt 5.1.2.3).

Bei einem Patienten PATIENT werden zu den beiden Merkmalen RR_{syst} (systolischer Blutdruck) und RR_{diast} (diastolischer Blutdruck) die Daten 210 mm Hg bzw. 140 mm Hg erhoben. Der elementare Schritt der Informationsbildung besteht in der Bildung der Funktionen

$$AUSPR(PATIENT,RR_{syst}) = 210 \text{ und } AUSPR(PATIENT,RR_{diast}) = 140$$

bzw. der Objekttripel

$$(PATIENT,RR_{syst},210) \qquad \text{und } (PATIENT,RR_{diast},140)\,.$$

Aus diesen Informationen kann mit RR_{med} (mittlerer Blutdruck) die Information

$$(PATIENT,RR_{med},175)$$

durch einfache Mittelwertbildung erhalten werden. Dazu wird methodisches Wissen (Definition des Mittelwerts) eingesetzt.

Ist medizinisches Fachwissen verfügbar, dann können aus den elementaren Informationen weitere Informationen abgeleitet werden. So wird etwa aus der Regel

WENN $\quad$ AUSPR(PATIENT,RR_{diast}) > 120 $\wedge$ AUSPR(PATIENT,RR_{med}) > 150,
DANN $\quad$ AUSPR(PATIENT,DIAGNOSE) = 'renale oder renovasculäre Hypertonie'

durch "Einsetzen" der Daten von PATIENT das neue Objekttripel

(PATIENT, DIAGNOSE, 'renale oder renovasculäre Hypertonie')

gefolgert.

Weitere Beispiele der Informationsbildung enthält Kapitel 6.

5.4.1 Indexierung

Indexierung ist die Analyse und die Transformation einer Aussage in medizinischer Sprache in Elemente eines Aussagenmodells (siehe Kapitel 4 und Abschnitt 5.1.3.7). Die Komponenten des Modells sind die medizinischen Informationen (siehe Abschnitt 5.1.3.7.2) und ihre Relationen (siehe Abschnitt 5.1.3.7.3). Da die medizinischen Informationen durch Lexeme bezeichnet werden, gehören Indexierung und Klassifikation von Begriffen zusammen.

Die Indexierung kann mit der Verarbeitung eines EKG verglichen werden (siehe Abschnitt 6.1.1.1). Die EKG-Kurve enthält die meisten Daten. Der Informationsbildung etwa für die Diagnostik steht jedoch entgegen, daß die Relationen zwischen allen denkbaren Eigenschaften der Kurve und diagnostischen Aussagen nur für wenige Merkmale bekannt sind. Für die Diagnostik ist die EKG-Kurve also redundant.

Auch bei sprachlich formulierten Aussagen ist man oft nur an einem Teil der Information interessiert, die zudem noch klassifiziert werden soll.

Ist etwa ein Chirurg nur an der Komplikationsrate seiner Operationen interessiert, dann enthält für ihn die Aussage "Sekundärinfektion nach Appendektomie bei einer 47-jährigen Patientin mit geringer Allgemeinreaktion" Ballast. Die interessante Information ist in "Sekundärinfektion nach Appendektomie" enthalten. Soll die Art der Komplikation nicht weiter aufgeschlüsselt werden, dann muß "Sekundärinfektion" außerdem in "Komplikation" transformiert werden.

Anwendungen der Indexierung gibt es immer dann, wenn sprachlich formulierte Daten verarbeitet werden. Dazu gehören etwa die Computerunterstützung bei der Anamnese (siehe Abschnitt 5.1.3.5), bei der Diagnostik (siehe Abschnitt 3.5.2.2), in der Bibliographie (siehe Abschnitt 6.5) oder in der Dokumentation ("Computer-Krankenblatt", siehe Abschnitt 5.1.3.7.3; Krankheitsregister, siehe Abschnitt 6.4).

Die Entwicklung automatischer Indexierungsverfahren ist aus verschiedenen Gründen notwendig:

- Die manuelle Indexierung von Massendaten hat einen erheblichen Aufwand und ist mit großen Fehlerraten belastet.
- Es besteht eine starke Diskrepanz zwischen der notwendigen Qualifikation eines Indexierers und dem Stumpfsinn der Indexierung von Routinedaten.

5.4.1.1 Qualitätsmaße

Die Qualität einer Indexierung kann theoretisch durch die Qualität der Auswertung einer Datenbasis mit indexierten Daten beschrieben werden:

> Eine Auswertungsfrage teilt die Menge S der in der Datenbasis enthaltenen Aussagen in eine Untermenge A "relevanter" Aussagen und in die Komplementmenge $\bar{A}$ "nicht-relevanter" Aussagen. B sei die Menge der Aussagen in der Antwort auf die Auswertungsfrage (siehe Abbildung 5.20).

Enthält die Datenbasis die indexierten Diagnosen einer Menge von Patienten, dann teilt die Auswertungsfrage: "Suche alle Patienten, für die die Diagnose 'Appendicitis' gestellt wurde" die Menge der Diagnosen in die Menge A der relevanten Diagnosen (etwa 'Appendicitis', 'Wurmfortsatzentzündung', 'Entzündung der Appendix vermiformis', . . .) und in die Menge $\bar{A}$ der nicht-relevanten Diagnosen.

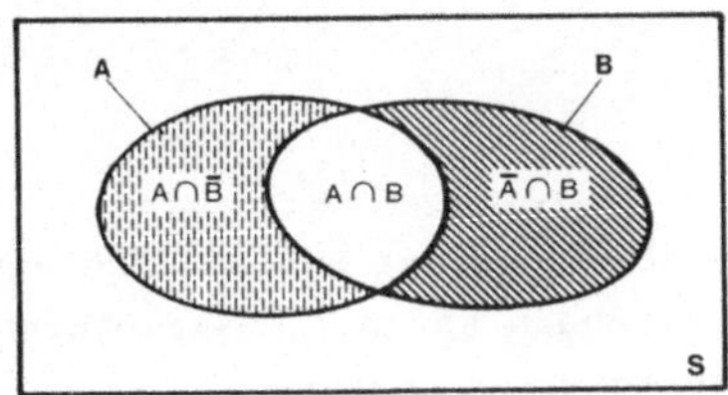

Abb. 5.20: VENN-Diagramm zur Definition der Qualitätsmaße einer Indexierung. Die Menge S enthält für eine Auswertungsfrage eine Menge A relevanter Aussagen. Auf die Auswertungsfrage wird die Menge B von Aussagen gefunden

Ist d eine in der Datenbasis enthaltene Aussage, dann können in der Antwort auf eine Auswertungsfrage zwei Fehler vorliegen:

- Die relevante Aussage d wird nicht gefunden: $d \in (A \cap \bar{B})$.
- Die nicht-relevante Aussage d wird gefunden: $d \in (\bar{A} \cap B)$.

Den beiden Fehlern entsprechen die folgenden Maße:

Recall $= P(d \in B \mid d \in A) = \frac{P(A \cap B)}{P(A)}$.

Die Antwort ist um so "vollständiger", je mehr relevante Aussagen gefunden werden (siehe "Empfindlichkeit" in Abschnitt 3.1)

Präzision $= P(d \in A \mid d \in B) = \frac{P(A \cap B)}{P(B)}$.

Die Antwort ist um so präziser, je mehr gefundene Aussagen relevant sind.

Diese Maße haben meist nur eine theoretische Bedeutung, da sie bei praktischen Anwendungen kaum einmal berechnet werden können. Zur Berechnung müßte die a priori-Wahrscheinlichkeit aller möglichen Auswertungsfragen bekannt sein, und für jede mögliche Auswertungsfrage müßten die Mengen A und B bestimmt werden.

Bezieht man die beiden Maße auf eine spezielle Auswertungsfrage, dann benötigt man die Kenntnis der a priori-Wahrscheinlichkeiten nicht. Die Werte der beiden Maße ändern sich aber mit jeder Auswertungsfrage. Während die Präzision jetzt anhand einer Analyse der Antwort bestimmt werden kann, ist der Recall meist unbekannt, da zu seiner Bestimmung die Datenbasis durch ein "Außenkriterium" in die Mengen A und $\bar{A}$ geteilt werden müßte.

5.4.1.2 Verfahren

Bei einem **descriptor-out-of-context**-System (**Schlagwort**-System) werde die einen Text beschreibenden Lexeme (**Deskriptoren**) dem Text hinzugefügt; bei einem **descriptor-in-context**-System (**Stichwort**-System) müssen die Deskriptoren im Text enthalten sein.

Zur Indexierung ist ein Lexikon **L** aus Lexemen ℓ_i gegeben. Der zu indexierende Text t bestehe aus Wörtern $t = w_1 w_2 \ldots w_n$. Um nicht noch eine spezielle Notation einführen zu müssen, werden in diesem Abschnitt Zeichenketten auch als Mengen von Wörtern interpretiert. Für die Tatsache, daß das Lexem ℓ eine Teilzeichenkette von t ist, wird daher die Notation $\ell \subset t$ verwendet; für die Tatsache, daß das Wort w eine Teilzeichenkette von t ist, wird die Notation $w \in t$ verwendet.

Der Text t soll durch eine Menge I von Lexemen ("Indexierung") ersetzt werden, so daß die Information von t erhalten bleibt:

$$t \longrightarrow I = \{\ell_1, \ell_2, \ldots\} \quad , \quad \ell_i \in \mathbf{L} \; .$$

Verschiedene Grade der Indexierung eines Buches sind etwa der Ersatz durch Titel, Inhaltsverzeichnis oder Sachregister.

5.4.1.2.1 Wortorientierte Verfahren

Ein einfacher Ansatz beruht auf der Forderung, daß jedes Lexem $\ell \in I$ eine Teilzeichenkette von t sein muß (descriptor-in-context): $\ell \subset t$.

Besteht jedes Lexem aus genau einem Wort, dann reduziert sich diese Bedingung zu $\ell \in t$ und das Lexikon wird überflüssig, da jeder Text durch die Menge seiner Wörter repräsentiert wird. Solche einfachen Systeme werden auch von der Computerindustrie angeboten (STAIRS von IBM, GOLEM/PASSAT von SIEMENS). Sie haben zwei schwerwiegende Nachteile:

- Die Menge der Wörter ist für die meisten Anwendungen redundant. Dies führt zu einem großen Speicherplatzbedarf und langen Suchzeiten. Für einen befriedigenden Recall muß der Benutzer in der Auswertungsfrage möglichst viele Variationen seiner Bezeichnungen vorsehen (Carcinom, Karcinom, Carzinom, Karzinom, ...).
- Die Information in idiomatisierten Lexemen wird zerstört (Englische Krankheit).

Der Verminderung der Redundanz dienen verschiedene Techniken:

- Das Lexikon ist eine **Positivliste** mit allen Wörtern, die zur Indexierung verwendet werden dürfen (GOLEM/PASSAT).

- Es gibt eine **Negativliste** N mit allen Wörtern, die nicht zur Indexierung verwendet werden dürfen. Elemente von N sind meist Artikel, Pronomina und "Füllwörter". Dann lautet die Indexierungsbedingung

$$\ell \varepsilon (t \cap \bar{N}) \ .$$

- Die Wörter des Textes werden transformiert, um synonyme Wörter durch das gleiche Lexem zu repräsentieren. Dann lautet die Indexierungsbedingung

$$\ell \, \varepsilon \, \sigma(t), \quad \sigma(t) := \{\sigma_1(w_1), \sigma_2(w_2), \ldots\} \ .$$

Solche Transformationen sind:

Lemmatisierung	(corticale → cortical)
Plural → Singular	(Hände → Hand)
Adjektiv → Substantiv	(cortical → cortex)
Synonym → Vorzugsbezeichnung	(Rinde → cortex) .

Die Lemmatisierung wird etwa im GOLEM/PASSAT vorgenommen. Im STAIRS wird der gleiche Effekt dadurch erreicht, daß der Benutzer nicht nur nach einzelnen Wörtern, sondern nach formal definierten Mengen von Wörtern suchen kann. So gibt es etwa die Möglichkeit, nach aller Wörtern zu suchen, die mit krank beginnen und danach höchstens noch n Zeichen haben (Suche nach krank$n).

Eine noch weiter gehende Redundanzverminderung erreicht man dadurch, daß das Lexikon nicht aus Wörtern, sondern aus Morphemen besteht. Dabei wird ausgenutzt, daß eine Phrase keine zufällige Wortkombination, ein Wort keine zufällige Morphemkombination und ein Morphem keine zufällige Buchstabenkombination ist.

So benötigt man in der SNOP 262422 Buchstaben. Werden aber die Morpheme codiert, dann enthält die SNOP nur noch 14340 · 5.7 = 81738 Zeichen (Morpheme!). Zusätzlich wird ein Morphem-Lexikon benötigt, das 4726 · 4.9 ≃ 23 157 Buchstaben enthält (siehe Tab. 5.5).

Einheit	Anzahl	Mittlere Anzahl von Einheiten pro Lexem	Mittlere Anzahl von Buchstaben pro Einheit
Lexem	14340	1	18.3
Wort	11116	2.1	10.4
Morphem	4726	5.7	4.9

Tab. 5.5: Anzahl verschiedener Lexeme, Wörter und Morpheme in der SNOP [170]

Zwei Systeme aus der Medizin, die die beschriebenen Techniken benutzen, werden zur Dokumentation in der Pathologie eingesetzt [86,118,165] . Der AGK-Thesaurus [118,165] besteht aus zwei miteinander verbundenen Wortlisten. Alle Wörter des Textes müssen in der Liste der derzeit etwa 70.000 "Eingangswörter" enthalten sein. Jedes Eingangswort verweist explizit auf eines der derzeit etwa 19.000 "Standardwörter".

Im ersten Schritt wird jedes Wort des Textes durch das entsprechende Standardwort ersetzt (siehe Abb. 5.21). Diese Transformation beinhaltet Lemmatisierung, Ersatz von Adjektiven durch Substantive, Ersatz von Synonyma durch Vorzugsbezeichnung und Unterdrücken nicht-interessierender Wörter (Ersatz durch die leere Zeichenkette). Die Eingangswortliste erfüllt daher die Funktionen einer Positivliste und einer Negativliste.

Der zweite Schritt umfaßt anhand der "Liste" der Standardwörter (siehe Abb. 5.21, 5.22) die Klassifikation des Standardwortes nach sechs semantischen Dimensionen und die Ergänzung von Lexemen bei Komposita (Verweise).

Bei der Auswertung wird das gleiche Verfahren angewendet. Es qualifizieren sich alle Aussagen, deren Deskriptoren eine Obermenge zu den Deskriptoren der Auswertungsfrage sind. Die Hinzufügung von Deskriptoren anhand der Liste der Standardwörter entspricht dem descriptor-out-of-context-System bei einem vom Prinzip her descriptor-in-context-System.

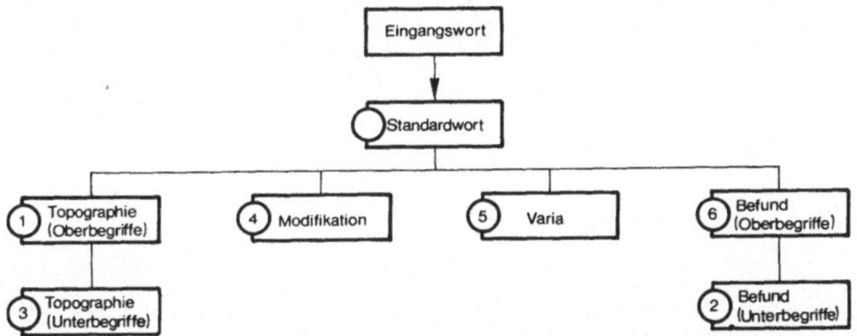

Abb. 5.21: Semantische Struktur des AGK-Thesaurus [118,165] . Liste der Eingangswörter und Liste der Standardwörter. Jedes Standardwort wird einer von sechs semantischen Dimensionen zugeordnet und gegebenenfalls durch "assoziierte" Deskriptoren aus diesen Dimensionen ergänzt

Die Zerstörung der Information idiomatisierter Phrasen kann nur dadurch verhindert werden, daß das Lexikon **L** diese Phrasen enthält. Ein gewisser Ersatz ist bei manchen wortorientierten Systemen bei der Auswertung möglich. So werden mehrwortige Phrasen durch Berücksichtigung von **Nachbarschaftsrelationen** simuliert (Suche alle Aussagen, die die Deskriptoren 'Englische' und 'Krankheit' nebeneinander enthalten). Dazu muß ein Text nicht nur durch Deskriptoren, sondern auch durch deren Position im Text ersetzt werden.

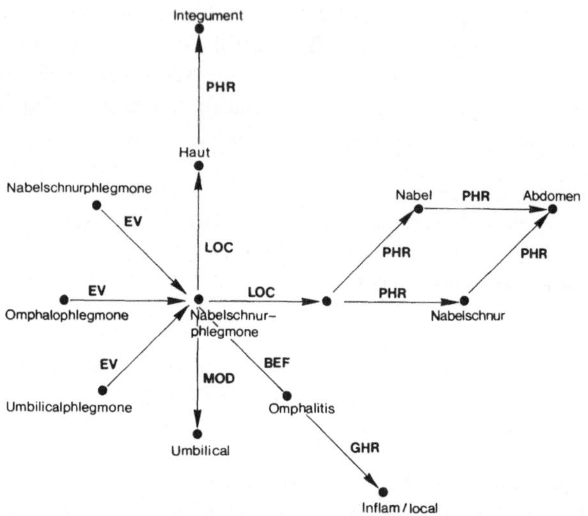

Abb. 5.22: Klassifikation von drei Eingangswörtern nach dem AGK-Thesaurus [118,165]. Das der Dimension 2 (siehe Abb. 5.21 angehörende Standardwort "Nabelschnurphlegmone" wird ergänzt durch assoziierte Deskriptoren. Die Klassifikation im AGK-Thesaurus ist hier durch ein semantisches Netz (siehe Abschnitt 5.1.2.3) dargestellt

5.4.1.2.2 Phrasenorientierte Verfahren

Bei einem zur Verbesserung der Präzision grundsätzlich vorzuziehenden phrasenorientierten Lexikon **L** wird die Gefahr der Redundanz des Lexikons sehr groß.

So ergibt etwa die Indexierungsbedingung $\ell \subset t$ für den Text 'akute hämorrhagische Entzündung' bei entsprechendem Lexikon die Indexierung

$$\{\ell_1 = \text{'Entzündung'}, \ell_2 = \text{'akute Entzündung'}, \ell_3 = \text{'hämorrhagische Entzündung'}\}.$$

Ist die gleiche Aussage aber als 'Entzündung, akut, hämorrhagisch' formuliert, dann muß für eine vergleichbare Indexierung im Lexikon neben 'akute Entzündung' auch 'Entzündung, akut' enthalten sein.

Die Redundanz eines solchen Lexikons wird entscheidend vermindert, wenn für die Bedingung $\ell \subset t$ nicht Gleichheit der Teilzeichenkette, sondern das Bestehen der Untermengen-Relation mit der Menge der

Wörter von t gefordert wird, und wenn Transformationen der Wörter zugelassen werden (siehe Abschnitt 5.4.1.2.1):

$$\ell \subset \sigma(t).$$

Das letzte Beispiel zeigt eine weitere Möglichkeit der Redundanzverminderung. Aus der Redundanz von ℓ_1 kann man schließen, daß nicht ein Lexem eine (eventuell transformierbare) Teilzeichenkette eines anderen Lexems der gleichen Indexierung sein darf:

$$\ell_i \subset \sigma(t), \; i = 1,2,...$$

$$\ell_i \not\subset \ell_j \quad , \text{ für } i \neq j \; , \; \ell_i, \; \ell_j \in I \; .$$

Diese Einschränkung entspricht dem **principle of longest match.** Für sie spricht, daß sehr häufig bei $\ell_i \subset \ell_j$ das Lexem ℓ_j eine Spezialisierung des in ℓ_i repräsentierten Begriffs bezeichnet oder die Untermenge einen "Artefakt" darstellt (siehe etwa $\{\ell_1$ = 'Plasma', ℓ_2 = = 'Plasmazellenmyelom'$\}$).

Die Einschränkung gilt jedoch nicht immer.

'Entzündung, membranöses Labyrinth' ergibt die Indexierung:

$\{\ell_1$ = 'Entzündung', ℓ_2 = 'Entzündung, membranös', ℓ_3 = 'membranöses Labyrinth'$\}$.

Bei der Bedingung $\ell_i \not\subset \ell_j$ würde ℓ_1 (wegen $\ell_1 \subset \ell_2$) unterdrückt werden. Die "richtige" Indexierung ist aber $\{\ell_1, \ell_3\}$.

Für die Behandlung der Überlappung von Lexemen gibt es keine generellen formalen Vorschriften. Eine befriedigende Lösung setzt die Kombination von syntaktischer und semantischer Analyse voraus (siehe Abschnitte 4.3 und 4.4).

Das Problem der Indexierung läßt sich auch folgendermaßen formulieren:

Eine Indexierung ist eine Untermenge I von Lexemen eines Lexikons **L**, $I = \{\ell_1, \ell_2, ...\}$, mit

$$\ell_i \subset \sigma(t),$$

$$\ell_i \not\subset \ell_j, \text{ für } i \neq j \; .$$

Gesucht ist eine **Ähnlichkeitsfunktion** f, die auf allen erlaubten Texten t und auf allen Untermengen $I \subset \mathbf{L}$ definiert ist, mit

$$f(t,I) \begin{cases} = 0, \text{ wenn I keine Indexierung ist} \\ > 0, \text{ sonst} \end{cases} .$$

Eine Indexierung I ist **beste** Indexierung für einen Text t, wenn $f(t,I) \geq f(t,J)$ für alle Untermengen $J \subset \mathbf{L}$.

Bei praktischen Anwendungen in der Medizin unter Verwendung von SNOMED [32] als Lexikon **L** hat sich der folgende Ansatz bewährt:

(1) Die Überlappung von Lexemen wird ausgeschlossen:

$\ell_i \subset \sigma(t)$

$\ell_i \cap \ell_j = \epsilon$ für $i \neq j$.

(2) Die Ähnlichkeit einer Indexierung I mit einem Text t ist um so größer,

- je größer die Anzahl s der in I enthaltenen Morpheme ist,
- je kleiner die Anzahl m der in I enthaltenen Lexeme ist,
- je kleiner die Anzahl u der Wörter von t ist, die nicht mit allen ihren Morphemen in einem Lexem ℓ_i enthalten sind.

(3) Sind I_1 und I_2 disjunkte Indexierungen, dann addieren sich ihre Ähnlichkeiten:

$$f(t,I_1 \cup I_2) = f(t,I_1) + f(t,I_2) \quad \text{für} \quad I_1 \cap I_2 = \{\epsilon\}.$$

Aus diesen drei Bedingungen folgt, daß die Ähnlichkeitsfunktion f eine lineare Funktion von s, m und u ist, die nach geeigneter Normierung die folgende Form hat:

$$f(t,I) = a \cdot s - b \cdot m - u \quad , \; a,b > 0 .$$

Speziell folgt für eine Indexierung, die genau ein Morphem als Teil eines Wortes von t enthält:

$$a - b - 1 > 0 \text{ bzw. } a > b + 1.$$

Ein System zur automatischen Verarbeitung pathologisch-anatomischer Befunde im Klartext auf der Basis der SNOP [31] ist in [112,165] beschrieben.

5.5 Informationswiedergabe

Die Informationswiedergabe ist das Gegenstück zur Datenerfassung. Da ein Algorithmus wesentlich von den zu bearbeitenden Daten und dem zu erzeugenden Ergebnis beeinflußt wird, ist die Analyse des "Informationsbedarfs" eines Benutzers der Kern der Systemanalyse.

Bei der Labor-Datenverarbeitung (siehe Abschnitt 6.1.3) fallen als primäre Ergebnisse Objekttripel an. Die naheliegende und einfachste Form der Informationswiedergabe ist der Druck einer Tabelle für jeden Patienten und Tag mit den jeweiligen Daten. Die Datenverarbeitung in einem klinisch-chemischen Labor leistet so einen wichtigen Beitrag zur Bewältigung der großen Datenmengen und macht die Übermittlung der Daten sicherer, schneller und teilweise auch billiger als bei konventionellen Verfahren. Damit ist jedoch noch nicht sicher, daß der Arzt als "Empfänger" über bessere Informationen verfügt (sieht man von der geringeren Fehlerrate ab).

Einen großen Einfluß auf die Interpretierbarkeit hat die technische Aufbereitung einer **Tabelle**. So sollten Merkmale, zwischen denen wichtige Relationen bestehen (wie etwa Elektrolyte, Eiweiße), in räumlichem Zusammenhang stehen. Da Relationen auch zwischen dem gleichen, aber zu verschiedenen Zeiten beobachteten Merkmal bestehen, sollte die Zeit bei der Anordnung berücksichtigt werden. Sehr viel komplexer ist der Bereich der Entscheidungsunterstützung etwa durch automatische Markierung "pathologischer" Daten (siehe Abb. 5.23).

Neben tabellarischen Darstellungen sind **graphische** Darstellungen hilfreich.

So kann man die Ergebnisse einer Standard-Testserie mit quantitativen Merkmalen (etwa die "Serum-Elektrolyte") simultan in einem Kreisdiagramm darstellen. Dazu wird jedem Merkmal ein Radius des Kreises zugeordnet. Standardisiert man die Daten für das jeweilige Merkmal und trägt diesen Quotienten auf dem ihm zugeordneten Radius auf, dann liegen die einzelnen Punkte bei "normalen" Ergebnissen in einem kreisförmigen Streifen um den Einheitskreis. Bei geschickter Anordnung der Merkmale erhält man für bestimmte Krankheiten eine charakteristische Deformierung der Kreisfigur, also ein typisches Muster (siehe Abb. 5.24). Die gleichen Informationen sind anhand von Tabellen mit mehreren Merkmalen sehr viel schwieriger zu erhalten.

B█████, A G N E S — INSTITUT F. KLINISCHE CHEMIE / LABOR-EDV (BEFUND-AUSDRUCK AM 26.06.79 UM 15.59) — (7) 12A/1321 — -1-

			W. NORMBEREICH	UHRZ	17.06.79 SO	18.06.79 MO	19.06.79 DI	20.06.79 MI	21.06.79 DO	22.06.79 FR	23.06.79 SA
NATRIUM	(S)	MMOL/L	132 - 155		143	141	142	137	139	138	
KALIUM	(S)	MMOL/L	3,60 - 5,40		4,66	4,08	4,52	4,30	4,21	4,53	
CHLORID	(S)	MMOL/L	97 - 108			101	104	102	101	101	
PROTEIN	(S)	G/L	65 - 80			68	71		76		
CALCIUM	(S)	MMOL/L	2,15 - 2,75			2,16	2,29	2,12-	2,23	2,12-	
PHOSPHAT	(S)	MMOL/L	0,83 - 1,67			1,33	1,20	1,04	1,33	1,14	
GLUCOSE	(S)	MMOL/L	3,9 - 5,6			7,6+	7,7+		6,9+	6,4+	
HARNSTOFF	(S)	MMOL/L	3,3 - 6,7		16,0+	16,5+	14,6+		14,0+	11,3+	
KREATININ	(S)	UMOL/L	BIS 115		87	106	93	86	102	91	
GOT	(S)	U/L	BIS 15			8		16+			
GPT	(S)	U/L	BIS 17			17		15			
ALK.P'ASE	(S)	U/L	76 - 190			128		130			
GAMMA-GT	(S)	U/L	BIS 18			180+		151+			
CHE	(S)	U/L	1900 - 3800			1050-		1610-			
GLDH	(S)	U/L	BIS 3			2N		2N			
CHOLESTER.	(S)	MMOL/L	BIS 6,5	8		4,8					
ALBUMIN	(S)	%	57 - 68	8		47-					
ALPHA1-GL.	(S)	%	1 - 6	8		6					
ALPHA2-GL.	(S)	%	5 - 11	8		13+					
BETA-GL.	(S)	%	7 - 13	8		11					
GAMMA-GL.	(S)	%	10 - 18	8		23+					
KREAT.-CL.		ML/MIN	80 - 170			68-	72-	81	54-	52-	
KREAT.WAHR	(S)	UMOL/L	50 - 80			74	81+	91+	83+	90+	
KREATININ	(U)	MMOL/L				2,5	3,1K	3,9	2,7	3,2	
KREATININ	(U)	MMOL/D	9,0 - 14,0			7,3-	8,4-	10,5	6,5-	6,7-	
OSMOLALIT.	(S)	MOSM/KG	280 - 310	8						302 /	
URINMENGE		ML				2900	2700	2700	2400	2100	
SAMMELDAUER		H				24	24	24	24	24	
PH	(U)		5 - 7			5	5	6	5		
PROTEIN	(U)					NEG.	+	NEG.	NEG.		
GLUCOSE	(U)					NEG.	NEG.	++	NEG.		
KETON-KOERPER	(U)					NEG.	NEG.	NEG.	NEG.		
HAEMOGLOBIN	(U)					NEG.	NEG.	NEG.	NEG.		
SEDIMENT	(U)					O.B.		O.B.	O.B.		
LEUKOZYTEN	(U)			7			1-4				
ERYTHROZYTEN	(U)			7			NEG.				

Abb. 5.23: Befund-Ausdruck mit den Daten verschiedener Analysen im klinisch-chemischen Labor der Medizinischen Hochschule Hannover für eine Patientin. Die Analysen wurden zwischen dem 17.6.1979 und dem 23.6.1979 vorgenommen. Die Zeichen bedeuten:

- -: Datum pathologisch erniedrigt
- +: Datum pathologisch erhöht
- /: Datum wird zum 1. Mal ausgedruckt
- K: Datum wurde bei Wiederholung des Tests bestätigt
- N: Datum unter angegebener Nachweisgrenze

Der Befund-Ausdruck wurde von Herrn Privatdozent Dr. A.J. PORTH zur Verfügung gestellt

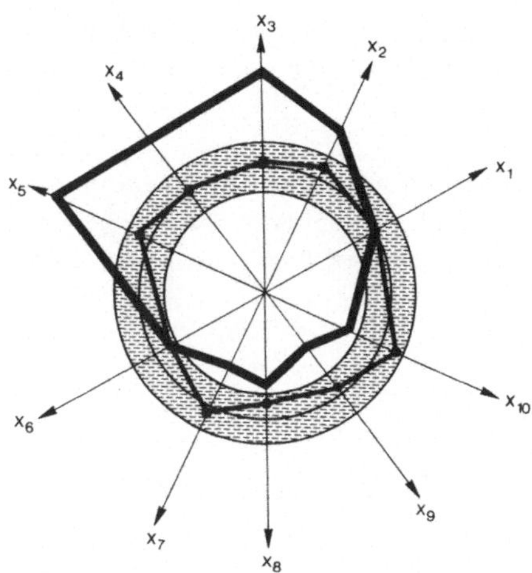

Abb. 5.24: Simultane graphische Darstellung "normaler" und "pathologischer" standardisierter Ergebnisse einer Testserie aus mehreren quantitativen Merkmalen X_i. Der Normalbereich ist schraffiert

Der Vorteil solcher Darstellungen einer Krankheit als einprägsames und leicht erkennbares Muster ist jedoch auch Anlaß zur Vorsicht. Einmal hängt das Muster stark von den Grundgesamtheiten ab, für die die Ergebnisse standardisiert wurden, was wieder zu der bereits erwähnten Normalwert-Problematik führt. Zum anderen werden solche Muster erzeugt oder verdeckt, wenn man die Zuordnung der Merkmale zu den Radien ändert. Die Zuordnung sollte daher so gewählt werden, daß man möglichst deutliche Hinweise auf wichtige Krankheiten oder Krankheitsgruppen erhält. Dazu müssen stark korrelierte Merkmale auf benachbarten Radien angeordnet werden.

Von Bedeutung ist auch der **Zeitpunkt**, an dem bestimmte Informationen benötigt werden. Die besten Daten nutzen nichts, wenn sie zu spät geliefert werden. Da die Geschwindigkeit, mit der Informationen verfügbar sein sollen, den Preis eines EDV-Systems stark beeinflußt, sind genaue Bedarfsanalysen notwendig. Es ist bequem und elegant, alle Informationen im direkten Zugriff zu halten. Die Erfahrung zeigt jedoch, daß dazu ein technischer und finanzieller Aufwand notwendig ist, der allenfalls für Modellentwicklungen geleistet werden kann.

Für die zeitgerechte Übermittlung von Informationen hat sich der Begriff **in-time** eingebürgert, der den Gegensatz zu der oft erhobenen Forderung nach **real-time**-Verfügung, also der Verfügung im direkten Zugriff, deutlich machen soll.

Die Informationswiedergabe hat außer den Beziehungen zur Technologie der Datenverarbeitung und zur Medizin auch enge Beziehungen zur Psychologie und zur Soziologie der Benutzer eines Systems.

5.5.1 Sprachsynthese

Auf die Bedeutung der Sprachsynthese bei praktisch allen Anwendungen ist bereits hingewiesen worden. Ihre eigentliche Domäne in der Medizin sind aber die EDV-unterstützte Erzeugung von Berichten ("automatische Arztbriefschreibung") und Frage-Antwort-Systeme.

Diese Aufteilung läßt sich jedoch nicht streng durchhalten, da die Daten für die automatische Arztbriefschreibung oft durch ein Frage-Antwort-System erfaßt werden und Frage-Antwort-Systeme oft einen abschließenden Bericht über die Ergebnisse eines Dialogs lieferr

5.5.1.1 Automatische Arztbriefschreibung

Der Anlaß zur Entwicklung und zum Einsatz einer automatischen Arztbriefschreibung ist meist der Wunsch nach Arbeitsersparnis. Befundberichte sind redundant, bedingt durch Konvention ("Ich danke Ihnen für die Überweisung Ihres Patienten ..."), durch Erfordernisse der zwischenmenschlichen Kommunikation (Fehlerkontrolle) und durch die Notwendigkeit einer syntaktisch korrekten Formulierung.

Ein Algorithmus zur Synthese eines Arztbriefs hat folgende Voraussetzungen:

- Formale Beschreibung der Struktur des Arztbriefs,
- Verfügung über die im Arztbrief enthaltenen Daten,
- Regeln zur Transformation der internen Codierung der Daten in die externe Darstellung, damit der Empfänger den Bericht ohne zusätzliche Hilfsmittel versteht.

Die Notwendigkeit zur formalen Beschreibung ergibt sich aus der Forderung nach einem festen äußeren und inneren Aufbau des Arztbriefs. Der äußere Aufbau ist weitgehend Konvention (wie etwa Position von Adresse und Betreff). Der innere Aufbau hängt von den Relationen zwischen den Merkmalen und den vom Autor verwendeten Kriterien ab.

Die elementare Einheit ist das Objekttripel (siehe Abschnitt 5.1). Die Relation zwischen Beobachtungseinheit und Merkmal wird im allgemeinen durch Überschriften oder durch formale Gestaltungsmittel (Bildung von Blöcken, Absätzen), und die Relation zwischen Merkmal und Daten wird durch Überschriften oder durch entsprechende Formulierungen dargestellt, es sei denn, das Merkmal geht aus der Bezeichnung des Datums eindeutig hervor.

Zur Beschreibung der Struktur und der Transformationen kann man sich der Hilfsmittel bedienen, die zur Beschreibung formaler Sprachen entwickelt wurden.

Ein Brief (siehe Abb. 5.25) besteht aus Ort und Kalenderdatum (W), Anschrift (A) und Text (T). Der Text besteht aus Betreff, Anrede, Einleitung, Aufnahme-Befund, Untersuchungen, Therapie, abschließenden Diagnosen und Schluß. Die einzelnen Abschnitte sind eventuell weiter unterteilt. Die Syntax des Briefes Z ist also:

Z → W A T
W → 'Münster,' func3
A → Anr($S) β
T → Betr. An Einl Abef Unt Th Dia Schl
Betr. → '<u>Betr.:</u>' Anr($S1) γ ', geb.' δ
An → 'Sehr' X1($S) Anr($S) X2($S)
Einl → 'Haben Sie vielen Dank für die Überweisung' X3($S1) X4($S1)
...
Dia → 'Abschließende Diagnosen:' D
D → func4($Y)
Anr → func2('Frau', 'Herr')
X1 → func2('geehrte', 'geehrter')
$S → func1(S)
S → 'F' | 'M'
X2 → func2('Kollegin!', 'Kollege!')
$S1 → func1(S1)
S1 → 'F' | 'M'
...

```
                                          Münster, 10.3.1979

Frau
Dr. Erna Arzt
---
Betr.: Frau A. Müller, geb. 12.7.23

Sehr geehrte Frau Kollegin!
Haben Sie vielen Dank für die Überweisung Ihrer Patientin A. Müller.
Die Patientin wurde in unserer Klinik vom 26.2.1979 bis zum 6.3.1979
stationär behandelt. Bei der stationären Aufnahme bestand ein Ver-
dacht auf Diabetes mellitus.

Die körperliche Untersuchung ergab:
          Blutdruck: 190/110 (im Stehen)
          ---

Es wurden folgende Laboruntersuchungen vorgenommen:
          Nüchternblutzucker: 230 mg/100 ml
          ---

Ergebnisse weiterer Untersuchungen:
          Augenhintergrund: Gefäße: ...
                            ---
        ---

Die Patientin wurde auf folgende Therapie eingestellt:
        ---

Abschließende Diagnosen:
          Diabetes mellitus
          Essentielle Hypertonie

                                   Mit kollegialen Grüßen
```

Abb. 5.25: Schema eines automatisch geschriebenen Arztbriefs

In dieser Notation sind konstante Zeichenketten in Hochkommata eingeschlossen, und Merkmalsnamen sind durch kleine griechische Buchstaben bezeichnet, die im geschriebenen Brief durch das entsprechende Datum ersetzt werden. Symbole, die mit $ beginnen, sind ebenfalls Merkmalsnamen, haben aber noch eine spezielle Bedeutung. So wird in Anr($S) das Argument $S durch die laufende Nummer der Ausprägung von S ersetzt, die gleich dem entsprechenden Datum ist (Wert der Funktion func1). Die Funktion func2 wählt aus einer Liste das dieser Nummer entsprechende Element aus und substituiert es im Text. Ist etwa das Datum zum Merkmal S gleich 'M', dann ergibt $S den Wert 2 und Anr(2) wird zu 'Herr'. Die Funktion func3 substituiert das Tagesdatum. Die Funktion func4 hat im Prinzip die gleiche Aufgabe wie func1, schließt jedoch eine Wiederholungsanweisung ein ("wiederhole für alle Ausprägungen des Merkmals Y").

Das Beispiel zeigt, daß man mindestens zwei Klassen von Funktionen benötigt. Eine Klasse für allgemeine, von einem Arztbrieftyp unabhängige Aufgaben (wie etwa Einfügen des Tagesdatums, Auswahl aus einer Liste) und eine vom speziellen Arztbrieftyp abhängige Klasse.

So hat der zweite Satz des Brieftextes nur dann einen Sinn, wenn eine stationäre Aufnahme vorliegt. Daher braucht man eine Funktion, die vor der Erzeugung dieses Teils überprüft, ob das Datum zum Merkmal "Aufnahme" den Wert "stationär" oder "ambulant" hat.

Die formale Beschreibung enthält über die genannten Funktionen auch die Regeln zur Umcodierung (etwa die Transformation von S='M' in 'Herr').

Eine wichtige Klasse bilden die **semantischen** Funktionen. Ihre Prinzipien sollen nur an einem Beispiel erläutert werden, da dieser wohl schwierigste Teil noch einer intensiven Entwicklung bedarf, bevor er systematisch dargestellt werden kann.

Zum Merkmal "Morphologie" sei das Datum "Entzündung", und zum Merkmal "Topographie" seien die Daten "Lunge, rechts" und "Lunge, links". Einfaches formales Vorgehen führt zu der Formulierung: "Entzündung der Lunge rechts, Entzündung der Lunge links". Zu dieser Formulierung wird die Relation zwischen Morphologie und Topographie herangezogen. Für die medizinisch "elegantere" Formulierung "beidseitige Pneumonie" müssen zwei semantische Transformationen durchgeführt werden. Die eine Transformation benutzt, daß "Pneumonie" die Bezeichnung für die Entzündung der Lunge ist, die andere Transformation benutzt, daß "Lunge" ein paariges Organ ist.

Der Aufwand für eine automatische Arztbriefschreibung ist hauptsächlich von Struktur und Umfang des Arztbriefs abhängig. Dabei muß im allgemeinen ein Kompromiß zwischen Erfassungsaufwand und Komplexität des Algorithmus gefunden werden.

So könnte der im Beispiel verwendete Arztbrief auch formal durch eine einzige Produktion beschrieben werden: $Z \rightarrow \alpha$.

Mit anderen Worten, derArztbrief besteht aus der Ausprägung eines Merkmals und muß dem Algorithmus fertig zur Verfügung stehen. Der Algorithmus besitzt dann nur die Funktion einer Schreibmaschine. Diese Form wird oft verwendet, wenn der Arztbrief die primäre Datenquelle für eine Dokumentation ist.

Von diesem Extrem bis zur vollständigen Generierung eines Arztbriefs über Objekttripel elementarer Merkmale können alle Übergänge sinnvoll sein (siehe etwa die nicht zur eigentlichen Sprachsynthese gehörende "programmierte Textverarbeitung", bei der Textbausteine während des Schreibens in eine auf einem Magnetband gespeicherte Schablone eingefügt werden).

Sind die Daten für die Arztbriefschreibung, etwa im Rahmen der Basisdokumentation, bereits erfaßt, dann wird die Implementierung kaum Probleme machen [95]. Schwieriger ist die Situation, wenn die formale Struktur des Arztbriefs Grundlage eines Frage-Antwort-Systems ist, über das die Daten erst erfaßt werden müssen [78]. Hier gibt es selbst bei sehr leistungsfähigen Systemen oft Hindernisse, und manche mit großem Aufwand und Engagement erstellten Systeme konnten sich in der Praxis nicht durchsetzen.

In [171] ist eine automatische Arztbriefschreibung als Nebenprodukt der Datenerfassung für eine Indexierung angegeben. Die Daten werden zusätzlich zur Führung verschiedener Journale verwendet. In [79,93] sind Arztbriefsysteme für die Radiologie beschrieben. Um das relativ starre Schema nicht zu kompliziert werden zu lassen und um die Anzahl der Ausprägungen von Merkmalen klein zu halten, werden darin "Modifikationen" oder Zusatzangaben zu einzelnen Merkmalsausprägungen in medizinischer Sprache erlaubt.

5.5.1.2 Frage-Antwort-Systeme

Frage-Antwort-Systeme sind bei medizinischen Anwendungen in folgenden Bereichen zu finden:

- EDV-unterstützte Anamnese (siehe Abschnitt 5.1.3.5),
- computerunterstützter Unterricht (CUU),
- Konsultationssysteme (siehe Abschnitt 3.5.2.2),
- computerunterstützte Befund-Erfassung.

Die meisten Entwicklungen, die sich hinter diesen Schlagworten verbergen, verwenden jedoch zur Kommunikation keine Sprachsynthese im strengen Sinn, sondern sind "technische" Systeme:

Vom Benutzer werden Antworten zu fest formulierten Fragen verlangt. Die möglichen Antworten sind ebenfalls fest gegeben und werden etwa an einem Terminal mit der Frage projiziert. Die Freiheit des Benutzers besteht in der Auswahl einer dieser Antworten ("Multiple choice", "Menü-Technik").

Wegen der breiten Anwendungsmöglichkeiten und der anspruchslosen Algorithmen zur Verarbeitung der sprachlichen Daten sind solche

Systeme relativ schnell entwickelt, und es gibt zahlreiche Beschreibungen in der Literatur. Nachteilig ist besonders die starre Struktur als Folge eines explizit formulierten Netzwerks, das zwar in der Anwendung sehr effizient ist, aber einen hohen Anpassungsaufwand für Änderungen der Relationen erfordern kann (siehe Abschnitt 5.1.3.5). Die Algorithmen sind im wesentlichen von den Anwendungen unabhängig.

Einem zwischenmenschlichen Dialog kommen jene Frage-Antwort-Systeme wesentlich näher, die leistungsfähigere Modelle für die Speicherung von Wissen und für Folgerungen einsetzen. Trotz der großen Fortschritte, die in den letzten Jahren erzielt wurden [26], sind praktische Anwendungen noch weit davon entfernt, den Beweis für ein "gutes" Frage-Antwort-System zu liefern, das nach [149] darin besteht, daß man anhand der Fragen und der Antworten nicht unterscheiden kann, ob der Partner ein Computer oder ein Mensch ist. Die dabei zu bewältigenden Probleme liegen in fünf Bereichen [25]:

(1) **Repräsentation von Wissen** (siehe Abschnitt 5.1.2.3).

(2) **Auslösung von Folgerungen**: Unter welchen Bedingungen werden Folgerungen gezogen (bereits beim Erwerb von neuem Wissen oder erst, wenn eine Folgerung verlangt wird)? (siehe Abschnitt 5.1.2.3).

(3) **Organisation**: Wie sind die einzelnen Elemente des Wissens organisiert, damit das für Folgerungen notwendige Wissen gefunden wird?

(4) **Technik von Folgerungen**: Wie werden die Elemente des Wissens bei Folgerungen eingesetzt?

(5) **Hintergrund**: Welches Wissen über die Welt versetzt uns in die Lage, Sprache zu verstehen?

5.6 Datenintegrität

Die in einem Informationssystem gespeicherten Daten sind bezüglich des **Zustands** der Datenbasis und bezüglich des **Zugriffs** schutzbedürftig. Der Zustand einer Datenbasis kann immer dann inkorrekt werden, wenn Fehler in den erfaßten Daten, in den Verarbeitungsprogrammen, im Verarbeitungsprozeß oder an den technischen Geräten auftreten. Dem daraus resultierenden Verlust der **Datenkonsistenz** steht der **Datenschutz** gegenüber. Zu den speziellen Problemen des Datenschutzes bei medizinischen Anwendungen, die sich aus der ärztlichen Schweigepflicht ergeben, und zu ihren Lösungsmöglichkeiten siehe auch [54,74].

5.6.1 Datenkonsistenz

Die mit der Erfassung fehlerhafter Daten verbundenen Probleme und Möglichkeiten sind in Abschnitt 5.2.2 behandelt worden. Fehler in de Verarbeitungsprogrammen sollten zwar durch geeignete Vorkehrungen während der Programmentwicklung und der Testphase vermieden werden (siehe Abschnitt 2.2.9), bei komplizierten Algorithmen ist dies jedoch kaum mit absoluter Sicherheit möglich.

Grundsätzlich können **Konsistenzbedingungen** für eine Datenbasis sowoh in den Anwendungsprogrammen als auch in der Definition der Datenbasi selbst mittels einer Datenbeschreibungssprache (DDL) formuliert sein Je größer die Möglichkeiten dazu in der DDL sind, um so stärker werden die Anwendungsprogramme entlastet (siehe Abschnitt 5.1.1).

Eine in der DDL vorgesehene Möglichkeit ist etwa die Überprüfung von Daten anhand eines eingeschränkten Wertevorrats (siehe Abschnitt 5.2.2.1.1). Auch die Datenmanipulationssprach sieht meistens Möglichkeiten zur Sicherung der Datenintegrität vor. So wird etwa in einem hierarchischen Modell (siehe Abschnitt 5.1.1.2) die Einhaltung eines speziellen Zugriffspfades gefordert, wenn ein Knoten gestrichen oder Daten in einem Knoten verändert werden sollen

Kritische Situationen entstehen für jede Datenbasis, wenn Operatione aus einzelnen, aufeinander folgenden Veränderungen bestehen oder wenn - wie meist üblich - mehrere Benutzer gleichzeitig Veränderungen vornehmen. Die mit diesen Aspekten zusammenhängenden Mechanismen werden unter der **Prozeßintegrität** zusammengefaßt.

Eine Datenbasis mit Aufnahme-Nummer, Name und Pflegestation sei für stationäre Patiente durch zwei Relationen realisiert (siehe Abschnitt 5.1.1.1):

AUFNR	NAME
00001/79	NAME1
00002/79	NAME2
---	---

AUFNR	STATION
00001/79	3A
00002/79	4
---	---

Dann müssen bei der Neuaufnahme eines Patienten beide Tabellen ergänzt werden. Da die beiden Ergänzungen jedoch nacheinander vorgenommen werden, ist die Datenbasis nach der ersten Ergänzung notwendig inkonsistent. Jede in diesem Augenblick eintreffende Störung kann dazu führen, daß die Datenbasis in diesem inkonsistenten Zustand verbleibt.

Werden zur gleichen Zeit von verschiedenen Benutzern Änderungen an der Datenbasis vorgenommen, dann gehen die Änderungen leicht verloren, wenn nicht geeignete Vorsorge getroffen wird.

Eine Datenbasis enthalte etwa eine Tabelle für ein zusammengesetztes Objekt mit den Merkmalen Aufnahme-Nummer, Aufnahme-Datum, Entlassungs-Datum und Entlassungs-Diagnose:

AUFNR	AUFDAT	ENTDAT	ENTDIAG

Das Entlassungs-Datum werde von der Verwaltung und die Entlassungs-Diagnose werde vom Arzt zur "gleichen" Zeit eingetragen. Für eine Änderung muß die entsprechende Zeile der Tabelle von dem die Änderung vornehmenden Programm in den Hauptspeicher gelesen und nach erfolgter Änderung zurückgeschrieben werden. Dann führt der folgende Prozeß zum Verlust der Entlassungs-Diagnose:

Operation | Zustand der Datenbasis

Änderungsprogramm für Entlassungs-Diagnose liest die Daten

Änderungsprogramm für Entlassungs-Datum liest die gleichen Daten

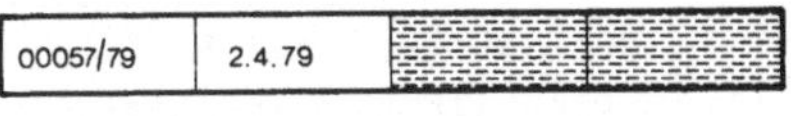

Änderungsprogramm für Entlassungs-Diagnose schreibt die geänderten Daten zuerst zurück

00057/79	2.4.79		'APPENDICITIS'

Änderungsprogramm für Entlassungs-Datum schreibt danach die geänderten Daten zurück

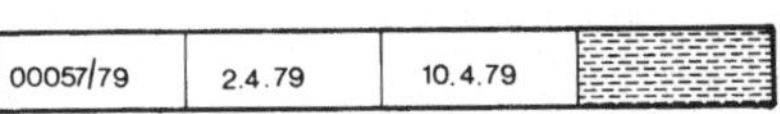

Diese Situationen treten immer dann ein, wenn sich verschiedene Änderungen der gleichen Elemente der Datenbasis überlappen. Sie würden vermieden werden, wenn man eine strenge zeitliche Abfolge der Änderungen erzwingt. Die Überlappung von Änderungsprozessen ist aber grundsätzlich wünschenswert, da nur so eine große Datenbasis vielen Benutzern zur Verfügung stehen kann. Der Ausweg besteht darin, nur die zu ändernden Daten für alle anderen Benutzer zu sperren, bis die Änderung durchgeführt ist. Wie umfangreich die von der Sperrung betroffene Datenmenge ist, hängt neben der Menge der in einem Prozeß zu ändernden Daten vom Datenmodell und vom Datenbasisschema ab [91].

Unter **Datensicherung** faßt man alle Maßnahmen zusammen, die den Verlust oder die Zerstörung von Teilen der Datenbasis verhindern oder die beim Eintritt dieses Ereignisses die Wiederherstellung einer konsistenten Datenbasis ermöglichen. Dabei muß man bedenken, daß der indirekte Verlust durch Zerstörung von Relationen den direkten Verlust von Daten weit übersteigen kann (siehe etwa die Konsequenzen des Verlustes der Patientenidentifikation in einer Datenbasis, bei der die Patientenidentifikation den Schlüssel bildet).

Ursachen des Verlustes oder der Zerstörung von Daten können Fehler in den Anwendungsprogrammen, Systemzusammenbrüche und technische Störungen sein.

Die häufigste Vorsichtsmaßnahme ist die regelmäßige Anfertigung einer **Datensicherungskopie**, bei der die gesamte Datenbasis etwa auf Magnetbänder kopiert wird. Die Änderunger zwischen zwei Kopierläufen können zusätzlich auf Änderungsbändern protokolliert werden. Bei Verlust der Datenbasis wird die Sicherungskopie zurückkopiert, und anschließend werder mit speziellen Programmen die protokollierten Änderungen nachvollzogen.

Häufigkeit und Zeitpunkt der Erstellung einer Datensicherungskopie hängen vor allem von der Änderungsfrequenz, den Kosten einer Zerstörung und der Betriebsorganisation ab, da während des Kopierens die gesamte Datenbasis gesperrt ist.

5.6.2 Datenschutz

Die Maßnahmen zur Verhinderung des unautorisierten Zugriffs auf die Datenbasis gehören einer anderen Kategorie an als die im letzten Abschnitt besprochenen Maßnahmen. Sie bestehen im wesentlichen im Schutz des Zugriffs auf Kommunikationswege, Programme und Daten. Hierzu enthalten die in den letzten Jahren erlassenen Datenschutzgesetze des Bundes und der Länder besondere Vorschriften.

Der Schutz vor unberechtigtem Zugriff auf **Kommunikationswege** besteht etwa in der Kontrolle des Zugangs zu Räumen, in denen man Zugang zu Kommunikationswegen hat, oder in abschließbaren Terminals.

Der Zugang zu **Programmen** und zu **Daten** wird meist über eine Identitätskontrolle geregelt. Der Benutzer muß sich dem System gegenüber etwa durch ein **Paßwort** ausweisen, und das System kontrolliert anhand einer Tabelle, ob er das von ihm verlangte Programm benutzen darf. Komplizierter und damit leichter zu umgehen ist ein selektiver Schut von Daten. Er kann grundsätzlich über eine Berechtigungsmatrix geregelt werden, deren Zeilen einzelnen Benutzern und deren Spalten einzelnen Merkmalen zugeordnet sind.

Da Aufwand für den Datenschutz, Kosten, Grad der Sicherheit und Schwierigkeit des Zugangs auch für den autorisierten Benutzer voneinander abhängig sind, müssen die Verfahren zur Sicherung jeweils abhängig von der Anwendung gewählt werden.

Welche Rolle das Benutzerverhalten dabei spielt, zeigt der Fall, bei dem eine ausgeklügelte Sicherung der Daten dadurch umgangen wurde, daß der autorisierte Benutzer sein schwer zu behaltendes Paßwort auf einem Zettel am Terminal aufbewahrte, das in einem allen Mitarbeitern der Klinik zuständigen Raum ohne Aufsicht stand.

Ein schwieriges Problem wirft in diesem Zusammenhang die Kontrolle der Anwendungsprogramme selbst auf. So dürfen Programme erst dann für den Test zugelassen werden, wenn so weit wie möglich sicher ist, daß sie nur einen Zugriff auf die Testdaten erlauben, die dafür spezifiziert wurden, um etwa den unautorisierten Zugriff des Programmierers auf die eigentliche Datenbasis zu unterbinden.

6. Spezielle Anwendungen

In diesem Kapitel werden spezielle computerorientierte oder computerunterstützte Anwendungen vorgestellt. Dabei wird jedoch auf die Darstellung von Einzelheiten der Implementierung verzichtet. Diese nehmen in der Fachliteratur noch einen relativ breiten Raum ein, sind oft aber nur von lokalem Interesse.

6.1 Prozeßdatenverarbeitung

6.1.1 Biosignal-Verarbeitung

Biosignale sind meist elektrische Spannungen als Ergebnis biologischer Aktivitäten (etwa EKG, EEG, EMG, ERG). Bei ihrer Verarbeitung unterscheidet man häufig eine **Vorverarbeitung** von der eigentlichen **Analyse**. Zur Vorverarbeitung gehören im allgemeinen die **Analog-Digital-Wandlung** (AD-Wandlung, siehe Abschnitt 2.2.3) und die Filterung (siehe Abschnitt 5.2.2.4).

Die Algorithmen zur Analyse der sich in den Biosignalen äußernden biologischen Funktionen sind mathematisch sehr aufwendig. Ihr Einsatz lohnt nur dann, wenn eine standardisierte und sorgfältige Aufnahmetechnik zuverlässige Daten gewährleistet. So sind etwa Standards für die EKG-Aufnahme und die dazu notwendigen Geräte entwickelt worden [82,109].

Es gibt eine Vielfalt klinisch interessanter Anwendungen der Biosignal-Verarbeitung, wie etwa Diagnostik bei

- kardialen Erkrankungen (EKG, intrakardiale Druckkurven, Phonokardiogramme [40]),
- pulmonalen Erkrankungen (Lungenfunktionsprüfungen),
- muskulären oder neurogenen Erkrankungen (EMG),
- ophthalmologischen Erkrankungen (ERG),
- zentralnervösen Erkrankungen (EEG).

6.1.1.1 Elektrokardiographie

Die automatische EKG-Analyse ist so weit entwickelt, daß sie routinemäßig eingesetzt werden kann [103,108,178]. Untersuchungen haben ergeben, daß moderne computerunterstützte Problemlösungen, wie sie auch von der Industrie angeboten werden, in der Diagnostik bei einzelnen Fragestellungen dem Kardiologen überlegen sind.

Für die Analyse werden die zwölf **Standardableitungen** und/oder die drei **orthogonalen Ableitungen** verwendet. Beide Gruppen von Ableitungen enthalten nach Meinung der meisten Autoren die gleiche klinische Information. Für die orthogonalen Ableitungen spricht, daß sie deutlich kleinere interindividuelle Schwankungen haben. Sie werden jedoch meist in Kombination mit den Standardableitungen verwendet, über die eine größere klinische Erfahrung vorliegt.

Der typische Ablauf einer EKG-Analyse ist:

Datenerfassung: Erfassung der Identifikationsdaten des Patienten und zusätzlicher, vom Auswertungsprogramm abhängiger Daten (Differentialdiagnose, Medikation, Alter, Geschlecht, ...). Die Erfassung des EKG erfolgt entweder auf einem Magnetband (offline) zur späteren Dateneingabe oder direkt (online).

Vorverarbeitung: Die Daten werden digitalisiert, gefiltert (siehe Abschnitt 5.2.2.4) und anhand des Trends in der Basislinie (isoelektrische Linie) korrigiert. Die einzelnen Perioden werden lokalisiert, und es wird eine repräsentative Periode ermittelt und vermessen (P-, Q-, R-, S-Zacke, ST-Strecke und T-Welle, siehe Abb. 2.6 in Abschnitt 2.2.3.1).

Klassifikation: Diagnostische Wertung anhand der gemessenen Kurvenparameter.

Bei den orthogonalen Ableitungen wird die räumliche und zeitliche Veränderung eines dreidimensionalen Vektors analysiert, dessen Komponenten die Amplituden der drei Ableitungen X, Y und Z sind. So sind etwa P-Zacke, QRS-Komplex und T-Welle durch Änderungen der räumlichen Geschwindigkeit V(t) charakterisiert:

$$V(t) = \sqrt{\left(\frac{dX}{dt}\right)^2 + \left(\frac{dY}{dt}\right)^2 + \left(\frac{dZ}{dt}\right)^2} \; .$$

Die größere Variabilität besteht bei der Klassifikation. Hier sind die Standpunkte noch so unterschiedlich, daß die meisten EKG-Analyse-Systeme individuell an den Benutzer anpaßbare Regeln für die Diagnostik enthalten. Für eine Zusammenstellung der gängigen Codes siehe etwa [98].

Die Schwierigkeiten bei der Diagnostik anhand des EKG liegen in der Variabilität der Befunde bei "gleicher" Erkrankung und in der Variabilität der Bewertung der Befunde durch den Diagnostiker. Beide Problemgruppen werden bei modernen EKG-Programmen mit multivariaten statistischen Methoden angegangen. Anhand einer gesicherten, etwa autoptisch kontrollierten Stichprobe werden aus der Vielzahl von mehreren hundert Parametern 10-20 Parameter extrahiert (siehe Abschnitt 3.3). Diesen Parametern werden anhand der "Trainingsstichprobe" Gewichte zugeordnet, so daß möglichst viele Fälle richtig diagnostiziert werden. Die Gewichte dienen anschließend zur Klassifikation eines unbekannten EKG.

Varianten der geschilderten EKG-Analyse gibt es für spezielle Situationen, von denen die **Rhythmus-Analyse** klinisch die größte Bedeutung hat. Für sie gibt es spezielle Programme, die die methodischen Probleme der Analyse eines arrhythmischen EKG berücksichtigen. Eine wichtige klinische Anwendung ist die Überwachung von Patienten auf Intensivstationen (siehe Abschnitt 6.1.5).

Weitere Anwendungen sind die intrauterine Diagnostik und die Überwachung des Fetus unter der Geburt [85].

Die automatische EKG-Analyse bietet die Möglichkeit zu umfangreichen standardisierten Datensammlungen, die wieder zur Verbesserung der Analyse herangezogen werden können. Der Einsatz eines EKG-Analyse-Systems ist bei entsprechender Auslastung billiger als die Auswertung durch den Menschen und unabhängig von der Verfügbarkeit eines Experten. So werden EKG-Signale über Telefonleitungen direkt in einen Computer eingegeben und ausgewertet. Die Ergebnisse werden über die gleiche Leitung zurückgesandt.

6.1.1.2 Elektroenzephalographie

Die Fortschritte bei der automatischen Analyse des EEG sind deutlich geringer als beim EKG, wofür in erster Linie die geringen Kenntnisse über die Entstehung der EEG-Signale und deren wichtigste Parameter verantwortlich sind [72]. Die Verfahren sind mathematisch aufwendig. Zu ihnen gehören die Berechnung von Auto- und Kreuzkorrelation zur

Aufdeckung von (fehlenden) Periodizitäten im Rhythmus, Frequenzanalysen, wie etwa FOURIER-Analysen und Frequenzspektren, sowie die Untersuchung von EEG-Veränderungen, die durch spezifische Reize provoziert werden ("evoked potentials").

Bei der Bestimmung der **evoked potentials** geht man im Prinzip so vor wie bei der Ermittlung einer repräsentativen Periode (siehe Abschnitt 5.2.2.4). Es wird ein Reiz (etwa ein Lichtreiz) zu definierten Zeitpunkten t_i gesetzt. Der Reiz führt zu einer "Antwort" im EEG im Intervall $t_i \leq t \leq t_i + \lambda$, deren Signal-Rausch-Abstand aber meist zu gering für eine qualifizierte Aussage ist. Durch die Wiederholung entsteht jedoch im EEG eine periodische Funktion, die sich der Grundaktivität überlagert. Behandelt man das Signal wie eine periodische Funktion, dann addieren sich bei der Ermittlung der repräsentativen Periode die Reizantworten, während sich die Grundaktivitäten wegen ihres näherungsweise zufälligen Charakters ausgleichen, so daß der Signal-Rausch-Abstand größer wird.

6.1.2 Bildverarbeitung

Bilder müssen in der Medizin bei vielen Anwendungen beurteilt werden, wie etwa Ausstrichpräparate (Differentialblutbild, Krebsvorsorgeuntersuchung), Röntgenbilder, Ultraschall-"Bilder", Chromosomen-Bilder oder Scintigramme.

Einige wichtige Gründe für das große Interesse der Medizin an automatischer Bildverarbeitung sind:

- Hoher Anteil personalintensiver und zeitaufwendiger Untersuchungen (etwa Ausstrichpräparate),
- Unzuverlässigkeit von Routineverfahren ("Schätzung" der Anzahl der basophilen oder eosinophilen Leukozyten anhand einer Auszählung von 100 Zellen),
- Ersatz gefährdender oder in hohem Maße belästigender Untersuchungsverfahren (siehe etwa Enzephalographie oder multiple Röntgen-Schichtaufnahmen einerseits und Computer-Tomographie andererseits).

Die Teilprobleme einer automatischen Bildverarbeitung sind vielfältig. Bei der Hardware ist die Entwicklung spezieller Geräte notwendig (etwa ein automatisches Mikroskop für die Beurteilung des Differentialblutbildes).

Die primäre Datenmenge zur Analyse eines Bildes ist sehr groß. Zerlegt man ein Schwarz-Weiß-Bild, ähnlich wie ein Zeitungsbild, in einzelne Bildpunkte, dann wird jeder Bildpunkt vollständig durch seine beiden Koordinaten in der Ebene und durch seine Helligkeit ("Graustufe") beschrieben. Die Bildpunkte müssen für eine hinreichend gute Auflösung dicht genug liegen. Die einzelnen Operationen, die mit diesen Daten durchgeführt werden müssen, sind relativ einfach, belasten aber selbst große Computer durch den Datenumfang stark. Die Entwicklung geht daher zu kleinen Spezialcomputern, die diese Rechenoperationen gleichzeitig (parallel) für viele Bildpunkte vornehmen.

Die Menge der Algorithmen zur Bildverarbeitung ist bereits so umfangreich und die Algorithmen sind so kompliziert geworden, daß zu ihrem Verständnis Spezialkenntnisse notwendig sind und eine annähernd erschöpfende Übersicht den Rahmen dieses Buches sprengen würde (siehe etwa [63,114]).

6.1.2.1 Algorithmen

Teilziele der automatischen Bildverarbeitung sind:

- Kontrastverbesserung zwischen **Hintergrund** und **Objekten**,
- Filterung,
- arithmetische und logische Operationen mit Bildern,
- geometrische Operationen mit Bildern (Bewegung, Vergrößerung),
- morphologische Analyse, Trennung und Lokalisation der Objekte,
- Klassifikation.

6.1.2.1.1 Kontrastverbesserung

Eine wichtige Voraussetzung der Bildanalyse ist die Verbesserung der Bildqualität. Die einfachste Methode zur **Kontrastverbesserung** ist der Einsatz von Schwellenwertfiltern. Bei den meisten Verfahren wird der Schwellenwert vom Benutzer vorgegeben. Es gibt jedoch auch Algorithmen, die diese Information dem Bild selbst entnehmen.

Aufwendiger sind räumliche Filter zur Glättung des Bildes. So können etwa isolierte Artefakte ausgeglichen werden. Die Verfahren werden zur Entdeckung von Rändern, Ecken und letztlich "Formen" in einem Bild verwendet.

Gegeben sei ein Bildausschnitt aus Bildpunkten mit den Koordinaten (x_i,y_i) und der Helligkeit z_i. Die Helligkeiten seien nicht-negative ganze Zahlen. In Abb. 6.1 ist ein Schema der Helligkeiten einer nahezu "idealen" hellen vertikalen Linie bei x=3 dargestellt. Durch die räumliche Ausdehnung der Linie in x-Richtung und durch Störungen gibt es von 0 verschiedene Helligkeiten auch rechts und links von x=3.

Die wichtigsten Algorithmen zur Kontrastverbesserung beruhen bei analogen Daten auf Differenzierungsverfahren bzw. bei digitalen Daten auf Differenzenverfahren. In Abb. 6.1 ist das Ergebnis für den (linken) Differenzenquotienten dargestellt:

$$f(x_i,y_i) \leftarrow |f(x_{i+1},y_i) - f(x_i,y_i)| .$$

Eine Verbesserung erhält man oft durch Verwendung des Differenzenquotienten 2. Ordnung:

$$f(x_i,y_i) \leftarrow |f(x_{i+1},y_i) - 2 \cdot f(x_i,y_i) + f(x_{i-1},y_i)| .$$

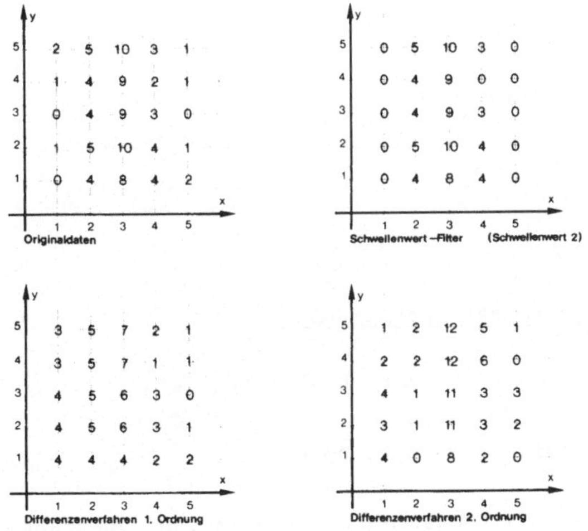

Abb. 6.1: Helligkeiten eines Bildausschnitts und Ergebnisse verschiedener Verfahren zur Kontrastverbesserung. Die Helligkeiten am Rand des Bildausschnitts sind mit Null angenommen

Die hier im Beispiel nur in x-Richtung vorgenommene Operation wird bei der Bildverarbeitung in x- und y-Richtung vorgenommen ("räumlicher Filter"). Die Verallgemeinerung des Differentialquotienten 1. Ordnung ist:

$$f(x,y) \leftarrow \sqrt{\left(\frac{\delta f}{\delta x}\right)^2 + \left(\frac{\delta f}{\delta y}\right)^2} \quad .$$

Die Verallgemeinerung des Differentialquotienten 2. Ordnung ist der LAPLACE-Operator:

$$f(x,y) \leftarrow \left| \frac{\delta^2 f}{\delta x^2} + \frac{\delta^2 f}{\delta y^2} \right| .$$

Da diese Methoden nicht nur eine Kontrastverbesserung erzeugen, sondern auch das Rauschen verstärken können, werden sie oft mit Glättun gen kombiniert. Eine beliebte räumliche Glättung ist der Ausgleich durch einen Kegelschnitt.

Die Verfahren werden auch iterativ eingesetzt. Zur Weiterführung sei etwa auf [116,123,124,125] verwiesen.

Modifikationen gibt es für binäre Bilder, das sind Bilder, deren z-Koordinate (Helligkeit) nur den Wert 0 oder 1 hat. Binäre Bilder erhält man durch "statistische Tests":

> Sei H_0 die Nullhypothese und H_1 die Alternativhypothese. Für jeden Bildpunkt wird "getestet", ob H_0 verworfen werden muß. Ist dies der Fall, dann erhält der Bildpunkt den Wert 0, sonst den Wert 1.

6.1.2.1.2 Arithmetische Operationen

Die wichtigsten arithmetischen Operationen sind Addition und Subtraktion ganzer Bilder nach Zentrierung. Die Subtraktion zweier Bilder hat verschiedene Anwendungen:

- Untersuchung zeitabhängiger Verläufe (Aufnahme/Ausscheidung von Radionukliden, Wachstumstendenzen von Tumoren).
- Selektive Darstellung der Isotopenaufnahme in bestimmten Organen.

So werden die vom Pankreas aufgenommenen Isotope auch von der das Pankreas teilweise überlagernden Leber aufgenommen. Erst die Subtraktion eines Isotopenbildes, in dem selektiv die Leber dargestellt ist, liefert ein Bild der Aufnahme im Pankreas.

Die Addition von Bildern wird zur Verbesserung des Signal-Rausch-Abstandes eingesetzt. Die Idee ist ähnlich der Ermittlung repräsentativer Perioden (siehe Abschnitt 5.2.2.4).

6.1.2.1.3 Bildanalyse

Auf die Darstellung von Bildanalyse-Algorithmen, die teilweise sehr speziell und kompliziert sind, wird hier verzichtet. Relativ einfach sind noch morphologische Analysen (Konturerkennung, Lokalisation und Vermessung bestimmter Objekte) im Gegensatz zu Algorithmen zur Klassifikation, die eine nahe Verwandtschaft zu linguistischen Algorithmen (siehe Kapitel 4) haben.

Bei praktischen Anwendungen, etwa bei der Analyse von Röntgenbildern [92], haben sich auch Dialog-Verfahren bewährt, bei denen der Mensch den Teil der Arbeit übernimmt, den er besonders gut beherrscht (Auswahl der interessierenden Bildausschnitte und Strukturen), und dem Computer der Teil übertragen wird, der gut in Algorithmen formulierbar ist (Kontrastverbesserung, Durchführung statistischer Tests).

6.1.2.2 Computer-Tomographie

Eine andere Situation als bei der automatischen Bildanalyse ist bei der Computer-Tomographie gegeben. Kaum ein anderes Gebiet der Anwendung mathematischer bzw. EDV-Verfahren in der Gesundheitsversorgung hat eine solche Beachtung gefunden.

Das klassische Röntgenbild entsteht bei Durchstrahlung des Körpers mit Röntgenstrahlen und Belichtung eines der Strahlenquelle gegenüberliegenden Films. Die Strahlung wird in Abhängigkeit von Gewebsdichte, Dicke und Zusammensetzung absorbiert. Dadurch entsteht ein "Schattenbild" des durchstrahlten Körpers. Dabei gibt es zwei Probleme:

- Für das menschliche Auge sind Unterschiede in der Helligkeit von Objekten auf dem Film nur dann erkennbar, wenn die Objekte eine gewisse Größe haben und wenn der Unterschied mindestens bei etwa 5% liegt. Daher können im Röntgenbild nur lufthaltige Strukturen und Fett, wässrige Strukturen sowie Kalzium- und schwermetallreiche Strukturen unterschieden werden.

  Die Helligkeitsunterschiede können dadurch verstärkt werden, daß man stark strahlenabsorbierende Substanzen verabreicht (etwa Brom- oder Jodverbindungen) oder Hohlräume durch Einleitung von Gasen künstlich aufbläht.

- Das "Schattenbild" entsteht durch Projektion eines dreidimensionalen Körpers auf eine zweidimensionale Bildfläche. Dadurch gibt es Überlagerungen, die eventuell bestehende Dichte-Unterschiede verwischen.

  Eine Verbesserung bringt bei gewissen Anwendungen die **Tomographie** (Röntgen-Schichtaufnahme). Dabei werden Röntgenröhre und Film in einer koordinierten Bewegung so geführt, daß die Punkte einer bestimmten Schicht immer auf die gleiche Stelle des Films, Punkte außerhalb dieser Schicht aber auf verschiedene Stellen des Films abgebildet werden. Dadurch erreicht man eine schärfere Darstellung der interessierenden Schicht bei gleichzeitiger "Verwischung" der Strukturen außerhalb der Schicht. Der geringere Signal-Rausch-Abstand eines solchen Bildes und der fließende Übergang in die interessierende Schicht können erhebliche Schwierigkeiten bei der Beurteilung machen. Nachteilig ist auch die unvermeidbare größere Strahlenbelastung, verglichen mit konventionellen Röntgenaufnahmen.

Das Wesen der **Computer-Tomographie** (**CT**) ist die **Bildkonstruktion** mittels mathematischer Verfahren. Die von einer Röntgenröhre emittierte Strahlung wird nach Durchdringen des Körpers nicht auf einem Film, sondern auf einem **Detektor** aufgefangen, von dem aus die gemessene Intensität nach Analog-Digital-Wandlung in einen Computer eingegeben wird (siehe Abb. 6.2).

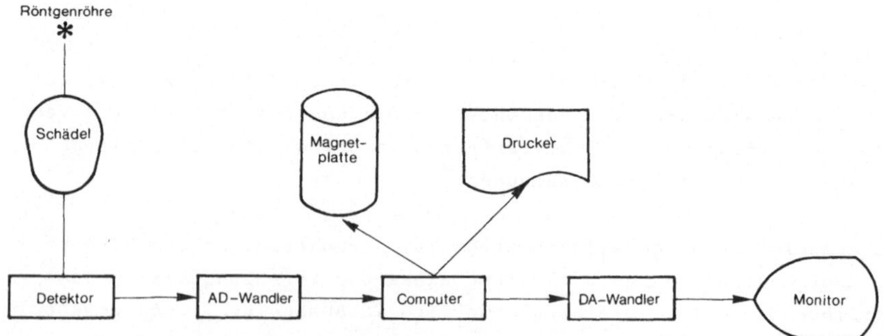

Abb. 6.2: Schema eines Computer-Tomographen

Über einen Algorithmus wird ein Bild der interessierenden Schicht aus vielen einzelnen Rasterpunkten konstruiert [115] , indem die geometrischen und die physikalischen Eigenschaften der "Röntgen-Aufnahme" (Führung von Röntgenröhre und Detektor, Absorptions-Koeffizienten von Luft und Wasser etc.) berücksichtigt werden. Die Überlagerung durch Strahlen von außerhalb der interessierenden Schicht wird so durch Subtraktion der entsprechenden Anteile vermieden. Die berechnete Strahlenintensität wird in Helligkeitswerte oder auch in Farbwerte übersetzt. Das so konstruierte Bild kann auf einem Monitor sichtbar gemacht werden.

Die Vorteile der Computer-Tomographie sind:

- Gute Bildqualität, die noch Strukturen erkennen läßt, die man früher allenfalls bei der Obduktion sah,
- geringere Strahlenbelastung,
- Beschleunigung der Aufnahme.

Bis heute gibt es vier "Generationen" der Computer-Tomographen:

- Die erste Generation enthält einen mit der Röntgenröhre fest verbundenen Detektor. Das System wird entlang einer Meßlinie verschoben (Translation) und nach jeder Verschiebung um ein Grad gedreht (Rotation). Diese Bewegung wird in einem Halbkreis (180 Messungen) wiederholt (**Scanning**). Die Prozedur ist zeitaufwendig (Gesamtdauer bis fünf Minuten) und erlaubt daher nur die Untersuchung fest fixierter Strukturen (etwa Schädel).
- Bei der zweiten Generation wurde die Anzahl der Detektoren bis zu 30 erhöht, so daß der Translationsschritt vergrößert werden konnte. Dadurch verringert sich die Untersuchungszeit auf etwa 20 Sekunden.
- Bei der dritten Generation wurde die Anzahl der Detektoren weiter vergrößert, und diese wurden auf einem Kreissektor angeordnet. Dadurch kann die Translation ganz entfallen. Das System rotiert um die Längsachse des untersuchten Körpers.
- Die vierte Generation ist eine konsequente Fortsetzung der dritten Generation. Die Detektoren sind in einem vollständigen Ring angeordnet und die Röntgenröhre kreist in diesem Ring (siehe Abb. 6.3). Die Untersuchungszeit wird so auf wenige Sekunden verkürzt.

Die bisher gesicherten Konsequenzen für die Medizin werden hier nur angedeutet, da die Forschung noch im Fluß ist und die technologische

Entwicklung teilweise der Entwicklung der medizinischen Diagnostik voraus ist:

- Verbesserung der Diagnostik (etwa Hirntumoren, Differentialdiagnose des "Schlaganfalls"),
- Verbesserung der Therapie (etwa Bestrahlungsplanung bei Tumoren infolge genauerer Lokalisation, Überprüfung des Ansprechens auf die Therapie),
- Ersatz gefährdender oder belästigender Untersuchungen (Kraniotomie, Pneumenzephalographie, zerebrale Angiographie).

Einen weiteren wichtigen Schritt stellen die **Emissions-Scanner** dar, bei denen die interessierende Struktur durch Verabreichung einer radioaktiven Substanz selbst zur Strahlenquelle gemacht wird. Die medizinischen Konsequenzen der dadurch gegebenen Möglichkeit zur quantitativen Untersuchung von Körperfunktionen und Stoffwechselprozessen sind noch kaum zu übersehen. Sie bestehen etwa in:

- Bestimmung der Aktivitäten im Gehirn durch radioaktiv markierte Glukose-Verbindung (Diagnostik von Durchblutungsstörungen),
- Bestimmung der Aktivität von Tumoren durch Messung der RNS-Bildung und Bestimmung der Einflußgrößen (Wirkung der Therapie).

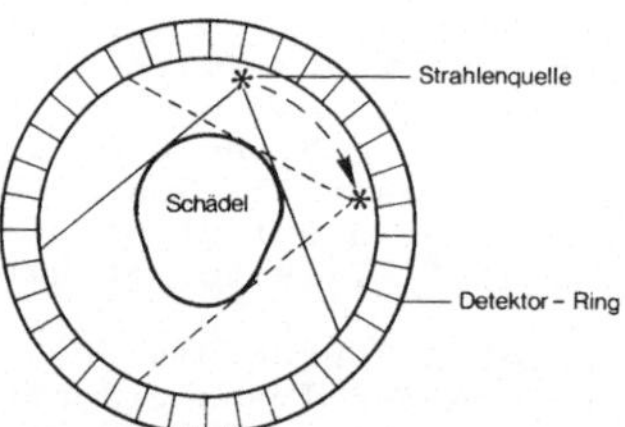

Abb. 6.3: Schema eines Computer-Tomographen der vierten Generation. Die Strahlenquelle (*) rotiert innerhalb des Detektor-Rings um das Objekt

6.1.3 Labor-Datenverarbeitung

Unter diesem Begriff wird meist die Datenverarbeitung im klinisch-chemischen Labor, seltener im hämatologischen Labor verstanden.

Bedingt durch den hohen Technisierungsgrad, den großen Anteil sich wiederholender Abläufe, die größere Aufgeschlossenheit gegenüber EDV-Verfahren als Folge einer stärkeren Hinwendung zu naturwissenschaftlichen Verfahren und durch den Mangel an qualifiziertem Personal ist die Entwicklung leistungsfähiger EDV-Systeme im klinisch-chemischen Labor weiter fortgeschritten als in den meisten anderen Bereichen einer Klinik. "Schlüsselfertige" Systeme werden bereits von der Industrie angeboten. Dieser Abstand in der Entwicklung hat dazu geführt, daß die Labor-Datenverarbeitung teilweise Aufgaben übernimmt oder übernehmen muß, die eigentlich an anderer Stelle zu erledigen sind (siehe Abschnitt 6.3).

Eine grobe Untergliederung der Labor-Datenverarbeitung ist:

- Untersuchungsanforderung,
- Probenverteilung,
- Datenerfassung,
- Datenkontrolle und Auswertung,
- Datenübermittlung.

Es gibt vier Schnittstellen zur "Umwelt" des Labors: Die von den Stationen oder Polikliniken eingehenden **Untersuchungsanforderungen** müssen erfaßt und mit einer Untermenge der **Patientenstammdaten** (Krankenblatt-Nummer, Name, Geschlecht, Alter, ...) zusammengeführt werden. Die Verbindung zu den Stammdaten ist zur Identifikation aus medizinischen ("Normalwertkontrolle") und administrativen (Abrechnung) Gründen notwendig. Die im Labor anfallenden **Daten** müssen an die anfordernde Stelle zurückgemeldet werden, und die **Verwaltung** muß die abrechnungsrelevanten Daten erhalten.

Untersuchungsanforderungen und Stammdaten werden meist noch auf Anforderungsformularen fixiert und erst im Labor in einem zweiten Arbeitsgang erfaßt. Die im Labor gemessenen Daten werden zusammen mit den Stammdaten im Labor gedruckt und mit der Klinikpost an die anfordernde Stelle geschickt (siehe Abb. 5.23 in Abschnitt 5.5).

Die bekanntesten Entwicklungen der Labor-Datenverarbeitung in Deutschland werden an der Medizinischen Hochschule Hannover [110], am Krankenhaus München-Harlaching [75,76] und an der Universität Tübingen [96] eingesetzt.

6.1.4 Röntgenologie, Nuklearmedizin

EDV-Anwendungen in diesen Fächern gibt es bei Diagnostik, Therapie und Dokumentation [172]. In der **Diagnostik**, vor allem in der Nuklearmedizin, spielt die automatische Bildverarbeitung eine wichtige Roll (siehe Abschnitt 6.1.2). Während die automatische Analyse von Röntgenbildern noch einige Zeit der Entwicklung verlangt, werden von der Industrie fertige Systeme etwa zur Scintigrammauswertung und Dokumentation angeboten (siehe auch Abschnitt 6.1.2.2).

Für die **Therapie** interessant sind Programme zur Bestrahlungsplanung. Sie haben das Ziel, die Bestrahlung (Bestrahlungsfeld, -winkel, -dauer, -intensität) eines Tumors so zu planen, daß sie therapeutisc wirksam ist und die Strahlenbelastung des gesunden Gewebes möglichst gering wird. Dazu werden bereits Programme für Tischrechner angeboten (Literatur siehe [37]).

Für die **Dokumentation** ist wichtig, daß der Anteil von Standardtexter bei Befunden relativ hoch ist und die Befundberichte einfach strukturierbar sind. Daher sind Arztbriefsysteme häufig beschrieben worden (siehe Abschnitt 5.5.1.1).

6.1.5 Intensivmedizin

Dieser Bereich der klinischen Medizin ist teilweise schon so weitgehend mit technischen Geräten ausgestattet, daß ein Einsatz von Computern naheliegend erscheint. Es wäre aber falsch, anzunehmen, daß die computerunterstützte Patientenüberwachung nur Prozeßdatenverarbeitung mit einer menschlichen Nachrichtenquelle ist.

Die auf den Ergebnissen der **Intensivüberwachung** beruhende Therapie setzt die Beobachtung nicht-meßbarer und meßbarer Merkmale und den Vergleich der Daten mit dem Fachwissen voraus. Zu den nicht-meßbare Merkmalen gehören etwa Hautfarbe, Bewußtseinsgrad und Ansprechbarkeit. Zu den meßbaren Merkmalen gehören etwa arterieller und venöse Druck, Herzrhythmus, Atemrhythmus, Flüssigkeitsabgabe und Biosignale. Diese Daten sind zeitlich variabel, und ihr Bezug zum "Zustand" des Patienten ist nicht operational definiert. In keinem anderen Bereich der Medizin tritt die "klassische" Diagnose gegenüber der

Therapie so sehr in den Hintergrund. Mit ihren unabdingbaren Forderungen nach Zuverlässigkeit, Verfügbarkeit und schneller und sicherer Aktionsmöglichkeit stellt die Intensivmedizin - selbst im Rahmen der gegen EDV-Verfahren sehr sensiblen Medizin - noch einen Sonderfall dar.

Relativ weit fortgeschritten ist die Biosignal-Verarbeitung (siehe Abschnitt 6.1.1). Damit wird das medizinische Personal mit zusätzlichen und zuverlässigen Daten versorgt.

Die eigentlichen Ziele der möglichst frühzeitigen Erkennung der den Patienten gefährdenden Trends und der Hinweise zur Gegensteuerung sind jedoch noch nicht erreicht [84,145]. So schwierig die technischen Probleme teilweise sind (Entwicklung geeigneter Sensoren zur Signalerfassung, Meßwertvorverarbeitung und Nachrichtenübermittlung), die semantischen Probleme sind noch um Größenordnungen schwieriger. Gerade die Intensivüberwachung hat aber auch gezeigt, daß oft erst die Bemühungen um die Entwicklung von Algorithmen zu einer klaren Definition der Probleme führen, die Voraussetzung für ihre Lösung ist.

6.2 Betriebswirtschaftliche Anwendungen

Der Rahmen betriebswirtschaftlicher Anwendungen in der Medizin ist sehr breit, da Kliniken unter betriebswirtschaftlichen Gesichtspunkten Großbetriebe sind. Diese Anwendungen gehören mit wenigen Ausnahmen zur Medizinischen Informatik, da es kaum Daten gibt, die nur für die Verwaltung interessant sind.

Die wichtigsten Anwendungen sind:

- Patienteneinbestellung,
- Patientenaufnahme (einschließlich Verlegung und Entlassung),
- Patientenabrechnung,
- Buchführung,
- Menü-Planung und -Verteilung,
- Lagerhaltung.

Von diesen Anwendungen wird hier nur auf die Patientenaufnahme wegen ihrer zentralen Bedeutung und auf die Lagerhaltung wegen ihrer algorithmischen Probleme eingegangen.

6.2.1 Patientenaufnahme

Die Patientenaufnahme ist der erste Kontakt eines Patienten mit der Klinik, wenn man von Voranmeldungen absieht. Sie ist ein Verwaltungs akt, da sie im allgemeinen mit dem Abschluß eines Behandlungsvertrag verbunden ist. Solange die bei der Patientenaufnahme erhobenen Daten nicht zentral den einzelnen Leistungsstellen zur Verfügung gestellt werden, wird an jeder Leistungsstelle eine erneute "Patientenaufnahme" stattfinden müssen.

Die erfaßten Daten dienen vor allem zur Identifikation des Patienten (siehe Abschnitt 5.1.3.7.1). Zu ihnen gehören Personaldaten (Name(n), Geburtsdatum, Adresse, Geschlecht), einweisender Arzt, Kostenträger und Pfle gestation bzw. Poliklinik.

Die Definition der **Stammdaten** ist unterschiedlich. Der Begriff wird teilweise synonym zu "Personaldaten", teilweise für alle bei der Patientenaufnahme erfaßten Daten verwendet.

Nach der Patientenaufnahme werden verschiedene, meist administrative Vorgänge ausgelöst (Kostensicherung, Eröffnung des Patientenkontos, Anlegen eines Krankenblatts bzw. Suche nach dem Krankenblatt im Archiv, Drucken von Standardformularen).

Bei einer modernen Patientenaufnahme werden die Daten direkt in eine Computer eingegeben. Damit sind zwei wichtige Konsequenzen verbunden

- Die Identifikationsdaten des Patienten sind sofort nach der Aufnahme für andere Subsysteme eines Krankenhaus-Informationssystems (siehe Abschnitt 6.3.2) verfügbar.
- Bei der Aufnahme ist ein Zugriff auf historische Daten möglich (Verkürzung der Aufnahme durch Übernahme noch gültiger Daten, Meldung an das Archiv zur Bereitstellung des Krankenblatts, Aktivierung wichtiger medizinischer Daten wie etwa "Risiken").

Zusätzlich zur eigentlichen Aufnahme enthalten die verschiedenen Systeme meist als weitere Komponenten:

- Patientenvoranmeldung und -einbestellung,
- Verlegungs- und Entlassungsmeldungen.

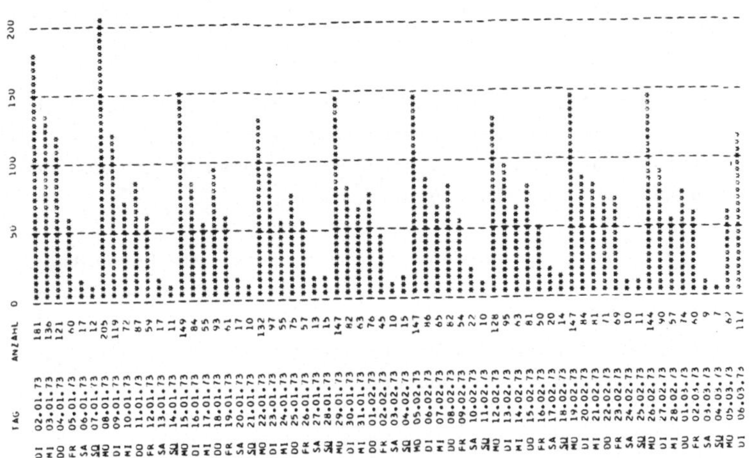

Abb. 6.4: Häufigkeiten der Patientenaufnahme im Klinikum der Universität Münster [80]

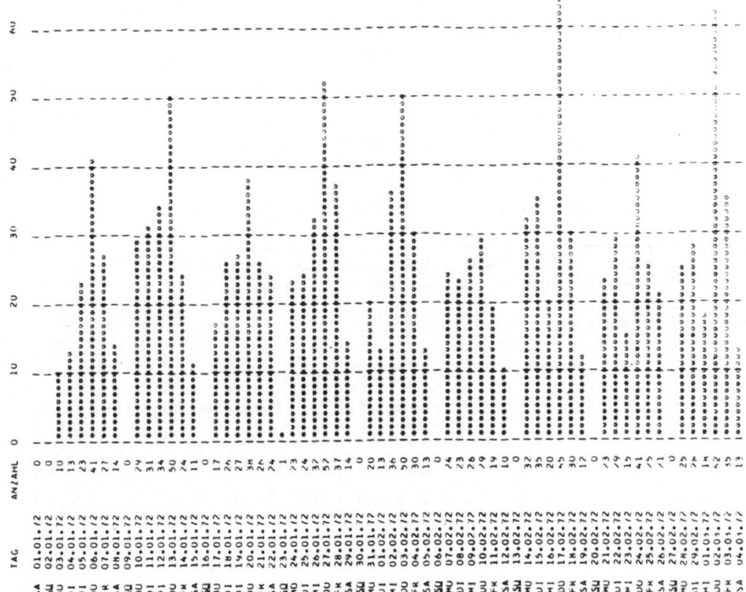

Abb. 6.5: Häufigkeiten der Untersuchungsanforderung im Cytologischen Labor der Medizinischen Hochschule Hannover [171]

Mit der Erfassung der Verlegungs- und Entlassungsdaten werden Übersichten über die **Belegung** des Krankenhauses möglich (Aufnahme-Journal, Belegungsstatistik, "Mitternachtsstatistik").

In der Literatur gibt es zahlreiche System- und Programmbeschreibunge für die Patientenaufnahme. Die meisten Computerhersteller bieten mitt lerweile fertige "Pakete" an, die neben Patientenaufnahme auch Patientenabrechnung und Buchführung umfassen.

Die Ungleichverteilung der Aufnahmehäufigkeit über die Wochentage (siehe Abb. 6.4) erschwert die Planung, da sie zu einer Ungleichverteilung der Arbeitsbelastung der Leistungsstellen (siehe Abb. 6.5) und damit zu einer Verlängerung der Verweildauer oder zu einer unökonomischen Ausnutzung der Ressourcen führt.

6.2.2 Lagerhaltungssysteme

In einem Lager (siehe Abb. 6.6) können variable Mengen eines Produkts gelagert werden. Aus dem Lagerbestand (**Lagergröße**) ist der **Bedarf** von Kunden zu befriedigen. Das Lager wird ergänzt durch Einkauf bei einem Lieferanten (**Erneuerung**). Die **Lagerhaltungspolitik** verursacht **Kosten** (Kosten der Erneuerung, Lagerhaltung, Transport zum Kunden, ...), und sie führt zu einem **Erlös** durch Belieferung des Kunden.

Abb. 6.6: Einfaches Lagerhaltungsmodell

Betrachtet wird ein **Planungszeitraum**, der in **Intervalle** unterteilt wird. Die Lagerhaltungspolitik E legt die Erneuerungsmengen fest, die zu Beginn der Intervalle bezogen werden sollen. Im Modell können daher zwei Typen von Variablen unterschieden werden:

- **Zustandsvariable** zur Beschreibung des aktuellen Zustands des Lagers und
- **Entscheidungsvariable**, deren Festlegung die Entscheidung E darstellt.

So ist etwa die Lagergröße vor Erneuerung eine Zustandsvariable und die Erneuerungsmenge eine Entscheidungsvariable. Zur Festlegung einer optimalen Politik dient eine Zielfunktion Z(E), die etwa durch die Differenz zwischen Erlös G(E) und Kosten K(E) definiert ist (**Gewinn**):

$$Z(E) = G(E) - K(E).$$

Optimal ist eine Entscheidung, die den Gewinn maximiert. Andere Optimierungskriterien sind Kostenminimierung und Umsatzmaximierung.

Die einzelnen Elemente des Modells sind: Lagerstruktur, Produktstruktur, Planungszeitraum, Bedarf, Erneuerung, Lagergröße, Entscheidungsraum, Zielfunktion.

Lagerhaltungsprobleme in der Medizin gibt es etwa bei Blutbank, Apotheke, Küche und technischem Lager. Hier werden als Beispiele zur Erläuterung der wichtigsten Begriffe ein Modell einer Blutbank und einige Besonderheiten der Apotheke erläutert. Andere Lagerhaltungsprobleme werden prinzipiell nach den gleichen Verfahren gelöst.

6.2.2.1 Blutbank

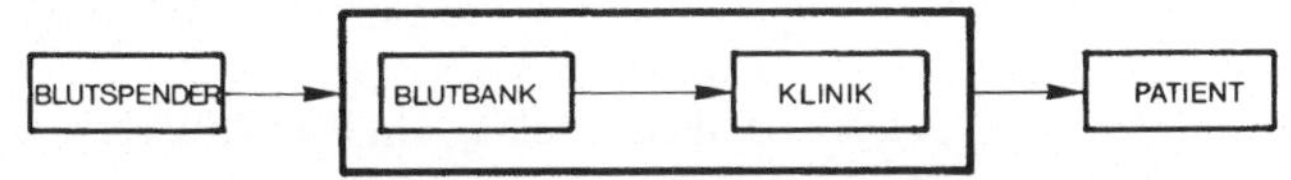

Abb. 6.7: Lagerhaltungsmodell einer Blutbank. Das Modell ist zweistufig, wenn es in der Klinik ein Zwischenlager gibt

Die **Lagerstruktur** einer Blutbank kann ein- oder mehrstufig sein (siehe Abb. 6.7).

Die **Produktstruktur** umfaßt acht Produkte, die den Kombinationen der vier Blutgruppen und den Ausprägungen des Rhesusfaktors (Rh+, Rh-) entsprechen. Jeder Patient benötigt eine gewisse Menge eines dieser Produkte. Die letzte Entscheidung, ob das bestellte Produkt auch verwendbar ist, wird jedoch erst nach Lieferung getroffen (Kreuzprobe).

Die Produkte sind nicht beliebig lange haltbar. Nach Überschreiten eines Verfalldatums sind sie für ihren eigentlichen Zweck nicht mehr brauchbar. Sie können jedoch von der pharmazeutischen Industrie weiter verarbeitet werden.

Planungszeitraum und **Planungsintervalle** hängen vom Lager ab. Die Intervalle liegen in der Größenordnung von Tagen oder Wochen.

Über den **Bedarf** wird durch den behandelnden Arzt entschieden. Er bestellt das Blut direkt bei der Blutbank (einstufiges Modell) oder im Labor der Klinik (zweistufiges Modell). Der Bedarf ist zum Teil über einen kurzen Zeitraum vorhersehbar (etwa Planung einer Operation), zum Teil ist er nicht vorhersehbar (Notfall). Aus der Sicht des Lagers wird der Bedarf durch eine Wahrscheinlichkeitsverteilung beschrieben.

Der Bedarf muß immer befriedigt werden. Ist bei einem Bedarf das Lager nicht lieferbereit, dann muß das Blut von einem Lieferanten (als Eilfall einbestellter Spender, anderes Lager) - im Prinzip ohne Verzug, meist mit relativ großen Kosten - bezogen werden.

Die **Erneuerung** des Lagers wird im Normalfall durch freiwillige Blutspender bewirkt, die zu regulären Terminen oder auch spontan einbestellt werden. Die Zulieferung zum Lager ist daher, im Gegensatz zu den meisten industriellen Lagerhaltungsmodellen, ebenfalls stochastisch, da nicht jeder Blutspender immer verfügbar ist.

Die Erneuerung ist die primäre **Entscheidungsvariable**. Weitere Entscheidungsvariable sind Erneuerungszeitpunkte und Verteilung auf periphere Lager (zweistufiges Modell). Sie bestimmen die **Lagergröße**.

In die **Zielfunktion** gehen als wesentliche **Kosten** die Kosten für den Erwerb des Blutes ("Normalfall" oder Notfall), der Lagerhaltung und des Transports ein.

Der **Erlös** ergibt sich durch den Verkauf des Blutes an den Patienten oder bei Überschreiten des Verfalldatums an die Industrie, wobei der Erlös geringer ist.

Im folgenden wird ein Algorithmus zur Lösung eines vereinfachten Lagerhaltungsproblems dargestellt. Der Planungszeitraum sei in Intervalle mit den Grenzen t_i $(i=0,1,\dots,n)$ eingeteilt. Es wird angenommen daß nur ein Produkt zu lagern ist.

Zu Beginn des k-ten **Intervalls** $(t_{k-1},t_k]$ sei die **Lagergröße** gleich α. Der **Bedarf** B_k sei eine Zufallsvariable, die durch die Wahrscheinlichkeitsfunktion $f_k(b)$ beschrieben wird. α ist keine Zufallsvariable, da die Lagergröße zum Zeitpunkt t_{k-1} bekannt ist.

Die Kosten der **Erneuerung** durch x_k Einheiten seien additiv aus einem Fixkostenanteil a_k und einem mengenabhängigen Anteil c_k zusammengesetzt:

$$\delta_k \cdot \left(a_k + c_k(x_k)\right), \qquad \delta_k = \begin{cases} 1 , & x_k > 0 \\ 0 , & x_k \leq 0 \end{cases} .$$

Treten **Fehlmengen** auf, dann müssen diese zu Kosten

$$d_k(\alpha+x_k-B_k)$$

beschafft werden. Es ist $d_k(\alpha+x_k-B_k) = 0$ für $\alpha+x_k-B_k \geq 0$. Wegen der Beschaffung der Fehlmengen ist die Lagergröße zu Beginn des (k+1)-ten Intervalls:

$$\mathbf{A}_{k+1} = \max(0,\alpha+x_k-B_k).$$

Die Kosten der **Lagerhaltung** seien nur abhängig von der Lagergröße:

$$g_k(\alpha+x_k) .$$

Die erwarteten minimalen Kosten für die Intervalle k bis n setzen sich additiv aus den minimalen Kosten für das Intervall k und die Intervalle (k+1) bis n zusammen. Bei optimaler Entscheidung, d.h. bei Minimierung der erwarteten Kosten, sind die minimalen Kosten $Y_k(\alpha)$ der Intervalle k bis n gleich

$$Y_k(\alpha) = \min_{x_k}\left[\delta_k \cdot \left(a_k+c_k(x_k)\right) + E\left(d_k(\alpha+x_k-B_k)\right) + g_k(\alpha+x_k) + E\left(Y_{k+1}(\mathbf{A}_{k+1})\right)\right].$$

Dabei ist $E\left(Y_{k+1}(\mathbf{A}_{k+1})\right)$ der Erwartungswert der Kosten der Intervalle (k+1) bis n bei optimaler Entscheidung zu Beginn des (k+1)-ten Intervalls. Er hängt nur von $\mathbf{A}_{k+1}$ ab. Daher kann man - ausgehend vom n-ten Intervall - rekursiv die minimalen Kosten für das k-te Intervall in Abhängigkeit von der Lagergröße zu Beginn dieses Intervalls berechnen. Diese Klasse von Problemen gehört zu den stochastischen sequentiellen Entscheidungsproblemen (siehe Abschnitt 3.5).

Bei Berücksichtigung aller Aspekte des Lagerhaltungssystems "Blutbank wird das Optimierungsproblem so kompliziert, daß zur Lösung Simulationsmethoden herangezogen werden müssen. So muß man etwa davon ausgehen, daß der Bedarf in den einzelnen Intervallen nicht unabhängig ist. Die unbekannten Wahrscheinlichkeitsfunktionen für Bedarf, Zulieferung und Notfall müssen durch die empirischen Dichten bzw. empirischen Wahrscheinlichkeitsfunktionen geschätzt werden.

Findet bei einem zweistufigen Modell nur eine Lieferung von der Zentrale zu den peripheren Lagern statt, dann kann das Modell vereinfacht als Modell mit zwei einstufigen Lagern beschrieben werden.

Dieses Modell ist jedoch nicht optimal. Haben etwa die Transportkosten einen wesentlichen Einfluß auf die Kosten, dann wird man bei Belieferung eines Lagers zusätzlich Blut der Blutgruppen liefern, bei denen die Lagergröße in der Nähe einer unteren Grenze liegt. Weiter kann man die Wahrscheinlichkeit für den Verfall von Blut dadurch verringern, daß man bereits länger gelagertes Blut von einem Lager mit kleinem Umsatz zu einem Lager mit größerem Umsatz umlagert.

Diese Überlegungen zeigen, daß ein Lagerhaltungsmodell für eine Blutbank weit mehr berücksichtigen muß als ein gewöhnliches industrielles Modell:

- Die Produkte sind nicht nur über ihre Mengen identifiziert, sondern müssen individuell erfaßt sein (Ort, Verfalldatum).
- Die "Lieferanten" müssen mit zusätzlichen Daten erfaßt sein, die Aussagen über die "Lieferbereitschaft" erlauben (etwa Datum der letzten Blutspende).
- Ein Transportmodell muß - bei einem zweistufigen Modell - eine kostengünstige Austauschbarkeit von Blut gewährleisten.

In [105] sind Simulationsergebnisse für drei verschiedene Modelle einer regionalen Blutbank angegeben, die mehrere Krankenhäuser mit Zwischenlagern versorgt (zweistufiges Modell). Die Ergebnisse führten zu einer Reduktion der Kosten gegenüber dem bestehenden System auf ein Drittel.

6.2.2.2 Apotheke

Die mit der Apotheke verbundenen reinen Lagerhaltungsprobleme sind denen bei industriellen Anwendungen ähnlicher als bei der Blutbank. Kompliziertere Systeme entstehen jedoch, wenn Lagerhaltungsprobleme der Apotheke mit medizinischen Fragestellungen gekoppelt werden (siehe Abschnitt 6.3.2.2).

In deutschen Kliniken ist das Medikamentenlager im allgemeinen zweistufig, da die Krankenhausapotheke Zwischenlager auf den Pflegestationen, Ambulanzen und in diagnostischen Abteilungen unterhält. In den USA gibt es in zunehmendem Maß einstufige Systeme, bei denen die Patienten direkt von der Apotheke versorgt werden.

Lagerhaltungssysteme sind für die Apotheke aus verschiedenen Gründen besonders wünschenswert:

- Die Anzahl der verschiedenen Medikamente ist sehr groß.
- Medikamente unterscheiden sich nur im Anteil der wirksamen Substanzen, nicht in den Substanzen selbst.
- Medikamente unterscheiden sich nur in Namen und Preis.
- Medikamente haben nur eine beschränkte Lagerzeit und verfallen.
- Der Anteil der Medikamentenkosten an den Gesamtkosten der Gesundheitsversorgung ist hoch.
- Gesetzliche Vorschriften zur Dokumentation des Verbrauchs bestimmter Substanzen (etwa Opiate, Radionuklide) sind zu beachten.

6.3 Informationssysteme

Informationssysteme bestehen aus einzelnen **Objekten**, die untereinander definierte Relationen haben und deren **Aktionen** in der Erfassung, Speicherung, Bildung und Wiedergabe von **Informationen** bestehen (siehe Kapitel 5). Informationssysteme stehen in Beziehung zu einer **Umwelt**, sind also selbst Objekt (**Subsystem**) eines umfassenderen Systems, mit dessen Objekten sie über **Schnittstellen** in Verbindung stehen [91].

So ist etwa ein Labor-Informationssystem ein Subsystem eines Krankenhaus-Informationssystems.

Damit ein Informationssystem reibungslos mit seiner Umwelt kommunizieren kann, müssen die Relationen zur Umwelt definiert sein. Nur di damit angesprochenen **Schnittstellen**probleme interessieren einen Benutzer. Die interne **Architektur** eines computerunterstützten Informationssystems ist dagegen für den Benutzer weniger interessant.

Wie groß in der Praxis der Einfluß von Funktionen zur Entscheidungsunterstützung sein kann, zeigt das folgende Beispiel.

Ein computerunterstütztes System zur Überwachung der **Bettenbelegung** könnte in einer einfachen Version darin bestehen, daß dem System der Bettenplan der Klinik bekannt ist und ihm jede Aufnahme und Entlassung eines Patienten mitgeteilt wird. Das System wird dann bei entsprechender Auslegung stets Auskunft über die Anzahl der freien Betten geben.

Beim praktischen Einsatz werden die Fragen eines Benutzers aber schnell sehr viel komplizierter. So könnte zusätzlich zur Information "10 Betten frei" interessieren, warum nur 10 Betten frei sind. Diese Frage leitet zu der Frage über, wer welches Bett belegt und wann ein Bett voraussichtlich frei werden wird. Die Beantwortung der letzten Frage kann beliebig schwierig werden und gehört in den Bereich der Entscheidungsunterstützung (Ist der Zustand eines Patienten derart, daß in zwei Tagen mit seiner Entlassung gerechnet werden kann? Wenn nein, warum nicht?).

Das Beispiel weist auf ein zentrales Problem bei computerunterstützten Informationssystemen hin. Die für die Praxis in der Medizin interessanten Fälle sind **dynamische** Systeme, die ihren Zustand in der Zeit ändern. Diese Dynamik haben auch die Schnittstellen zur Umwelt und die Objekte der Umwelt (Die Informationsübermittlung zur Außenwelt ist etwa davon abhängig, ob der potentielle Empfänger empfangsbereit ist).

Von diesen zeitlichen Änderungen sind zwei weitere zeitliche Einflüsse zu unterscheiden:

- Der Informationsbedarf der Umwelt ändert sich als Reaktion auf ein computerunterstütztes Informationssystem. Auch nach sorgfältigster Systemanalyse stellt sich im praktischen Einsatz oft heraus, daß manche, anfangs als dringend notwendig empfundene, Information nie benötigt wird und neue Wünsche innerhalb kürzester Zeit aus dem Boden sprießen.

- Die natürliche Entwicklung der Umwelt führt zu neuen Informationen und zu neuem Informationsbedarf, wie etwa durch die Entwicklung neuer Untersuchungsverfahren mit bisher nicht gekannten diagnostischen Möglichkeiten.

6.3.1 Kommunikationssysteme

Die Grundlage eines Informationssystems ist die Übermittlung von Nachrichten. Informationssysteme enthalten also ein **Kommunikationssystem**, das aus einzelnen **Stationen** und den zwischen ihnen liegenden **Nachrichtenwegen** besteht [73]. Eine Station kann **Empfänger, Sender** und/oder **Vermittler** von Nachrichten sein (siehe Abschnitt 2.2.1).

Ein Nachrichtenweg kann **dediziert**, d.h. einem Sender und einem Empfänger fest zugeordnet, sein und wird nur in einer oder aber in beiden Richtungen benötigt. Zusätzlich gibt es **allgemeine** Nachrichtenwege, die von mehr als einem Sender und/oder mehr als einem Empfänger benutzt werden.

Die **Architektur** eines Kommunikationssystems hängt außer von den Funktionen für die Nachrichtenübermittlung besonders von der **Sensibilität** gegenüber dem Ausfall einzelner Komponenten, der **Erweiterbarkeit** um neue Komponenten und den **Kosten** ab (siehe Abb. 6.8):

- Beim **Ring** ist jede Station mit zwei Nachbarn verbunden. Der Ring ist relativ einfach und leicht erweiterbar, ist aber empfindlich gegen Unterbrechung einer Verbindung. Dies gilt besonders dann, wenn die Nachrichtenübermittlung nur in einer Richtung erfolgt.
- Diesen Nachteil gibt es beim **vollständigen Ring** nicht, bei dem jedoch die Erweiterungskosten relativ hoch sind. Die Erweiterung um eine zusätzliche Station verlangt die Herstellung der Verbindungen zu allen anderen bereits vorhandenen Stationen.
- Der **Bus** ist ein gemeinsamer Nachrichtenweg, dessen Zuteilung für eine Nachrichtenübermittlung besonders kontrolliert werden muß. Beim Ausfall des Bus sind alle Verbindungen betroffen.
- Beim **Stern** gibt es einen zentralen Vermittler. Der Stern ist relativ einfach und leicht erweiterbar. Bei Ausfall des Vermittlers sind alle Verbindungen betroffen.
- Beim regulären **Netz** ist jede Station gleichzeitig Vermittler und entscheidet, an wen sie eine empfangene Nachricht weitersenden soll. Das reguläre Netz vereinigt etwa die Eigenschaften des vollständigen Ringes und des Sterns.

Bei komplexen Kommunikationssystemen können auch hierarchische Strukturen aufgebaut werden (siehe Abb. 6.9). Ein häufig verwendetes Prinzip ist das des lokalen **Konzentrators**, der auch die Kommunikation mit anderen Subsystemen übernimmt.

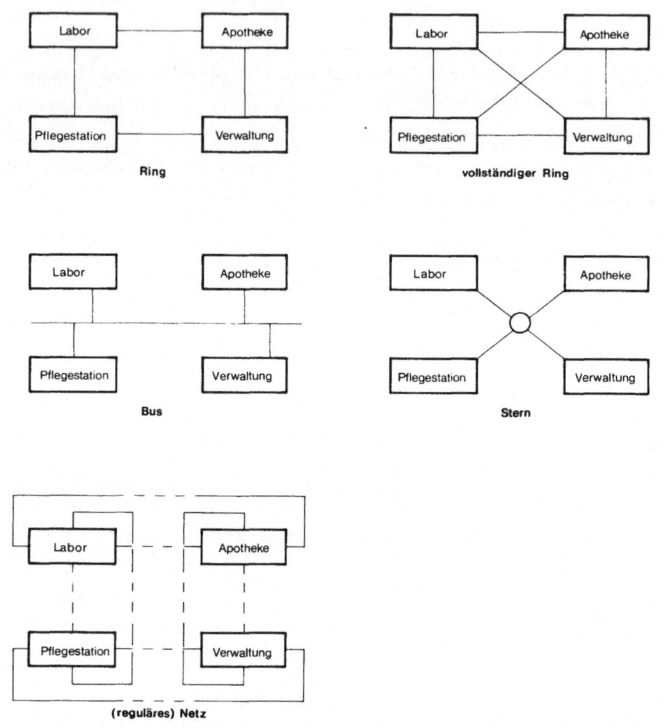

Abb. 6.8: Fünf Modelle eines Kommunikationssystems mit vier Stationen

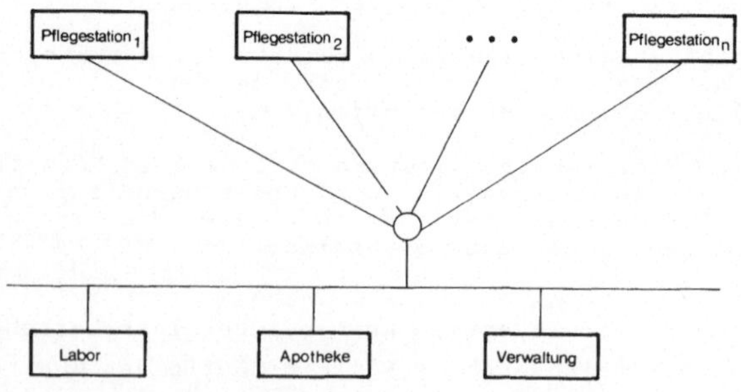

Abb. 6.9: Hierarchisches Kommunikationssystem mit einem lokalen Konzentrator und einem Bus

6.3.2 Krankenhaus-Informationssysteme (KIS)

Die Definition der Informationssysteme ist noch so allgemein, daß sich aus ihr die einzelnen Funktionen eines KIS nicht ableiten lassen. Unter einem KIS versteht man daher in der Literatur sehr unterschiedliche Systeme.

Eine erste Struktur erhält man, wenn man von der Struktur einer Klinik ausgeht:

Pflege	**Funktionsbereich**	**Versorgung**	**Verwaltung**
Pflegestationen	Laboratorien	Apotheke	Aufnahme
Polikliniken	Radiologie	Blutbank	Abrechnung
	Nuklearmedizin	Materiallager	---
	EKG-Abteilung	Küche	
	---	---	

Diese vier Bereiche werden in akademischen Krankenhäusern noch durch die Bereiche **Forschung** und **Lehre** ergänzt.

6.3.2.1 Ziele eines Krankenhaus-Informationssystems

Im Mittelpunkt der Tätigkeiten in einem Krankenhaus steht der Patient. Von ihm gewonnene Daten bilden daher die Quelle aller weiteren Aktivitäten. Da die an einer Station eines Krankenhauses gewonnenen Daten zur Sicherstellung der Aufgaben an anderen Stationen benötigt werden können, müssen Gewinnung der Daten, Eingabe, Speicherung und Übermittlung organisiert werden.

Die wichtigsten Ziele eines KIS sind:

- Verbesserung der Information,
- Beschleunigung der Bereitstellung von Information,
- Rationalisierung des Betriebsablaufs,
- Entlastung von Routinetätigkeiten,
- Entscheidungsunterstützung.

Diese Ziele führen oft zu konkurrierenden Forderungen. So müssen die Optimierung der Diagnostik/Therapie eines Patienten und die Optimierung der Krankenhausorganisation durchaus nicht dieselben Konsequenzen haben.

Ein KIS soll vor allem den mit der zunehmenden Differenzierung und dem zunehmenden Datenumfang verbundenen Gefahren begegnen. Dabei da aber nicht übersehen werden, daß die Computerunterstützung durch ei Kommunikationssystem nur für die Nachrichtenübermittlung gilt. Eine Verbesserung des Informationssystems hat zusätzliche Aspekte, derer Nichtbeachtung auch durch aufwendige technische Mittel nicht ausgeglichen werden kann.

Die historisch gewachsenen Kommunikationssysteme im Krankenhaus sin unrationell und unzuverlässig. Eine wirkliche Qualitätsverbesserung und nicht nur die Therapie besonders ins Auge fallender Symptome, wird nur in Verbindung mit einer grundlegenden Neuorganisation des Informationsflusses erreichbar sein.

Vielleicht überrascht, daß die **Kostensenkung** nicht als wichtiges Zi eines KIS genannt ist. Sie wird in der Literatur besonders oft erwähnt, wenn Geldgeber zur Finanzierung bewogen werden sollen. Ein computerunterstütztes KIS ist jedoch so vielschichtig und hat so tiefgreifende Einflüsse auf die Patientenversorgung und die Kranken hausstruktur, daß die Kostensenkung zur Zeit nur ein Schlagwort ist

Entwicklung und Einsatz eines KIS sollen wesentlich dazu beitragen, daß die Medizin den an sie gestellten und immer weiter steigenden Anforderungen gerecht werden kann. Die Ei führung neuer Technologien, die damit vergleichbar wären, hat primär wohl nie zu Kosten- senkungen geführt. Als die automatische Telefonvermittlung eingeführt wurde, war die Hai vermittlung billiger. Die automatische Vermittlung schuf jedoch die Voraussetzung für das enorme Wachstum des Telefonnetzes, das bei Handvermittlung in dieser Form unmöglich oder nur unter sehr viel höheren Kosten erreichbar gewesen wäre.

Nimmt man die genannten Ziele ernst, dann ist die Frage oft nicht, ob EDV-Anwendungen billiger sind als die manuelle Durchführung, sondern ob man bereit ist, sie zu bezahlen, da es die manuelle Alternative vielfach gar nicht gibt. Schließlich ist das billigste Krankenhaus immer noch ein Krankenhaus ohne Patienten. Wirtschaftliche Durchführung von Tätigkeiten (wie immer das definiert ist) ist zwar wünschenswert, die Entscheidung über ein KIS kann aber nicht auf de Grundlage von oft gar nicht meßbaren Kosten getroffen werden.

Möglichkeiten zur **Rationalisierung** des Betriebsablaufs gibt es viel im Krankenhaus. Es gibt aber auch Beispiele für nicht-technologisch Randbedingungen, die einer Rationalisierung im Weg stehen.

Ein häufig genanntes Ziel eines KIS ist die Verkürzung der Verweildauer. So sinnvoll dies für den einzelnen Patienten oder für die gesamte Volkswirtschaft sein kann, so unwirtschaftlich kann sie für das einzelne Krankenhaus sein, da das Krankenhaus für belegte Tage pauschal bezahlt wird, ein Patient aber pro Tag um so mehr kostet, je kürzer seine Verweildauer ist.

Die **Verbesserung der Information** ist auf verschiedene Arten möglich. Durch die Reduzierung der Häufigkeit der Datenerfassung - im optimalen Fall wird jedes interessierende Datum nur einmal am Ort seiner Entstehung erfaßt - wird die Häufigkeit von Fehlern gesenkt. Die Informationsbildung durch Zusammenfassung von Daten aus oft ganz verschiedenen Quellen verbessert die Beurteilbarkeit.

Ein typisches Beispiel ist die Bereitstellung von wichtigen Informationen aus einer Patientenvorgeschichte, die schon bei der Patientenaufnahme ausgelöst wird ("Risiken, wie Allergien oder Dauertherapien).

Der **vollständige Ring** oder das **Netz** (siehe Abschnitt 6.3.1) kommen der herkömmlichen Krankenhausstruktur am nächsten. Für sie spricht, daß die einzelnen Stationen direkt miteinander verbunden sind, da die Gefahr von Kommunikationsstörungen mit der Anzahl der Vermittler wächst. Außerdem kann die Verantwortung für die Daten klarer definiert werden. Ein weiterer Vorteil ist, daß die Unterbrechung eines Weges nur die beteiligten Stationen betrifft, während alle anderen Wege weiter funktionieren können. Dies sind wichtige Argumente, die man nicht außer Betracht lassen darf, wenn man sich die bestechenden Vorteile des Sterns vor Augen hält.

Beim **Stern** werden die Daten meist zentral verwaltet und können in optimaler Weise organisiert ("integriert") werden. Die Mehrfachspeicherung der gleichen Daten entfällt dann vollständig. Da jede Station für eine sichere Zuordnung der Daten immer auf eine Untermenge der Patientenstammdaten zugreifen muß, müssen diese Daten beim vollständigen Ring auch in jedem Knoten gespeichert sein. Dies führt zu schwierigen Problemen bei der Aktualisierung der Daten.

Wird etwa nach Abschluß der Aufnahme eines Patienten festgestellt, daß der Name des Patienten korrigiert werden muß, dann muß die korrigierende Stelle sicherstellen, daß alle falschen Exemplare dieses Namens bei jeder Station korrigiert werden, die dieses Datum speichert.

Für Großsysteme, wie sie Krankenhäuser benötigen, ist dieses Problem heute noch nicht mit vertretbarem Aufwand und hinreichender Sicherheit gelöst.

Beim Stern reicht dagegen die einmalige Korrektur in der zentralen Datenbasis aus, um allen Stationen das richtige Datum zur Verfügung zu stellen.

Die optimale Architektur wird hierarchisch sein. Jede Station muß "vor Ort" über gewisse Daten verfügen, die auch für andere Stationen von Interesse sind. Der gewählte Kompromiß zwischen lokaler Selbständigkeit bezüglich Datenerfassung, Änderung und Retrieval einerseits und Abhängigkeit von anderen Stationen oder von einer zentralen Datenbasis andererseits legt daher praktisch die Architektur des Systems fest.

6.3.2.2 Funktionen eines Krankenhaus-Informationssystems

Ein KIS, das die genannten Ziele erreicht, gibt es bisher nicht. Einzelne Subsysteme sind jedoch entwickelt und haben die grundsätzliche Lösbarkeit der Probleme bewiesen. Die wichtigsten Funktionen sind:

- Patientenaufnahme, Bettenbelegung, Einbestellungsplanung,
- Erfassung der Leistungsanforderungen und Bereitstellung von Planungsunterlagen für die Leistungsstellen,
- Leistungserfassung und Abrechnung,
- Lagerhaltung,
- Erstellung von Speiseplänen,
- Befunderfassung und Auswertung (klinisch-chemisches Labor, Nuklearmedizin, EKG, ...),
- automatische Arztbriefschreibung,
- Dokumentation und Archivverwaltung,
- Entscheidungsunterstützung,
- administrative Funktionen (Buchhaltung, Vermögensverwaltung, Finanzbuchführung, ...).

Sie sind im einzelnen in der umfangreichen Fachliteratur bzw. in den vorangehenden Abschnitten dargestellt.

In dieser Liste fehlen Funktionen, die der Forschung und Lehre zuzurechnen sind. Sie sollten begrifflich vom KIS getrennt werden, selbst wenn sie Daten eines laufenden Krankenhausbetriebs verwenden (etwa Lehrprogramme mit "echten" Daten). Faßt man alle EDV-Anwendungen in Verbindung mit einem Krankenhaus als Komponenten eines KIS auf, dann gehören dazu letztlich auch die Veröffentlichungen des Statistischen Bundesamtes. Dann wird der Begriff aber so verwaschen, daß er nichts mehr aussagt.

Die vielfältigen Relationen und die unterschiedlichen Realisierungsmöglichkeiten werden an einem Beispiel erläutert (siehe Abb. 6.10).

Die medikamentöse Therapie soll in ein computerunterstütztes KIS aufgenommen werden. Diese Aufgabe kann als reines **Dokumentationsproblem** aufgefaßt werden, bei dem für jeden Patienten die durchgeführten Therapien erfaßt und gespeichert werden und für statistische Auswertungen zur Verfügung stehen.

Ist die Therapie relevant für die **Abrechnung**, dann besteht zusätzlich eine Verbindung zur Verwaltung, der die Therapie (einschließlich Preis) mitgeteilt wird.

Da die Kenntnis der Therapie zur Beurteilung von Befunden notwendig sein kann, macht man zusätzlich diese Informationen ausgewählten Leistungsstellen verfügbar. So hängen etwa die Beurteilung eines EKG (Herzmittel) oder von Labordaten, die Fahndung nach und die Sensibilitätsprüfung von Erregern in der Mikrobiologie (Antibiotika) und die Planung von chirurgischen Eingriffen (Antikoagulantien) vom Wissen um die Therapie ab.

Für eine sichere Organisation der Medikamentengabe werden Arbeitslisten (Patient, Uhrzeit, Medikament, Dosierung) der **Pflegestation** zur Verfügung gestellt.

Vom System könnte gefordert werden, daß die Verordnung auf Plausibilität zu **überprüfen** ist (falsche Dosierung), daß bei teuren Medikamenten billigere Alternativen angeboten und daß bei gleichzeitiger Gabe mehrerer Medikamente dem verordnenden Arzt Hinweise auf Wechselwirkungen (Inhibition, Potenzierung, Unverträglichkeit) gegeben werden.

Weitere Relationen gibt es zu einem eventuellen **Medikamentenlager** auf den Pflegestationen, zu einem Lagerhaltungssystem der Apotheke, etc.

Bei manchen Therapien muß der Patient zur Durchführung angeleitet werden. Hier bestehen Verbindungen zu **Lehrprogrammen** für Patienten.

Die Funktionen, die mit den Daten über die medikamentöse Therapie verbunden sind, können damit beliebig umfangreich und kompliziert werden. Das Beispiel zeigt, wie genau diese Funktionen spezifiziert werden müssen, bevor ein computerunterstütztes KIS entwickelt wird.

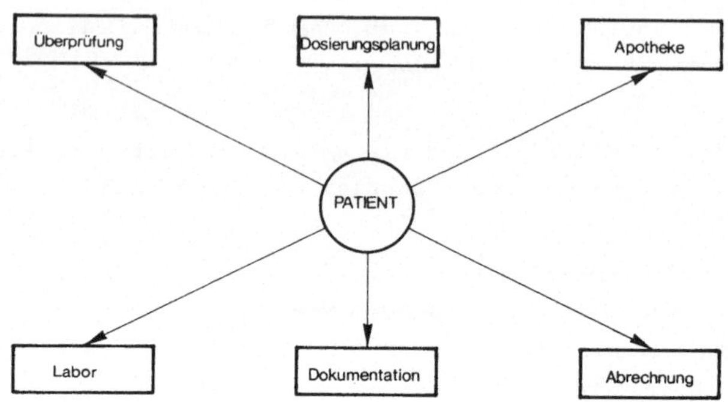

Abb. 6.10: Relationen zwischen Daten zur medikamentösen Therapie

Der zentrale Teil eines KIS ist die **Datenbasis** (siehe Abschnitt 5.1.1) Sie wird über Schnittstellen durch die Dateneingabe auf dem aktuelle Stand gehalten (siehe Abschnitt 5.2). Ihre Struktur hängt neben Art und Anzahl der erfaßten Merkmale besonders von den zugelassenen Zugriffspfaden ab. Diese sind aber bei Dateneingabe und Retrieval meis verschieden. Während die Dateneingabe fast immer patientenorientiert erfolgt, hat das Retrieval andere Ordnungskriterien wie etwa Zeit, Ort, Fachrichtung, Quelle, Methode der Datengewinnung oder Ausprägung von Merkmalen.

Krankenhaus-Informationssysteme haben daher enge Beziehungen zu Dokumentationssystemen, und die Mischung von Zielen eines KIS und eines Dokumentationssystems ist die häufigste Ursache von Fehlplanungen und Fehlschlägen.

6.3.2.3 Arzneimittel-Kontrollsysteme

Ein Arzneimittel-Kontrollsystem (siehe Abb. 6.11) ist ein wichtiges Subsystem eines Krankenhaus-Informationssystems. Die Erfassung der **Medikamentenverordnungen** kann unter verschiedenen Gesichtspunkten zur Entscheidungsunterstützung dienen, wie etwa Überprüfung der Indikation, Dosierung und Applikationsform oder Warnung vor möglichen gegenseitigen Beeinflussungen verschiedener Medikamente.

Zur Unterstützung der Pflege können Arbeitslisten gedruckt werden, die - nach Patienten geordnet - Zeitpunkt und Medikation enthalten.

Die Erfassung der **Medikamentengabe** hat Auswirkungen auf fast alle Bereiche eines Krankenhauses (siehe Abschnitt 6.3.2.2).

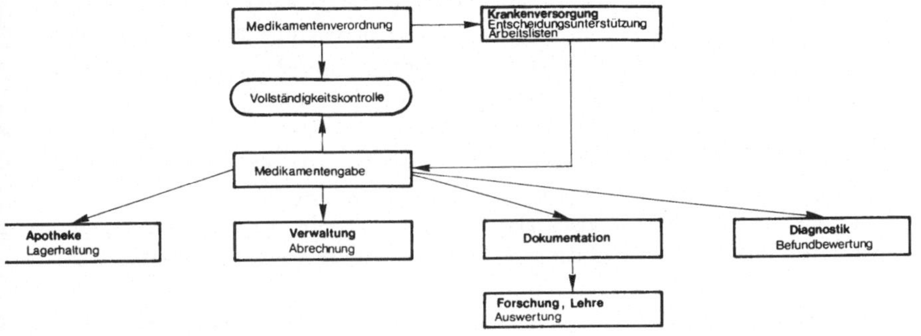

Abb. 6.11: Relationen eines Arzneimittel-Kontrollsystems

Verschiedene Anwendungen haben gezeigt, daß solche Systeme sehr kostensparende "Nebenwirkungen" haben, die nur zu einem Teil auf die Optimierung der Lagerhaltung zurückzuführen sind. Ein großer Teil kommt durch die Optimierung des Verhaltens der Ärzte zustande. Viele Kliniken verfügen bereits über eine Arzneimittel-Kommission. Durch ein Arzneimittel-Kontrollsystem wird eine solche Kommission praktisch erzwungen. Der Effekt, der am schnellsten eintritt, ist die Reduktion des von der Apotheke vorzuhaltenden Medikamentenspektrums.

Es zeigt sich nämlich, daß viele Medikamente nur deswegen am Lager sind, weil einzelne Ärzte glauben, diese seien besonders wirksam, oder keine Alternative kennen. Manchmal haben diese Ärzte das Krankenhaus bereits verlassen, die "Ladenhüter" sind aber geblieben.

Indikationslisten, in die nur diejenigen Medikamente aufgenommen werden, deren Wirksamkeit bekannt ist und die bei mehreren Alternativen am billigsten sind, reduzieren die Kosten erheblich. Dabei ist es unbenommen, **begründete** Abweichungen von diesen Listen zuzulassen.

6.3.2.4 Besonderheiten eines Krankenhaus-Informationssystems

Die Diskussion um Besonderheiten eines KIS wird meist mehr emotional als sachlich geführt. Das eine Extrem äußert sich im "materialistischen" Standpunkt, nach dem sich ein KIS prinzipiell nicht von einem Management-Informationssystem, etwa bei Banken, unterscheidet. Der "humanistische" Standpunkt bildet das andere Extrem, nach dem Datenverarbeitung in der Medizin so spezielle Gesichtspunkte hat, daß hierfür nicht nur spezielle Software, sondern auch spezielle Hardwa notwendig ist. Finanzielle Überlegungen haben das Pendel bei den Geldgebern in den letzten Jahren zum materialistischen Standpunkt schwingen lassen.

Im Prinzip ist eine Patientenaufnahme unter technologischen Gesichtspunkten eine Kontoeröffnung. Die Unterschiede liegen in den Ausnahmesituationen. So muß eine "Kontoeröffnung" im Krankenhaus auch möglich sein, ohne daß der "Kontoinhaber" hinreichend gut identifiziert ist (nicht ansprechbare Patienten) oder eine Bürgschaft vorliegt (Notfälle).

Die Daten und ihre Relationen sind viel komplexer als in etablierten Management-Informationssystemen, und die Relationen sind nur zu ein kleinen Teil operational definierbar. Ein computerunterstütztes KIS soll aber gerade in diesem Bereich Anstöße liefern und Entwicklungen beschleunigen helfen.

Einige wichtige Aspekte für das Verständnis der Entwicklungsprobleme sind nicht-inhaltlicher Art:

- Das konventionelle System ist über lange Zeit gewachsen und hat eine organisatorische und personelle Struktur hervorgebracht, die selbst unter konventionellen Bedingungen alles andere als zuverlässig ist.

- Es gibt psychologische und soziologische Probleme des medizinischen Personals, die nur durch längere Ausbildung und Gewöhnun beseitigt werden.

- Das Personal steht häufig unter einem teilweise so starken Str daß Störungen, besonders wenn sie durch technische Systeme bedingt sind, kaum toleriert werden.

- Es gibt einen großen Anteil von Sonderfällen, so daß bei den meisten Komponenten Vollständigkeit von Daten nicht Bedingung für das Funktionieren sein darf.

- Eindeutige Kompetenzen bezüglich organisatorischer Entscheidungen fehlen oder sind ungünstig verteilt.

- Durch die Komplexität der Probleme und durch mangelnde Erfahrung sind lange Entwicklungszeiten und unzuverlässige Hardware und Software bedingt.

- Halbherzige Entscheidungen werden gefällt, die Entwicklungen ohne eine adäquate Ausrüstung mit Geräten und Personal verlangen (Forderung nach Übertragbarkeit von Lösungen in einem unreifen Entwicklungszustand, Durchführung von Entwicklungen zur Routine-Unterstützung auf Computern, die vorwiegend für Forschung und Lehre zur Verfügung stehen).

6.4 Krankheitsregister

Krankheitsregister haben Bedeutung für die Epidemiologie und die Krankenversorgung.

In der **Epidemiologie** interessiert etwa die Aufdeckung der Einflußgrößen auf die Inzidenz einer Erkrankung. Die Datenbasis muß daher neben Personaldaten die Diagnosen in hinreichend genauer Differenzierung und die Ausprägungen der möglichen Einflußgrößen enthalten. Da bei den zu untersuchenden Problemen die Menge der möglichen Einflußgrößen offen ist, sind solche Systeme im allgemeinen nicht zur Ursachenfindung, sondern "nur" zur Hypothesengenerierung verwendbar. Die Hypothesen müssen anschließend mit geplanten statistischen Versuchen überprüft werden.

In der **Krankenversorgung** sind Krankheitsregister wichtig bei chronischen Krankheiten, besonders wenn Diagnose und Therapie auf mehrere Stationen verteilt sind. Von diesen Registern wurden besonders die **Krebsregister** bekannt [38,39,146]. Sie erzwingen eine Dokumentation, die mit ihrer größeren Zuverlässigkeit und Vollständigkeit die Schwächen des Krankenblatts ausgleichen soll (siehe Abschnitt 5.1.3.1).

In der Praxis sollen Krankheitsregister oft sowohl epidemiologischen Untersuchungen als auch der Krankenversorgung dienen, was leicht zu konkurrierenden Zielen führen kann. Der Umfang der zu erfassenden Daten wird dann bald so groß, daß ihre Vollständigkeit nicht mehr sichergestellt werden kann.

Die wichtigsten Ziele sind:

- Aufklärung lokaler und patientengebundener Einflußgrößen auf die Inzidenzen.
- Klärung der Abhängigkeit des Krankheitsverlaufs (speziell der Überlebenszeit) von Diagnose und Therapie.

- Vergleich der Wirksamkeit verschiedener Therapien und Hilfsmittel zur Standardisierung der Therapie.
- Verbesserung des Gesundheitssystems durch Aufdeckung von Verzögerungsursachen bei Diagnostik und Therapie.
- Verbesserung der Nachsorge für Patienten.

Die beiden wichtigsten Typen der Krankheitsregister sind das **bevölkrungsorientierte** Register, in erster Linie für epidemiologische Zwecke, und das **krankenhausorientierte** Register, in erster Linie fü die Krankenversorgung.

Infolge mangelnder Standardisierung sind die aus verschiedenen Registern zu beziehenden Informationen kaum miteinander vergleichbar. Daher hat die World Health Organization Richtlinien herausgegeben, die eine minimale Vergleichbarkeit sicherstellen sollen [175].

6.5 Bibliographien

Bibliographien sind nicht nur für den in der Forschung tätigen Arzt von Interesse [35]. Die schnelle Entwicklung der Medizin hat zu eine weitgehenden Spezialisierung geführt, die eine Publikationsflut nac sich zieht, von der selbst der Fachmann auf seinem Spezialgebiet nu noch Ausschnitte sieht.

Die Spezialisierung ist nur eine Ursache für dieses immer wieder beklagte Phänomen. Eine weitere wichtige Ursache liegt in dem weit verbreiteten falschen Kriterium für die Beurteilung der wissenschaftlichen Produktivität. Dies beginnt schon bei Habilitationsverfahren bei denen als Maß für die vorangegangene wissenschaftliche Tätigkeit die **Anzahl** der Publikationen und der Vorträge verlangt wird. Eine fundierte Beurteilung der **Qualität** fehlt dafür meistens. Diese Haltung bleibt in der späteren wissenschaftlichen Tätigkeit oft bestehen. Sie führt etwa zu der Unsitte, die Ergebnisse einer wissenschaftlichen Untersuchur an der mehrere Personen beteiligt sind, mehrmals mit unwesentlichen Modifikationen zu publizieren, wobei die Reihenfolge der Autoren permutiert wird.

Diesen Mangel gleichen Bibliographien wenigstens teilweise aus. Sie unterhalten Datenbasen, in die Kondensate als relevant angesehener Literatur aufgenommen werden. Dazu gehört neben den üblichen biblio graphischen Angaben wie etwa Autoren, Zeitschrift, Jahrgang und Tit vor allem eine Indexierung des Inhalts (siehe Abschnitt 5.4.1).

Die meist noch manuellen Verfahren sind sehr personalintensiv und setzen gut ausgebildete Fachkräfte voraus. Wegen der hohen Kosten werden Bibliographien oft mit öffentlichen Mitteln für einen größeren Benutzerkreis zentral eingesetzt.

Die Datenbasis wird entweder regelmäßig nach festgelegten Kriterien ausgewertet, oder sie dient zur Beantwortung von ad hoc-Anfragen über relevante Literatur. Fortgeschrittene Systeme erlauben ad hoc-Anfragen im Dialog mit dem Benutzer.

Die bekanntesten Bibliographien sind die der National Library of Medicine (NLM) in Bethesda, Maryland. Der verwendete Thesaurus ist "Medical Subject Headings" (MeSH). Er ist auch online verfügbar.

MEDLARS (MEDical Literature And Retrieval System) ist die Ausgangsbasis für mehrere spezialisierte Literaturdienste geworden, die zum großen Teil nicht nur als regelmäßige Publikationen (siehe etwa INDEX MEDICUS) erscheinen, sondern auch online, zum Teil über Anschlüsse in Europa, verfügbar sind [89]. Die wichtigsten Spezialisierungen sind:

- MEDLINE (biomedizinische Literatur aus 3000 Zeitschriften und ausgewählte Monographien).
- TOXLINE (Toxikologie, Pharmakologie).
- CANCERLINE (maligne Tumoren).

Ein Teil der Literaturdienste der NLM ist auch in anderen Ländern verfügbar. In Deutschland ist das Deutsche Institut für Medizinische Dokumentation und Information (DIMDI) in Köln zuständig.

Ein anderes Beispiel ist CANCERNET [174] mit Literaturinformationen über maligne Tumoren. Im CANCERNET ist eine internationale Kooperation verwirklicht.

7. Literatur

1 AHO, A.V., ULLMAN, J.D.: The Theory of Parsing, Translation, and Compiling
Vol. I, II, London 1972/1973

2 AMERICAN NATIONAL STANDARDS INSTITUTE: American National Standard COBOl
X3. 23, 1974

3 AMERICAN NATIONAL STANDARDS INSTITUTE: FORTRAN
(ANSI X3. 9-1966 und X3. 10-1966)

4 ANDERSON, J.: Aims of Medical Information
In: [8], 22-27

5 ANDERSON, J.: Definition of Terms Used in Medical Information
In: [8], 14-21

6 ANDERSON, J. (Hrsg): Medical Informatics Europe
Berlin, Heidelberg, New York 1978

7 ANDERSON, J., FORSYTHE, J.M.: MEDINFO 74
Amsterdam, Oxford, New York 1975

8 ANDERSON, J., FORSYTHE, J.M. (Hrsg): Information Processing of Medical Records
Amsterdam, Oxford, New York 1970

9 ANDERSON, T.W.: An Introduction to Multivariate Statistical Analysis
New York 1958

10 ARBEITSAUSSCHUSS MEDIZIN IN DER DGD: Ein dokumentationsgerechter Krankenblattkopf für stationäre Patienten aller klinischen Fächer (sog. allgemeiner Krankenblattkopf)
Med. Dok. 5 (1961), 57-70

11 ASTRAHAN, M.M., CHAMBERLIN, D.D.: Implementation of a Structured English Query Language
CACM 18 (1975), 580-588

12 BAILEY, N.T.J., THOMPSON, M. (Hrsg.): Systems Aspects of Health Planning
Amsterdam, Oxford, New York 1975

13 BAUER, F.L., EICKEL. J. (Hrsg.): Compiler Construction
Berlin, Heidelberg, New York 1976

14 BAUER, F.L., GOOS, G.: Informatik I
Berlin, Heidelberg, New York 1973

15 BLEICH, H.L.: Computer-Based Consultation - Electrolyte and Acid-Base Disorders
Amer. J. Med. 53 (1972), 285-291

16 BLITTERSDORF, F.: Krankenblattabschluß
In: [81], 443-452

17 BOCK, H.E., EGGSTEIN, M.: Automationsprobleme in der Medizin
Dtsch. Med. Wschr. 93 (1968), 985-990

18 BOLC, L. (Hrsg.): Natural Language Communication with Computers
Berlin, Heidelberg, New York 1978

19 BOLINGER, R.E., PRICE, S., KYNER, J.L.: Experience with Automation as an Aid in the Management of Diabetes
Diabetes 22 (1973), 480-484

20 BRAUN, S.: Möglichkeiten und Probleme der Textverarbeitung auf linguistischer Grundlage
In: [169], 59-69

21 BRODMAN, K., ERDMANN, A.J., WOLFF, H.G.: Cornell Medical Index Health Questionnaire Manual
Cornell University Medical College, New York 1949

22 BUNDESMINISTER FÜR JUGEND, FAMILIE UND GESUNDHEIT (Hrsg.): Internationale Klassifikation der Krankheiten (ICD) 1979
Bonn 1979

23 CENTRAL HEALTH SERVICES COUNCIL: The Standardisation of Hospital Medical Records
H.M. Stat. Off., London No. 32-529, 1965

24 CHAMBERLIN, D.D., BOYCE, R.F.: SEQUEL: A Structured English Query Language
Proc. ACM-SIGFIDET Workshop Ann Arbor, Michigan, 1974, 249-264

25 CHARNIAK, E.: Inference and Knowledge 1
In: [26], 1-21

26 CHARNIAK, E., WILKS, Y. (Hrsg.): Computational Semantics
Amsterdam, Oxford, New York 1976

27 CIOMS (Council for International Organizations of Medical Sciences): Medical Terminology and Lexicography
Basel 1966

28 CIOMS (Council for International Organizations of Medical Sciences): Vorläufige Internationale Nomenklatur
Heidelberg 1973 ff.

29 CODD, E.F.: A Data Sublanguage Founded on the Relational Calculus
In: CODD, E.F., DEAN, A.L. (Hrsg.): ACM-SIGFIDET Workshop on Data Description, Access and Control, San Diego 1971, 35-68

30 CODD, E.F.: A Relational Model of Data for Large Shared Data Banks
CACM 13 (1970), 377-387

31 COLLEGE OF AMERICAN PATHOLOGISTS: Systematized Nomenclature of Pathology
Chicago, Ill. 1969

32 COLLEGE OF AMERICAN PATHOLOGISTS: Systematized Nomenclature of Medicine
Chicago, Ill. 1976

33 COLLEN, M.F.: General Requirements for a Medical Information System (MIS)
Comp. Biomed. Res. 3 (1970), 393-406

34 COLLEN, M.F. et al.: Reliability of a Self-Administered Medical Questionnaire
Arch. Intern. Med. 123 (1969), 664-681

35 DAY, M.S.: Survey of Health Bibliographical Information Systems
In: [138], 297-299

36 DEUTSCHSPRACHIGER TNM-AUSSCHUSS: Tumor-Lokalisations-Schlüssel
Deutschsprachiger TNM-Ausschuß 1974

37 DIETHELM, L.: Röntgendiagnostik, Strahlentherapie, Nuklearmedizin
In: [81], 791-840

38 DRUCKSACHE 7/4711 DES DEUTSCHEN BUNDESTAGES vom 9.2.1976

39 DRUCKSACHE 7/5459 DES DEUTSCHEN BUNDESTAGES vom 22.6.1976

40 DUDECK, J.: Die klinische Bedeutung der automatischen Phonokardiogrammauswertung
In: [131], 83-91

41 EISENBERG, P. (Hrsg.): Semantik und künstliche Intelligenz
Berlin, New York 1977

42 ENDRES, A.: Analyse und Verifikation von Programmen
München, Wien 1977

43 ENGELBRECHT, R.: MHBS: Das Mineralhaushalt-Bilanzierungssystem
In: HEITE, H.J. (Hrsg.): Krankenhausinformationssysteme. Erstrebtes und Erreichtes
Stuttgart, New York 1972

44 FERMANIAN, J., MORICE, V.: Computerized Detection of Doubtful Data: A New Method
In: [138], 701-703

45 FISCHER, R.: Schreibfehlerkorrektur in Texten
Inaug. Diss., Münster 1979

46 FLEISCHER, W.: Wortbildung der deutschen Gegenwartssprache
Tübingen 1975

47 FORTRAN: Clarification of FORTRAN Standards - Initial Progress
CACM 12 (196.), 289-294

48 FORTRAN: Clarification of FORTRAN Standards - Second Report
CACM 14 (1971), 628-642

49 GERNET, H., OSTHOLT, H., WERNER, H.: Intraoculare Optik in Klinik und Praxis
Berlin 1978

50 GESELLSCHAFT FÜR KLASSIFIKATION e.V. (Hrsg.): Prinzipien der Klassifikation
Frankfurt 1977

51 GORDON, B.L.: Biomedical Language for Manual and Computer Applications
Meth. Inform. Med. 7 (1963), 5-7

52 GORDON, B.L. (Hrsg.): Current Medical Information and Terminology (CMIT)
Chicago, Ill. 1971

53 GORRY, G.A., BARNETT, G.O.: Experience with a Model of Sequential Diagnosis
Comput. Biomed. Res. 1 (1968), 490-507

54 GRIESSER, G. (Hrsg.): Realization of Data Protection in Health Information Systems
Amsterdam, Oxford, New York 1977

55 GROSS, R.: Medizinische Diagnostik - Grundlagen und Praxis
Berlin, Heidelberg, New York 1969

56 HADLEY, G.: Nichtlineare und dynamische Programmierung
Würzburg, Wien 1969

57 HARTMANN, F.: Anamnese
In: Fischer-Lexikon Medizin 1, Frankfurt 1959

58 HARTMANN, F.: Die Anamnese (Teil I)
Klin. Gegenw. 10 (1965), 691-718

59 HARTMANN, F.: Elemente des ärztlichen Erkenntnisprozesses
In: [122], 390-418

60 HEAULME, M. de: Artificial Medical Languages, a Solution for Clinical Needs in Documentation. Example Using Remede System
In: [6], 63-71

61 HEINECKE, A. et al.: Praktische Übungen Biomathematik
Schriftenreihe des Instituts für Medizinische Informatik und Biomathematik der Univ. Münster, Heft 2, 1975

62 HERMES, H.: Einführung in die Mathematische Logik
Stuttgart 1976

63 HUANG, T.S. (Hrsg.): Picture Processing and Digital Filtering
Berlin, Heidelberg, New York 1975

64 IBM: PL/I Language Specifications
IBM Form-Number GY33-6003, 1970

65 IMMICH, H.: Klinischer Diagnosenschlüssel (KDS)
Stuttgart, New York 1966

66 IMMICH, H.: Praktische Anwendung der Klassifikations- und Codierungsprinzipien
In: [81], 245-266

67 IMMICH, H., WAGNER, G.: Basisdokumentation in der Klinik
In: [81], 335-376

68 JACOB, W., SCHEIDA, D., WINGERT, F.: Tumor-Histologie-Schlüssel
Berlin, Heidelberg, New York 1978

69 JANAS, J.M.: Automatic Recognition of Part-of-Speech for English Texts
Inf. Proc. Man. 13 (1977), 205-213

70 JELLIFFE, R.W., BUELL, J., KALABA, R.: Reduction of Digitalis Toxicity by Computer-Assisted Glycoside Dosage Regimens
Anns. Intern. Med. 77 (1972), 891-906

71 JUSTEN, M.R.: Die Dokumentation der Traumatologie am mittleren Krankenhaus
Inaug. Diss., Bochum 1970

72 KÜNKEL, H.: Quantitative EEG-Analyse und klinische Diagnostik. Stand und Perspektiven
In: [131], 92-103

73 KÄSTNER, H.: Architektur und Organisation digitaler Rechenanlagen
Stuttgart 1978

74 KILIAN, W., PORTH, A.J. (Hrsg.): Juristische Probleme der Datenverarbeitung in der Medizin
Berlin, Heidelberg, New York 1979

75 KNEDEL, M.: Datenverarbeitung im klinisch-chemischen Institut
Erlangen 1971

76 KNEDEL, M., KILLIAN, K.P.: Das automatisierte Laborsystem im Städt. Krankenhaus München-Harlaching - Funktion und Wirtschaftlichkeit
In: [131], 113-119

77 KNUTH, D.E.: The Art of Computer Programming, Vol. I
Reading, Mass. 1973

78 KOEPPE, P.: Zum Problem der EDV-gerechten Erfassung medizinischer Befunde
Meth. Inform. Med. 10 (1971), 25-29

79 KOEPPE, P. et al.: Das System ORVID. Ein Beitrag zur programmierten Dokumentation in der Röntgendiagnostik
Fortschr. Röntgenstr. Nukl. Med. 112 (1970), 103-110

80 KOLLEGIUM BIOMATHEMATIK NW: Biomathematik für Mediziner
Berlin, Heidelberg, New York 1976

81 KOLLER, S., WAGNER, G. (Hrsg.): Handbuch der medizinischen Dokumentation und Datenverarbeitung
Stuttgart, New York 1975

82 KOSSMANN, C.E. et al.: Recommendations for Standardization of Leads and of Specifications for Instruments in Electrocardiography and Vectorcardiography
Circulation 35 (1967), 583-602

83 KRAUTH, J., LIENERT, G.A.: KFA. Die Konfigurationsfrequenzanalyse
Freiburg, München 1973

84 KUHLENDAHL, H. et al.: Untersuchungen über die Schwerkrankenüberwachung mit DV-Anlagen
In: [131], 25-34

85 KURVER, P.H.J. et al.: Storage and Processing Obstetric Signals
In: [138], 1005-1009

86 LAMSON, B.G.: Natural Language Retrieval System, Pathology Thesaurus
Los Angeles 1970

87 LEIBER, B.: Dokumentation der klinischen Syndrome
In: [81], 1349-1372

88 LEIBER, B., OLBRICH, G.: Die klinischen Syndrome
München, Berlin, Wien 1972/73

89 LEITER, J.: On-Line Systems of the National Library of Medicine
In: [138], 349-353

90 LEWIS, S.M., BURGESS, B.J.: Quality Control in Haematology: Report of Interlaboratory Trials in Britain
Brit. Med. J. 4 (1969), 253-256

91 LOCKEMANN, P.C., MAYR, H.C.: Rechnergestützte Informationssysteme
Berlin, Heidelberg, New York 1978

92 LODWICK, G.S.: Better Interpretation and Reporting of Radiant Images
In: [138], 575-583

93 LODWICK, G.S. et al.: "ODARS", A Computer Aided System for Diagnosing and Reporting. Part I: Clinical Problems
In: HAENE, R. de, WAMBERSIE, A. (Hrsg.): Computers in Radiology
Basel 1970, 279-282

94 MÖHR, J.R.: Computer Assisted Medical History
Habilitationsarbeit, Medizinische Hochschule Hannover 1976

95 MARTIN, J.M. et al.: Automatic Printing in Clear Language of Complete Medical Observations
In: [138], 293-295

96 MAULBETSCH, R.H.: Das Diagnostik-Informationssystem (DIS) der Medizinischen Universitätsklinik Tübingen
In: [156], 17-25

97 McCARTHY, J. et al.: LISP 1.5 Programmer's Manual
Cambridge, Mass. 1962

98 MICHAELIS, J.: Verschlüsselungssysteme in der Elektrokardiographie
In: [81], 719-726

99 MURNAGHAN, J.H., WHITE, K.L. (Hrsg.): Hospital Discharge Data
Report of the Conference on Hospital Discharge Abstract Systems
Med. Care 8, No. 4 (Suppl.) 1970

100 NACKE, O., GERDEL, W.: Terminologie, Klassifikation und Verschlüsselung
In: [81], 213-232

101 NILSSON, N.J.: Artificial Intelligence
In: ROSENFELD, J.L. (Hrsg.): Information Processing 74
Amsterdam, Oxford, New York 1974, 778-801

102 NOMINA ANATOMICA
Amsterdam 1977

103 PÖPPL, S.J. et al.: Adaptive Nonlinear Approaches to Nonparametric Classification and Discrimination Techniques Based on Pipberger ECG-File
In: [138], 1017-1021

104 PACAK, M.G., PRATT, A.W.: Identification and Transformation of Terminal Morphemes in Medical English. Part II
Meth. Inform. Med. 17 (1978), 95-100

105 PAGE, B.: Testing Alternative Inventory Policies for a Regional Blood Bank
In: [6], 403-412

106 PASCHER, W., ROST, K., SCHEIBE, O.: Basisdokumentation in der Poliklinik
In: [81], 377-390

107 PERCY, C.L., BERG, J.W., THOMAS, L.B (Hrsg.): Manual of Tumor Nomenclature and Coding
American Cancer Society 1968

108 PIPBERGER, H.V.: Elektrokardiographie, Elektroenzephalographie und andere Registriermethoden
In: [81], 703-718

109 PIPBERGER, H.V. et al.: Recommendations for Standardization of Instruments in Electrocardiography and Vectorcardiography
IEEE Trans. Biomed. Engin. BME-14 (1967), 60-68

110 PORTH, A.J.: Laboratoriumsdaten
In: [81], 662-701

111 PORTH, A.J.: Untersuchungen und Verfahren zur Plausibilitätskontrolle im computerunterstützten klinisch-chemischen Laboratorium
Habilitationsarbeit, Medizinische Hochschule Hannover 1976

112 PRATT, A.W.: Medicine, Computers and Linguistics
Adv. Biomed. Engin. 3 (1973), 97-140

113 PRATT, A.W., PACAK, M.: Identification and Transformation of Terminal Morphemes in Medical English
Meth. Inform. Med. 8 (1969), 84-90

114 PRESTON, K., ONOE, M. (Hrsg.): Digital Processing of Biomedical Images
New York, London 1976

115 PREWITT, J.M.S.: New Vistas in Medical Reconstruction Imagery
In: [114], 133-160

116 PREWITT, J.M.S.: Object Enhancement and Extraction
In: LIPKIN, B.S., ROSENFELD, A. (Hrsg.): Picture Processing and Psychopictorics
New York 1970, 75-149

117 PROPPE, A., WAGNER, G.: Über die Zuverlässigkeit medizinischer Dokumente und Befunde
Med. Sachverständ. 52 (1956), 122-127

118 RÖTTGER, P. et al.: Konzeption und Organisation des AGK-Thesaurus
In: SIEMENS AG (Hrsg.): Symposium über Klartextanalyse in der Medizin (1)
Erlangen 1975, 52-60

119 RAWLINSON, F.: Semantische Untersuchung zur medizinischen Krankheitsterminologie
Marburg 1974

120 REALLEXIKON DER MEDIZIN
München, Berlin, Wien 1977

121 REICHERTZ, P.L.: Informationssysteme in der Medizin
Bad Godesberg 1975

122 REICHERTZ, P.L., GOOS, G. (Hrsg.): Informatics and Medicine
Berlin, Heidelberg, New York 1977

123 ROSENFELD, A.: Picture Processing by Computer
Technical Report 68-71, Univ. of Maryland 1968

124 ROSENFELD,A., PARK, C.M., STRONG, J.P.: Noise Cleaning in Binary-Valued Digital Pictures Using "Propagation" Processes
Technical Report 69-91, Univ. of Maryland 1969

125 ROSENFELD, A., THOMAS, R.B., LEE, Y.H.: Edge and Curve Enhancement in Digital Pictures
Technical Report 69-93, Univ. of Maryland 1969

126 SAGER, W.: Ein Programmsystem zur Prüfung von Klartextdaten in der dezentralen Datenerfassung
In: [169], 153-159

127 SALOMAA, A.K.: Formale Sprachen
Berlin, Heidelberg, New York 1978

128 SCHEFFÉ, H.: The Analysis of Variance
New York 1970

129 SCHEIBE, O.-A., WAGNER, G.: Die TNM-Klassifikation der malignen Tumoren
Wissenschaft und Praxis 23 (1975), 1767-1770

130 SCHLAGETER, G., STUCKY, W.: Datenbanksysteme: Konzepte und Modelle
Stuttgart 1977

131 SCHNEIDER, B., SCHÖNENBERGER, R. (Hrsg.): Datenverarbeitung im Gesundheitswese
Berlin, Heidelberg, New York 1976

132 SCHNEIDER, W., SÅGVALL HEIN, A.-L. (Hrsg.): Computational Linguistics in Medicine
Amsterdam, Oxford, New York 1977

133 SCHOTT, G.: Automatische Deflexion unter Verwendung eines Minimal-Wörterbuchs
Institut für Informatik der TU München, Nr. 7514, 1975

134 SCHWILL, W.D., WEIBEZAHN, R.: Einführung in die Programmiersprache BASIC
Braunschweig 1976

135 SCOTTISH HOME AND HEALTH DEPARTMENT: Hospital Medical Records in Scotland Development and Standardisation
H.M. Stat. Off., Edinburgh No. 49-587, 1967

136 SCRAGG, G.: Semantic Nets as Memory Models
In: [26], 101-127

137 SHANNON, C.E., WEAVER, W.: Mathematische Grundlagen der Informationstheorie
München, Wien 1976

138 SHIRES, D.B., WOLF, H. (Hrsg.): MEDINFO 77
Amsterdam, Oxford, New York 1977

139 SHORTLIFFE, E.H.: Computer-Based Medical Consultations: MYCIN
New York 1976

140 SLACK, W.V., VAN CURA, L.J.: Patient Reaction to Computer-Based Medical Interviewing
Comp. Biomed. Res. 1 (1968), 527-531

141 SLAGLE, J.R., LEE, C.T.: Application of Game Tree Searching Techniques to Sequential Pattern Recognition
CACM 14 (1971), 103-110

142 SNEATH, P.H.A., SOKAL, R.R.: Numerical Taxonomy
San Francisco 1963

143 STANGE, K.: BAYES-Verfahren
Berlin, Heidelberg, New York 1977

144 STEINHAUSEN, D., LANGER, K.: Clusteranalyse
Berlin, New York 1977

145 SWOBODA, A. et al.: Rechnerunterstützte postoperative Intensivmedizin der Herz- und Gefäßchirurgie
In: [131], 35-41

146 SZUWART, U.: Vorbereitung zum Aufbau eines Krebsregisters
Schriftenreihe des Instituts für Medizinische Informatik und Biomathematik der Univ. Münster, Heft 3, 1977

147 TANENBAUM, A.S.: A Tutorial on ALGOL 68
ACM Computing Surveys 8 (1976), 155-190

148 THOMPSON, E.T., HAYDEN, A.D. (Hrsg.): Standard Nomenclature of Diseases and Operations
New York 1961

149 TURING, A.: Computing Machinery and Intelligence
Mind (1951), 1-17

150 U.S. NATIONAL COMMITTEE ON VITAL AND HEALTH STATISTICS: Uniform Hospital Abstract: Minimum Basic Data Set
U.S. Dept. H.E.W. Public Health Service Publication
Vital and Health Statistics Series 4 - No. 14, Rockville, Md. 1972

151 UICC (International Union Against Cancer): Illustrated Tumor Nomenclature
Berlin, Heidelberg, New York 1969

152 UICC (International Union Against Cancer): TNM Classification of Malignant Tumors
Genf 1974

153 VAN WIJNGAARDEN, A. et al.: Revised Report on the Algorithmic Language ALGOL 68
Acta Informatica 5 (1975), 1-236

154 VOSSEPOEL, A.M.: Compliance Aspects of a Computer Assisted Anticoagulation Control System
In: [6], 651-656

155 WAGNER, G.: Datenkontrolle
In: [81], 267-288

156 WAGNER, G. (Hrsg.): Laboratory Information Systems. Hospital Pharmacy Systems
Stuttgart, New York 1978

157 WAGNER, G., NEWCOMBE, H.B.: Record Linkage. Its Methodology and Application in Medical Data Processing. A Bibliography
Meth. Inform. Med. 9 (1970), 121-138

158 WAGNER, G., STUTZER, G.: Über die Selektivität der sog. I-Zahl im "allgemeinen Krankenblattkopf" und die Brauchbarkeit ihrer einzelnen Komponenten
Meth. Inform. Med. 2 (1963), 148-155

159 WARNER, H.R., TORONTO, A.F., VEASY, L.G.: Experience with BAYES' Theorem for Computer Diagnosis of Congenital Heart Disease
Anns. N.Y. Acad. Sci. 115 (1964), 558-567

160 WEDEKIND, H.: Datenbanksysteme I
Zürich 1974

161 WEDEKIND, H.: Systemanalyse
München 1973

162 WEED, L.L.: Medical Records, Medical Education and Patient Care
Cleveland, Ohio 1971

163 WEGNER, P.: The Vienna Definition Language
ACM Computing Surveys 4 (1972), 5-63

164 WELIN, C.W.: Semantic Networks and Natural Language Understanding
In: [132], 19-28

165 WINGERT, F.: Medical Language Data Processing
In: [122], 579-646

166 WINGERT, F.: Morphosyntactical Analysis of Medical Compound Word Forms
In: [132], 79-89

167 WINGERT, F.: PAULA: Programm zur Auswertung logischer Ausdrücke
Meth. Inform. Med. 11 (1972), 96-103

168 WINGERT, F.: Word Segmentation and Morpheme Dictionary for Pathology Data Processing
In: [7], 915-921

169 WINGERT, F. (Hrsg.): Klartextverarbeitung
Berlin, Heidelberg, New York 1978

170 WINGERT, F., GRÄPEL, P.: Systematized Nomenclature of Pathology. Deutsche Übersetzung
Schriftenreihe des Instituts für Medizinische Informatik und Biomathematik der Univ. Münster, Heft 1, 1975

171 WINGERT, F., RIES, P.: Pathologie-Befund-System
Meth. Inform. Med. 12 (1973), 150-155

172 WINKLER, C., KNOPP, R.: DV-Systeme für klinische Nuklearmedizin
In: [131], 150-162

173 WITTIG, T.: Semantische Analyse von Sätzen zur Erfassung eines Sachverhaltes
Inaug. Diss., Hamburg 1976

174 WOLFF-TERROINE, M.: CANCERNET (SABIR): An European Network for Cancer Literature
In: [138], 301-305

175 WORLD HEALTH ORGANIZATION: WHO Report on Consultation on Standardization of Hospital-Based Cancer Registries
Can/73 3. Genf 1972

176 YOUNG, D.W.: Assessment of Questions and Questionaries
Meth. Inform. Med. 10 (1971), 222-228

177 YOUNG, T.Y., CALVERT, T.W.: Classification, Estimation and Pattern Recognition
New York, London, Amsterdam 1974

178 ZYWIETZ, C.: Das EKG-System an der Medizinischen Hochschule Hannover und die Möglichkeiten eines wirtschaftlichen Einsatzes der computerunterstützten EKG-Auswertung
In: [131], 70-82

8. Symbole und Bezeichnungen

$a < b$	a kleiner b
$a \leq b$	a kleiner oder gleich b
$a > b$	a größer b
$a \geq b$	a größer oder gleich b
ld	Logarithmus dualis (Logarithmus zur Basis 2, $\text{ld}\ n \simeq 3.32 \cdot {}_{10}\log n$)
∞	unendlich
$(a,b]$	links offenes, rechts abgeschlossenes Intervall
$:=$	definitionsgemäß gleich
$\triangleq$	entspricht
$x=\begin{cases} a, & B_1 \\ b, & B_2 \end{cases}$	x erhält den Wert a, wenn Bedingung B_1 zutrifft, oder den Wert b, wenn Bedingung B_2 zutrifft
$\sum$	Summenzeichen
$\sum\limits_{i \neq j}$	Summe über alle (möglichen) i, die nicht gleich j sind
$k!$	Fakultät
$\rightleftarrows$	genau dann, wenn
$\lceil r \rceil$	kleinste ganze Zahl k mit $k \geq r$
$\lfloor r \rfloor$	größte ganze Zahl k mit $k \leq r$
$\lvert r \rvert$, $\lvert \beta \rvert$	Betrag der Zahl r bzw. des Vektors β
$\simeq$	ungefähr gleich
$\neq$	ungleich
a modulo b	Rest bei Division der ganzen Zahl a durch die ganze Zahl b
$x=\begin{cases} a, & B \\ b, & \text{sonst} \end{cases}$	x erhält den Wert a, wenn Bedingung B zutrifft, sonst erhält x den Wert b

Mengenlehre

$\{\ldots\}$	Menge von Elementen
$a \in A$	a ist Element von A
$\bar{A}$	Komplement von A
$\emptyset$	leere Menge
$A \subset B$	A Untermenge von B
$A \not\subset B$	A nicht Untermenge von B
$A \supset B$	A Obermenge von B
$A \cup B$	Vereinigung von A und B
$A \cap B$	Durchschnitt von A und B

Logik

$a \wedge b$	a und b
$a \vee b$	a oder b
$\bar{a}$	nicht a
$a \rightarrow b$	wenn a, dann b

Statistik

$P(A)$	Wahrscheinlichkeit von A
$P(A \mid B)$	Wahrscheinlichkeit von A unter der Bedingung B
$E(X)$	Erwartungswert von X
$\bar{x}$	arithmetischer Mittelwert
$\tilde{x}$	empirischer Median
x_i	i-tes Datum zum Merkmal X
x_i^*	i-te Ausprägung des Merkmals X
μ	Erwartungswert
$\tilde{\mu}$	Median
σ^2	Varianz
χ_f^2	Chi-Quadrat-Verteilung mit f Freiheitsgraden
$N(\mu, \sigma^2)$	Normalverteilung mit Erwartungswert μ und Varianz σ^2
$x_{.j}$	$\sum\limits_i x_{ij}$
$x_{i.}$	$\sum\limits_j x_{ij}$

Formale Sprachen

$a \rightarrow b$	a kann durch b ersetzt werden
$a \rightarrow b \mid c$	a kann durch b oder c ersetzt werden
ϵ	leere Zeichenkette

9. Sachregister

10. Glossar

Die medizinischen Begriffe sind zum Teil nach [120] erläutert.

Adenocarcinom: Besondere Form eines Carcinoms*.

Angiographie: Röntgenologische Gefäßdarstellung mit einem Kontrastmittel.

Aortenklappenfehler: Verengung oder unvollständiger Schluß der Aortenklappe.

Aphakie: Fehlen der Augenlinse.

Appendektomie: "Blinddarm-Operation", operative Entfernung der Appendix*.

Appendicitis: Entzündung der Appendix*.

Appendix: Appendix vermiformis, Wurmfortsatz, "Blinddarm".

Arachnoidea: Teil der weichen Hirnhaut.

Auskultation: Abhören von Schallerscheinungen des Körpers.

Beckenniere: Zu tief (im Becken) liegende Niere.

Blutdruck, diastolischer: Minimaler arterieller Blutdruck während der Diastole des Herzens.

Blutdruck, systolischer: Maximaler arterieller Blutdruck während der Systole des Herzens.

Bluthochdruck: Hochdruck*.

Bronchitis: Entzündung der Bronchien.

Carcinoid: Semimaligner ("carcinomähnlicher") Tumor.

Carcinom: Carcinoma, maligner* epithelialer Tumor.

Carcinoma simplex: Besondere Form eines Carcinoms*.

Carcinose: In einem Organ oder im gesamten Körper lokalisierte multiple Metastasen* eines Carcinoms*.

Cephalosporin: Penicillinähnliches Antibiotikum.

Coelom: Embryonale Leibeshöhle.

Colitis ulcerosa: Besondere Form der Entzündung des Colon*.

Colon: Dickdarm.

Corpus luteum: Gelbkörper, gesprungener Eifollikel im Eierstock.

Corticoid: Corticosteroid-Hormon.

Diabetes: D. mellitus, Zuckerkrankheit.

Differentialblutbild: Im gefärbten Blutausstrich ermittelte Verteilung im peripheren Blut auftretender kernhaltiger Zellen.

Disjunkt: Mengen, die keine gemeinsamen Elemente haben.

Diureticum: Harntreibendes Mittel.

Dura mater: Harte Hirnhaut.

Dyspnoe: Atemnot.

E. coli: Bakterium, das zur normalen Darmflora gehört (E.=Escherichia).

EDV: Elektronische Datenverarbeitung.

EEG: Elektroenzephalogramm, Registrierung der elektrischen Potentialschwankungen des Gehirns.

EKG: Elektrokardiogramm, Registrierung de elektrischen Potentialschwankungen des Herzens.

Elektroenzephalogramm: EEG*.

Elektrokardiogramm: EKG*.

Elektromyogramm: EMG*.

Elektroretinogramm: ERG*.

Englische Krankheit: Rachitis.

EMG: Registrierung von Muskelaktionspotentialen.

ERG: Registrierung von Potentialschwankungen von der Retina bei belichtetem Auge.

Erwartungswert: Mit den Wahrscheinlichkeiten der Realisationen gewichtete Summe de Realisationen einer Zufallsvariablen.

Geriatrie: Altersheilkunde.

Glomerulitis: Entzündung eines Glomerulus*

Glomerulus: Gefäßknäuel in der Nierenrinde

Glykosurie: Glukoseausscheidung im Urin.

Granulosaepitheliom: Granulosazelltumor.

Hämorrhagie: Blutung.

Hardware: Materieller Teil eines Computer

Herzgeräusch: Pathologisches Lautphänomen bei Auskultation* des Herzens.

Hochdruck: Pathologische Erhöhung des Blutdrucks (hier eingeschränkt).

Hypalbuminämie: Verminderter Albumingehalt des Blutes.

Hyperglykämie: Vermehrter Glukosegehalt des Blutes.

Hypertonie: Hochdruck*.

Hypertonie, renale: Durch eine Nierenerkrankung hervorgerufener Hochdruck*.

Hypertonie, renovasculäre: Durch Erkrankung der Nierenarterie hervorgerufener Hochdruck*.

Icterus neonatorum: Gelbsucht des Neugeborenen.

Indikatorvariable: Zufallsvariable, die nur die Werte 0 oder 1 annehmen kann.

Inzidenz: Neuerkrankungsrate einer Personengruppe an einer bestimmten Krankheit.

Kraniotomie: Eröffnung des Hirnschädels.

Labyrinth: Innenohr.

Laryngektomie: Entfernung des Kehlkopfs.

Laryngotracheobronchitis: Entzündung des Larynx*, der Trachea* und der Bronchien.

Larynx: Kehlkopf.

Linitis plastica: Besondere Form eines Magen-Carcinoms*.

Maligne: Bösartig.

Metastase: Absiedelung (meist eines malignen* Tumors).

Morbus Hodgkin: Tumorartige Wucherung des retikuloendothelialen Systems*.

Myogen: Im Muskel entstanden.

Myopia: Kurzsichtigkeit.

Nekrose: Gewebstod.

Neoplasma: Tumor.

Nephritis: Entzündung der Niere.

Nephrose: Degenerative Erkrankung der Niere.

Netz: Bauchfellduplikatur.

Neurogen: Im Nerven (-system) entstanden.

Nierenbecken: Hohlraum in der Niere zur Sammlung des Harns vor Abfluß in den Harnleiter.

Obduktion: Leicheneröffnung.

Onkologie: Lehre von den echten Tumoren.

Ophthalmologie: Augenheilkunde.

Ovar: Eierstock.

Pachymeninx: Dura mater*, harte Hirnhaut.

Palpation: Tastuntersuchung.

Pankreas: Bauchspeicheldrüse.

Paroxysmal: Anfallsartig, plötzlich.

Pathogenese: Entstehung eines krankhaften Geschehens (im Gegensatz zur Ursache: Ätiologie).

Peritoneum: Bauchfell.

Peritonitis: Entzündung des Peritoneum*.

Perkussion: Untersuchung durch Beklopfen der Körperoberfläche.

Phonokardiogramm: Herzschallbild.

Plasmazellenmyelom: Systemerkrankung mit maligner* Vermehrung der Plasmazellen.

Pneumenzephalographie: Röntgenologische Untersuchung der (Hirn-) Ventrikel nach Luftfüllung.

Polyarthritis: In mehreren Gelenken auftretende Entzündung.

Pränatal: Vor der Geburt.

Prostaglandin: Hormonartige Substanz.

Pyelonephritis: Entzündung des Nierenbeckens*.

Retikuloendotheliales System: Funktioneller Sammelbegriff für die zur Speicherung von Vitalstoffen und partikulärem Material befähigten Körperzellen.

Retrieval: Wiederfinden, Herausholen.

RNS: Ribonukleinsäure.

Screening: Ungezielte Untersuchung einer Bevölkerungsgruppe mit einer Serie von Standarduntersuchungen zur Entdeckung von Krankheiten (etwa Röntgenreihenuntersuchung).

Sicheres Ereignis: Ereignis, das mit Wahrscheinlichkeit 1 eintritt.

Software: Gesamtheit der Programme eines Computers.

Trachea: Luftröhre.

Tracheitis: Entzündung der Trachea*.

Tracheobronchitis: Entzündung der Trachea* und der Bronchien.

Ulcus: Geschwür.

Ulcus ventriculi: Magengeschwür.

Urämie: Das bei Niereninsuffizienz durch Retention bedingte klinische Syndrom "Harnvergiftung".

Urogenitalsystem: System der Harn- und Geschlechtsorgane.

Vollständiges System: System von Mengen, das eine Zerlegung* darstellt.

Wahrscheinlichkeitsverteilung: System der Wahrscheinlichkeiten für eine Menge von Ereignissen. Mathematisch meist beschrieben durch die Verteilungsfunktion oder durch die Dichte bzw. die Wahrscheinlichkeitsfunktion einer Zufallsvariablen.

Zerlegung: Vollständige Aufteilung einer Menge in paarweise disjunkte* Untermengen.

Zytostatikum: Substanz zur Hemmung des Zellwachstums bzw. der Zellvermehrung.

11. Verzeichnis der Tabellen

12. Verzeichnis der Abbildungen